LE NOUVEAU
JARDINIER
FLEURISTE

PAR

HIPPOLYTE LANGLOIS

Auteur du grand ouvrage d'Arboriculture :

Le Livre de Montreuil-aux-Pêches.

AVEC 250 FIGURES DANS LE TEXTE

PARIS

GARNIER FRÈRES, LIBRAIRES-ÉDITEURS

6, RUE DES SAINTS-PÈRES, 6

LE NOUVEAU

JARDINIER

FLEURISTE

CLICHY. — Imprimerie PAUL DUPONT, rue du Bac-d'Asnières, 12.

LE NOUVEAU
JARDINIER
FLEURISTE

OUVRAGE CONTENANT

AVEC LES PRINCIPAUX ARBRES D'ORNEMENT
LA NOMENCLATURE DES FLEURS DE PARTERRE, DE BORDURE, DE MASSIF,
DE PELOUSE, DE SERRE, DE BASSIN, D'APPARTEMENT ET DE FENÊTRE,
AVEC LA CULTURE SPÉCIALE POUR CHAQUE ESPÈCE

PAR

HIPPOLYTE LANGLOIS

'Auteur du grand ouvrage d'Arboriculture
Le Livre de Montreuil-aux-Pêches

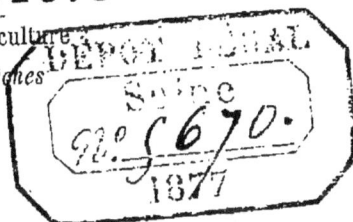

AVEC 250 FIGURES DANS LE TEXTE

PARIS

GARNIER FRÈRES, LIBRAIRES-ÉDITEURS
6, RUE DES SAINTS-PÈRES, 6,

1877

LE NOUVEAU
JARDINIER FLEURISTE

PREMIÈRE PARTIE

—

NOTIONS ÉLÉMENTAIRES DE BOTANIQUE

CHAPITRE PREMIER

—

PRELIMINAIRES

—

I

Les fleurs ont été jadis le luxe des grandes propriétés et de quelques rares amateurs. Autour des demeures modestes et dans les petits jardins bourgeois, on en trouvait bien quelques-unes, mais toujours les mêmes, auxquelles on mesurait parcimonieusement l'espace et qu'on laissait se perpétuer à la grâce de Dieu, sans le moindre souci du mieux, et le plus souvent sans l'aumône d'une goutte d'eau pendant le cours d'une saison.

Il eût été difficile d'en réunir une douzaine d'espèces dans une même localité. La rose, l'œillet, la julienne, la pivoine et quelques autres formaient pour ainsi dire la flore bourgeoise, à côté des mille espèces que la nature répand avec profusion dans nos champs et dans nos prairies.

Ne pourrait-on pas même dire avec quelque apparence de raison que les fleurs champêtres, par leur abondance même, ont excité chez les cultivateurs et les gens de la campagne une sorte de répulsion générale ? Elles sont envahissantes et prennent la place des plantes utiles ; elles encombrent les récoltes et en diminuent le rendement. De là le préjugé d'autant plus vivace qu'il est mieux entretenu par l'intérêt.

Quoi qu'il en soit, grâce au zèle des amateurs et à l'opiniâtreté du commerce ; grâce surtout aux douces jouissances que nous procurent les fleurs, si le préjugé dont nous venons de parler n'a rien perdu de sa force en ce qui concerne les simples qui viennent librement dans nos céréales, la floriculture a fait des progrès immenses, et le moindre jardin possède aujourd'hui son parterre. Quand le jardin manque, c'est la fenêtre qui se fleurit. Obligée de se restreindre faute de place, la mansarde a ses espèces de choix dans son parterre aérien ; les fleurs n'ont pas obtenu seulement une vogue de passage, elles sont devenues une sorte de nécessité, de besoin domestique.

Comme toutes les passions, l'engouement pour les fleurs a pris les devants sur la connaissance qu'il fallait en avoir pour les traiter chacune selon sa nature et son tempérament. Mais les livres spéciaux sont arrivés en foule pour guider les amateurs et leur indiquer le traitement propre à chaque espèce, à chaque variété même.

Nous venons donc, après bien d'autres, mais avec un plan nouveau, dans le but, non de faire de la science, mais de vulgariser la floriculture et de mettre tout le monde à même de s'occuper des fleurs avec succès, soit au parterre, soit dans la serre, soit dans les rocailles ou dans l'appartement.

Cela veut dire que, sous un volume modeste, ce Manuel a la prétention d'être complet.

Quant au plan suivi dans ce livre, il suffira de jeter un coup d'œil sur la *Table générale* pour en constater la clarté parfaite et l'entière nouveauté.

Loin de nous la pensée de rabaisser le mérite des ouvrages spéciaux qui ont, avant nous, tenté de vulgariser la culture des fleurs ; nous avons voulu seulement nous mettre plus à la portée de tout le monde. En cette science comme en toutes, le progrès ne s'arrête pas, et nous aimons à croire que d'autres viendront plus tard qui feront mieux que nous en ce sens ; mais un livre comme celui-ci, qui peut former une étape sur la voie du mieux, a rempli sa tâche.

II

L'ESPÈCE, UNITÉ DE CLASSIFICATION

Ne voulant pas ici faire un traité de botanique, nous nous bornerons à donner les notions essentielles sur la matière, afin que le lecteur puisse connaître les plantes dans leurs principaux organes, et comprendre aussi bien les autres ouvrages de floriculture que nos propres explications. L'homme qui cultive des plantes d'agrément sans en connaître l'organisme est un enfant qui s'amuse avec des joujoux dont le mécanisme lui échappe, et ce serait se priver volontairement de ce qu'il y a d'intéressant dans cette culture, que d'en négliger la partie théorique.

C'est, du reste, une science facile, attrayante, à la portée de toutes les intelligences.

Dès le commencement du monde, avant toute étude, avant toute science, il fut facile de remarquer des groupes de plantes semblables, des individus ressemblant à d'autres individus, des roses toujours les mêmes sur les buissons, des milliers de bleuets dans le même champ de blé; les clairières dans les bois étaient tapissées des mêmes fraisiers et personne ne confondait les différents arbres fruitiers qui ombrageaient les collines ou les ruisseaux.

Et l'on reconnaissait d'autant mieux les individus du même groupe que toutes les plantes, dans leurs conditions naturelles, étaient simples et n'avaient pas encore subi les modifications amenées par la culture.

Car, il faut le retenir en passant, la culture n'améliore pas en soi les plantes, elle en fait des monstres.

Or, ces groupes facilement reconnaissables et parfaitement distincts les uns des autres, forment les ESPÈCES.

Quelles qu'elles soient, les roses sont une *espèce ;* les œillets, une autre espèce ; les fraisiers, une autre espèce, etc. L'*espèce* est donc, aussi bien dans les animaux que dans les végétaux, la collection la mieux définie des individus identiques, qui se ressemblent plus entre eux qu'ils ne ressemblent à d'autres.

L'*espèce* est la base de toute classification naturelle. Les plantes de la même espèce reproduisent des plantes semblables ; elles viennent toutes de la même souche et ne ressemblent bien qu'à elles-mêmes.

Nous appellerons l'*espèce* L'UNITÉ de classification, comme le mètre est l'unité des mesures de longueur.

Ainsi que le mètre, elle a ses multiples et ses sous-multiples.

Son premier multiple est le GENRE.

Le *genre* est donc un groupe d'espèces qui possèdent des caractères semblables en plus grand nombre entre elles qu'avec d'autres espèces. Les pommiers, les poiriers, les cognassiers, les néfliers et les autres arbres à pépins constituent autant d'espèces différentes. Si vous les réunissez, le groupe s'appellera un *genre*, le genre des *Pomacées*. Le groupe des arbres à noyaux sera le *groupe* ou la *tribu* des *Amygdalées*.

Si vous groupez plusieurs genres ayant des analogies, vous obtiendrez une FAMILLE. Ainsi, les genres *rosées, pomacées, amygdalées*, etc., donneront la famille des *Rosacées*.

Un groupe de *familles* ayant certaines ressemblances, prend le nom de CLASSE OU EMBRANCHEMENT.

Nous verrons plus loin que tout le règne végétal est distribué en trois grandes *classes*.

Venons aux sous-multiples. Le premier est la VARIÉTÉ. La rose est une *espèce* qui comprend de nombreuses *variétés*. L'œillet, le fraisier, le pommier, etc., sont dans le même cas.

La variété se subdivise en SOUS-VARIÉTÉS.

Remarquons qu'à l'état de nature les plantes ont les multiples de l'espèce. Avant toute culture, il existait des genres, des familles et des classes. Mais on peut dire que les variétés et les sous-variétés, c'est-à-dire les sous-multiples, sont généralement dus à la culture qui a déformé les plantes en leur donnant des fleurs doubles ou pleines et des nuances variées.

Ainsi donc, pour nous résumer, l'espèce est l'unité de classification naturelle.

Plusieurs espèces ayant des ressemblances forment le *groupe*.

Plusieurs genres réunis constituent la *famille naturelle*.

Et plusieurs familles naturelles, ayant les mêmes

caractères principaux, donnent une *classe* ou *embranchement*.

De même, l'espèce se divise en *variétés*, lesquelles comptent à leur tour des *sous-variétés*.

III

PERPÉTUITÉ DE L'ESPÈCE OU FILIATION DANS LES PLANTES

L'espèce est si bien l'unité qu'elle seule se reproduit ; la nature la perpétue avec une sorte de tendresse et toujours avec profusion par la graine ou par le fruit. N'ayant à son service ni la greffe, ni la bouture, ni la marcotte, elle donne simplement par la graine ou le fruit des enfants en tout semblables à la plante maternelle. En sorte qu'après mille ans, le bleuet, reproduit mille fois, sera toujours le même ; le noyau de cerise, dans le même temps, ne donnera jamais qu'un cerisier ; c'est-à-dire que l'espèce se perpétuera sans s'améliorer ni dégénérer, étant données les mêmes conditions de climat, de sol et d'exposition.

Mais si l'éternelle loi de la nature veut que la plante se reproduise et que l'espèce traverse les siècles sans changer sensiblement, il n'en est pas de même de la variété, c'est-à-dire du sous-multiple de l'espèce. Il faut ne jamais oublier que les variétés ou sous-variétés sont dues spécialement à la culture

et qu'elles ne reproduisent que rarement et acciden-
tellement des enfants qui leur ressemblent. Nos
arbres fruitiers et beaucoup d'arbrisseaux sont ceux,
parmi les végétaux, que la culture a le plus éloignés
de leur état normal, et le noyau de la pêche, pas plus
que le pepin de la poire, ne reproduira le type absolu
de l'arbre paternel. Vous aurez toujours l'espèce,
c'est-à-dire un pêcher dans le premier cas, un poirier dans l'autre, mais vous n'obtiendrez pas la même
variété.

En principe, l'espèce seule est stable ; les semis
produisent des variétés à l'infini, mais ne perpétuent
pas ces variétés. D'un pepin de Saint-Germain naîtra
bien un poirier, c'est-à-dire l'espèce, mais pas un
Saint-Germain. — L'homme qui a pu obtenir les variétés en tourmentant la plante de toute manière, a
trouvé le moyen de maintenir ces variétés par la
greffe, par la bouture ou par la marcotte.

Et qu'on retienne bien ceci, plus la plante sera
loin des conditions de la nature, moins le semis la
reproduira; puis il faudra recourir, pour la perpétuer,
à l'un des trois moyens indiqués ci-dessus.

CHAPITRE II

ORGANOGRAPHIE

OU DESCRIPTION DES ORGANES

Dans notre grand ouvrage d'arboriculture : *Le Livre de Montreuil-aux-Pêches* (1), nous avons rompu résolument avec l'habitude, suivant nous erronée, que les plus illustres botanistes ont conservée jusqu'à présent, d'étudier le fruit comme partie intégrante de l'arbre. L'arbre, comme individu, commence au fruit et finit à la fleur. Le fruit que l'on étudie sur l'arbre où il a mûri, n'est-ce pas la génération suivante ? Il ne fait pas plus partie de l'arbre qui le porte, que l'enfant n'est un membre de la mère qui le mène par la main.

Loin de nous la pensée de vouloir soulever en

---

(1) Firmin Didot frères, fils et Cie, éditeurs.

ceci la moindre discussion. Nous convenons même qu'il est facile de trouver des raisons pour justifier en partie l'ancienne manière et nous gardons seulement la liberté de traiter notre sujet comme nous l'entendons.

Nous commencerons donc par le fruit mûr ou par la graine détachée de la plante ces notions succinctes d'organographie.

———

1° La Graine et le Fruit

La graine, comme le fruit, est l'œuf pondu. Elle n'est pas plus la plante qui l'a portée que l'œuf n'est la poule qui l'a donné. Elle renferme l'embryon d'un nouvel arbre, comme l'œuf contient le germe d'une poule à venir.

L'enveloppe extérieure, le berceau de la graine est le péricarpe qui s'ouvre naturellement, se rompt ou se détruit pour mettre la graine mûre en liberté, la gousse du haricot, par exemple.

La graine proprement dite est enveloppée de deux membranes légères; la plus extérieure est la *testa ;* celle de dessous est le *tegmen*. Les deux forment l'*épisperme*. La jeune plante qui est à l'état d'embryon a été nourrie au moyen d'un cordon nommé *funicule* qui la rattachait à la plante mère. Quand la graine est mûre, le cordon se brise, et la cicatrice qu'il laisse sur la testa a reçu le nom de *hile*.

L'embryon comprend deux parties : la *tigelle* surmontée d'une *gemmule* ou petit bourgeon, et la *radicule*. On comprend que c'est la tige et la racine de la plante future qui se joignent à fleur de terre par le *collet* ou *mésophyte*.

La nature prévoyante a placé l'embryon dans un amas de fécule qui nourrira la jeune plante jusqu'au jour où elle pourra se suffire à elle-même au moyen de sa racine plongeant dans le sol. Cet amas de provision, retenu au collet de l'embryon, se nomme le *corps cotylédonaire*, les *cotylédons*, grosses feuilles charnues, farineuses, qui ressemblent à deux coquilles de moule. Dans les céréales principalement, qui n'ont qu'un seul cotylédon, vous pouvez remarquer, à côté de ce dernier et comme supplément de provision, un autre dépôt de fécule qu'on nomme *périsperme*, *endosperme*, *nucelle* ou *albumen*.

Il suit de là que l'on tire de ce dépôt de nourriture un caractère de très-haute importance pour le classement des plantes.

Quand l'embryon ne possède aucun cotylédon, la plante est dite *acotylédonée* ou *acotylédone*, ou *cryptogame* (les fougères, les prêles, les mousses, les algues, les lichens, les champignons).

Monocotylédonées ou *monocotylédones* sont les plantes dont l'embryon ne porte qu'un seul cotylédon (les liliacées, les iridées, les joncs, les palmiers, les graminées, parmi lesquelles nos céréales).

Dicotylédonées ou *dicotylédones*, sont les plantes, les plus nombreuses de beaucoup sous nos latitudes, qui ont deux cotylédons (nos légumes, les mauves, les rosiers, les arbres de nos jardins et de nos forêts, etc.).

On appelle *polycotylédonées* ou *polycotylédones* les pins et les sapins qui portent plus de deux cotylédons en rosette autour du collet.

———

Nous avons dit ci-dessus que le fruit est l'œuf pendu. Sa forme et ses aspects sont variés : masse charnue et succulente comme dans la pêche, la poire, la pomme, etc.; ou sèche, mince et parcheminée comme dans la lentille, le haricot, etc.

Quel qu'il soit, le fruit se compose des mêmes parties, et l'on appelle *péricarpe* tout ce qui recouvre et enveloppe l'embryon.

Du dehors au dedans, le péricarpe se décompose ainsi :

L'*épicarpe*, enveloppe externe, pelure ou peau ;

Le *mésocarpe* est la chair du fruit ;

L'*endocarpe* est le bois du noyau, avec ce qu'il contient.

Une gousse verte porte ces trois parties : une peau mince à l'extérieur, l'épicarpe ; une autre peau mince à l'intérieur, l'endocarpe ; entre les deux, le mésocarpe, matière verte de la gousse que les enfants mangent souvent et qu'on fait cuire avec les grains dans certaines espèces de haricots.

L'endocarpe, dans les pomacées, est une sorte de parchemin, cartilage ou membrane, qui forme les loges des pepins et qui remplace le bois du noyau des amygdalées.

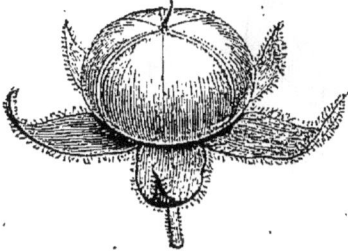

Fruit du Liseron avant sa déhiscence.

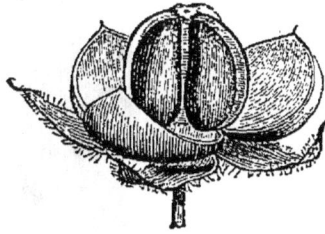

Fruit du Liseron au moment de sa déhiscence.

Le péricarpe est *déhiscent*, quand il s'ouvre de lui-même à la maturité, pour laisser tomber la graine, comme dans le pois vivace; *indéhiscent*, quand il ne s'ouvre pas spontanément. Les fruits charnus sont indéhiscents.

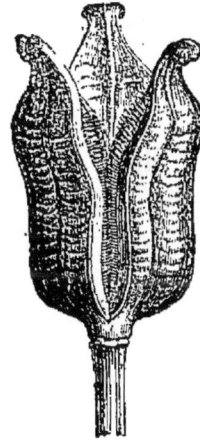

Fruit de Tulipe à déhiscence loculicide.

Dans l'endocarpe est contenu le pepin, l'amande ou la graine. On a vu plus haut quelles sont les parties de la graine : la testa, le tegmen et l'embryon. L'on en peut dire autant de l'amande et du pepin.

Le fruit est dit *simple*, quand il n'a qu'une seule loge et qu'une seule graine : la *drupe* de la prune, de la cerise, etc.; l'*achaine* du rosier, de la renoncule; la *cariopse* du blé, du maïs et des autres céréales, la

samare de l'orme et de l'érable, le *follicule* du pied
d'alouette.

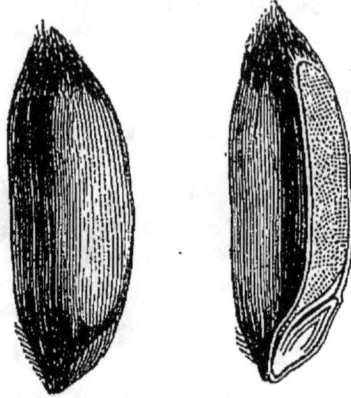

Caryopse du   Coupe de ce caryopse.
Blé.   L'embryon est placé
              sur le côté.

Le fruit *composé* offre plusieurs loges, comme la
pomme, la poire, l'*hespéridie* (orange et citron), la
péponide (melon, citrouille, etc.), la *silique* de la giroflée ; la *capsule* de la gueule-de-loup, etc.

Fruit de Crucifère (silique).

On appelle *silique* le fruit de presque toutes les

crucifères, capsule allongée à deux loges. Raccour-
cies et plus larges, on les appelle *silicules*.

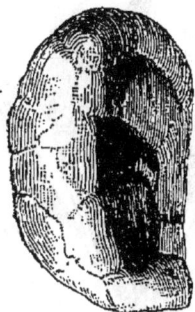

Graine
de Lierre.

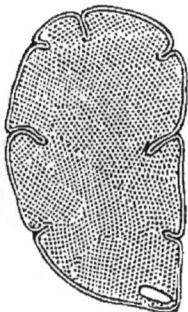

Coupe d'une graine
de Lierre. L'albu-
men est ruminé.

Fruit de Pensée.

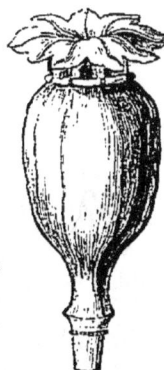

Fruit de Pavot.

Maintenant que nous avons mis l'embryon du végétal sons les yeux du lecteur, et que cet enfant va
vivre de sa vie propre, nous allons le voir grandir et

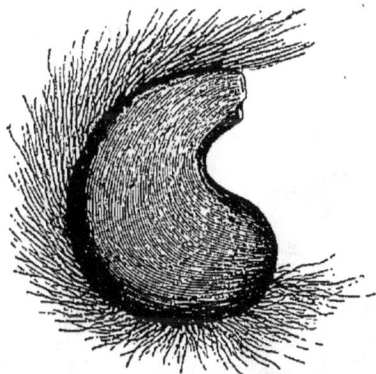

Graine d'*Hibiscus syriacus*.

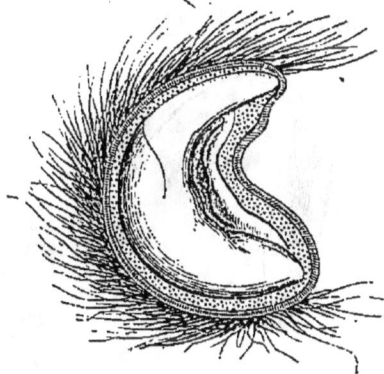

Coupe de graine d'*Hybiscus syriacus*.

atteindre l'âge adulte auquel, à son tour, il reproduira des individus de son espèce.

Le végétal vit comme l'animal, mais d'une façon

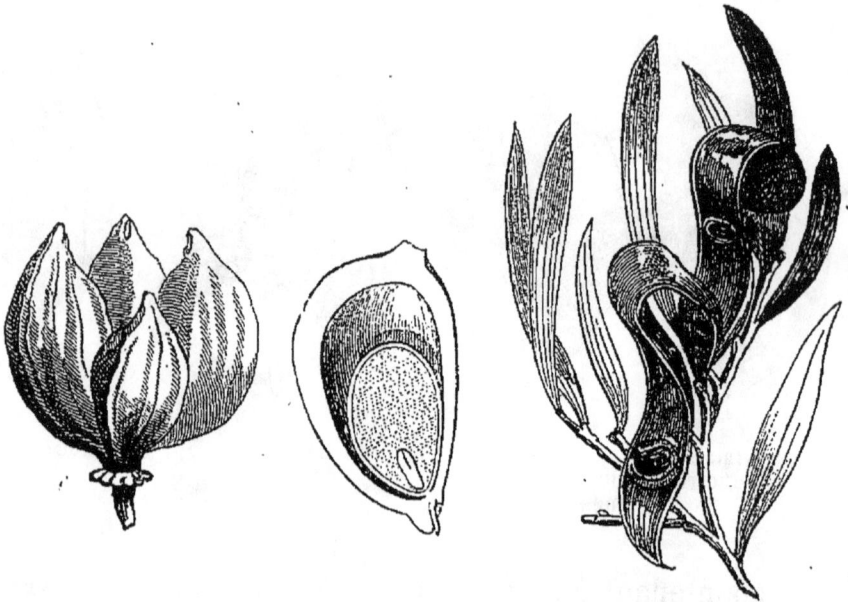

Akènes de *Thalictrum*. Coupe de l'un des akènes de *Thalictrum*.　Gousse de légumineuse.

moins complète. Ses fonctions vitales se réduisent à deux seules : la *nutrition* et la *reproduction*. La vie

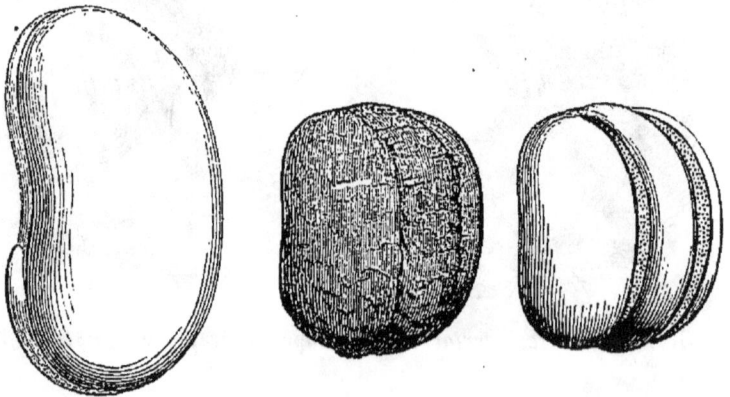

Embryon de Haricot tel qu'il est dans la graine.　Graine de Belle-de-Nuit.　Graine de Belle-de-Nuit dépouillée de ses téguments. L'embryon entoure l'albumen.

de relation qui consiste dans deux autres fonctions
la *sensibilité* et le *mouvement volontaire,* lui font défaut, et c'est en quoi l'animal, qui les possède, lui
est supérieur.

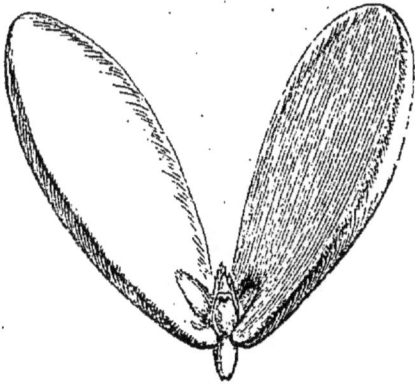

Embryon d'Amandier dont on a écarté
les deux cotylédons pour montrer
la gemmule.

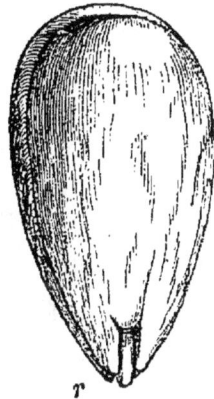

Embryon d'amandier tel qu'il
est dans la graine.

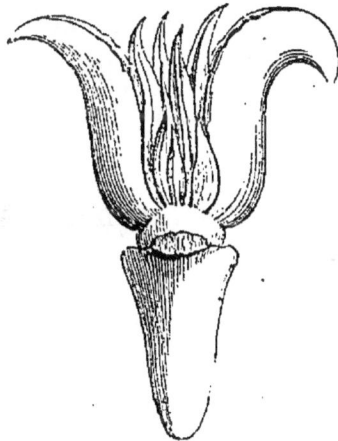

Embryon d'Amandier dont on a enlevé les
deux cotylédons.

On ne trouve donc dans la plante que deux sortes
d'organes, les uns qui fonctionnent pour la nourrir ;
les autres pour l'aider à se reproduire.

Les organes de nutrition sont :

La racine,

La tige,

Les feuilles,

Les bourgeons.

Les organes de reproduction, moins nombreux, sont :

La fleur,

Le fruit ou la graine en voie de développement, puisque la maturité fait de la graine et du fruit des individus à part, qui sont la génération suivante.

Retenons bien, en effet, que le fruit et la graine, une fois mûrs, ne sont plus des organes de l'individu, mais l'individu lui-même. Est-il besoin d'ajouter que les botanistes n'ont jamais douté de cette vérité fondamentale et naïve à force d'être évidente? Mais on pourrait aussi se demander pourquoi les livres les plus savants et les plus précis ne songent pas à la formuler.

Examinons donc les organes les uns après les autres.

———

2° La Racine

La racine de la plante est la partie qui plonge dans la terre à partir du collet et puise dans le sol des sucs nourriciers.

C'est la tige aérienne renversée. Elle fait symétrie à la partie qui pousse dans l'air libre. Ce sont deux plantes, pour ainsi dire, soudées pied à pied au collet et s'allongeant en sens inverses.

La racine n'a pas de moelle, et c'est là ce qui la distingue le plus de la tige supérieure.

Figuier des pagodes (*Ficus religiosa*), racines adventices.

Il faut noter expressément ici que les sucs de la terre sont pompés seulement par les spongioles, extrémités non organisées des radicelles. Le corps de la racine en ses grosses ramifications n'est qu'un tuyau de conduite.

On distingue :

La racine *pivotante* dont le corps est formé d'une tige unique, prolongeant la tige aérienne en ligne à peu près droite et se ramifiant comme cette dernière.

La racine *traçante*, celle qui court à fleur de terre,

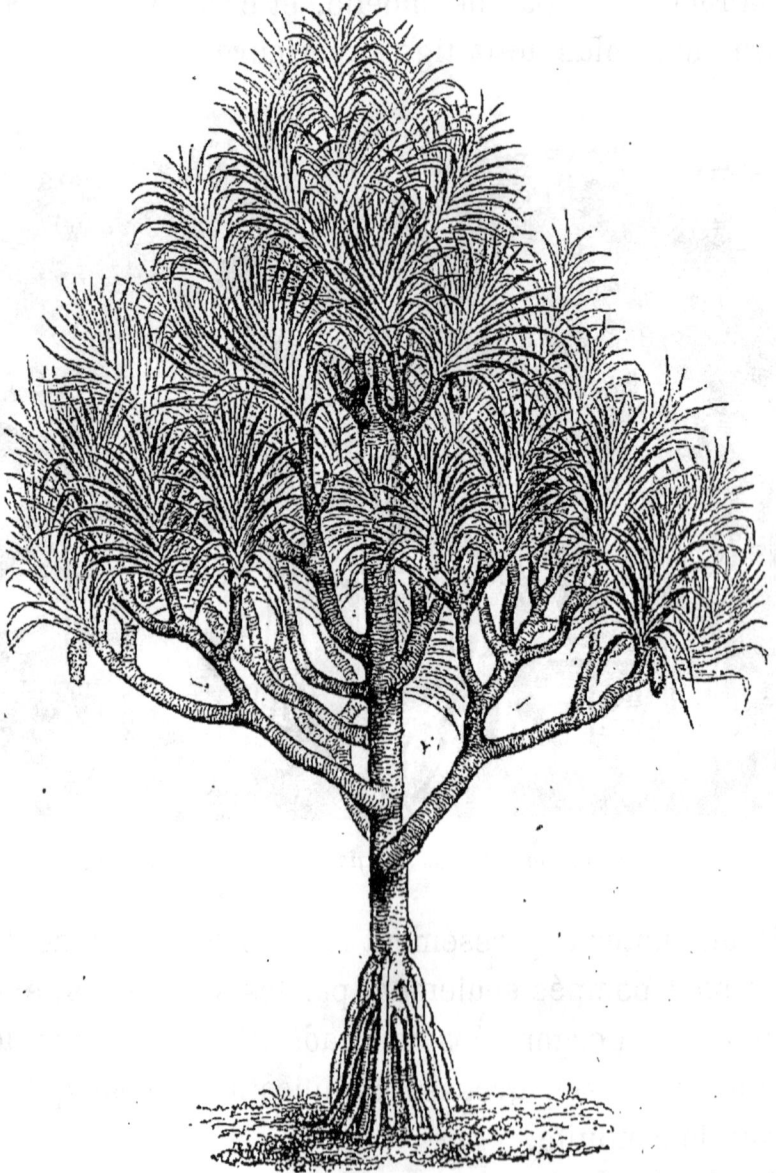

Pandanus utilis.

en plein sol végétal. Tout le monde sait qu'un arbre,
par exemple, dont les racines tracent, a toujours les

branches horizontales, tellement la symétrie des deux parties de la plante est une loi de nature.

Bulbe de Lis.

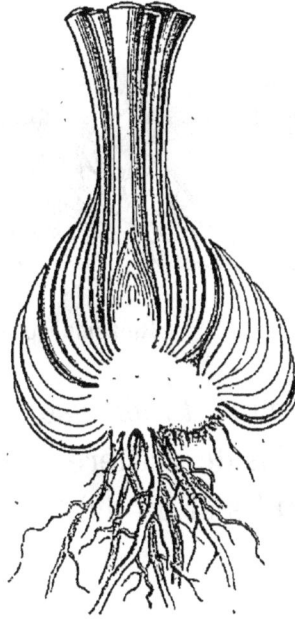

Bulbe de Lis coupé dans sa longueur.

Bulle de *Crocus*.

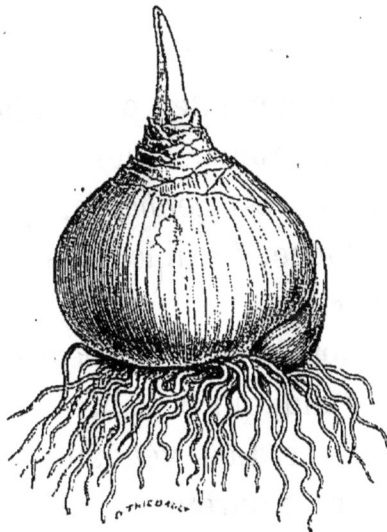

Bulle de Jacinthe.

La racine *fibreuse* est faite, non d'une tige unique, mais d'un faisceau de fibres nombreuses, comme dans le poireau, par exemple.

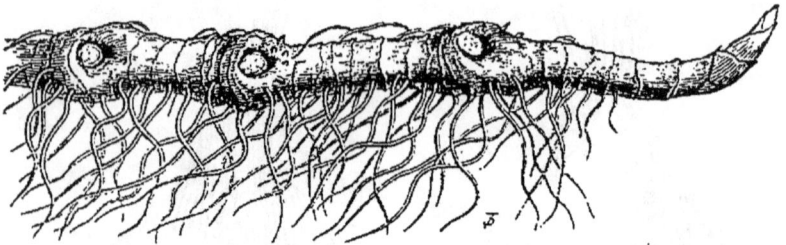

Rhizome de Sceau de Salomon.

La racine *tubéreuse* est composée de tubercules ou dépôts de matière féculente ou farineuse, comme celle du lis et du dahlia.

3° La Tige

La tige est l'axe ou support principal du végétal. Elle tend à monter perpendiculairement dans l'air et porte les branches, les rameaux et les feuilles.

La tige est *herbacée*, quand elle est mince, sans consistance, flexible, ayant, en un mot, l'apparence de l'herbe.

On appelle tige *ligneuse*, celle qui a le diamètre plus grand, qui est plus sèche et formée de *bois* ou de *ligneux*. Les végétaux dont la tige reste à l'état herbacé ne durent qu'un an ; ceux dont la tige, d'abord herbacée, se transforme en ligneux durent davantage.

La tige existe dans tous les végétaux, mais avec des conditions et sous des formes différentes. Chez certains d'entre eux, comme le pissenlit, la tige est tellement raccourcie qu'elle semble ne pas exister. Chez d'autres, les joncs, le safran, le glaïeul, l'iris, l'asperge, le chiendent, la tige est souterraine et prend le nom de *rhizome*.

Définissons quelques termes souvent employés.

Ligneux et *bois* ont le même sens; le premier est latin, l'autre est français;

Un *arbre* est un végétal dont le tronc ligneux dépasse 4 mètres;

Arbrisseau, petit arbre, au tronc ligneux, haut de 1 à 4 mètres;

Arbuste, végétal ligneux au-dessous de 1 mètre, par exemple, les bruyères.

Une plante *arborescente* est une plante herbacée dont la petite charpente prend la consistance des branches d'un arbre.

Une tige est dite *frutescente*, quand sans être précisément ligneuse, elle persiste par sa base pendant quelques années. On l'appelle *frutiqueuse* si elle se rapproche de la nature d'un arbrisseau.

La tige ligneuse se présente à nous sous trois aspects bien distincts: le *tronc*, le *stipe* et le *chaume*.

La tige de tous nos arbres fruitiers ou forestiers est un tronc. Le tronc se ramifie plus ou moins loin de sa base et, caractère à noter, il affecte la forme conique, c'est-à-dire qu'il va toujours en diminuant de grosseur. Les branches et les rameaux lui ressemblent absolument sous ce rapport.

Le stipe, tige ligneuse, ne porte aucune branche, ou, du moins, ne porte que quelques branches sans rameaux. Caractères principaux : corps cylindrique, c'est-à-dire égal de diamètre d'un bout à l'autre ; un simple bouquet de feuilles soit à son extrémité, soit à l'extrémité de ses branches non ramifiées. Le palmier, le cocotier, etc., ont des stipes.

Le *chaume,* tige de nos céréales et du roseau, ne porte aucun rameau. Il est creux et offre sur sa longueur des nœuds qui ferment le canal. La distance entre deux nœuds s'appelle *entre-nœuds* ou *mérithalle.*

Si nous étudions l'organisation intime de ces trois tiges, nous trouverons des différences encore plus grandes.

Le tronc se compose de plusieurs couches concentriques qui sont, en allant du dehors au dedans :

L'*écorce,* formée de plusieurs couches elle-même ;

Le *liber,* feuille mince, couleur brune, organe essentiel apparemment, puisque la greffe ne donne aucun résultat, si le liber du sujet ne se trouve pas en contact avec celui du greffon ;

L'*aubier,* formé des plus récentes couches ligneuses, et dont le bois n'est pas encore organisé ;

Le *bois fait* ou *cœur ;*

La *moelle* renfermée dans l'étui médullaire ;

Cette moelle qui meurt avec le temps communique

avec l'écorce au moyen de rayons qui vont horizontalement du centre à la circonférence.

Le stipe n'a ni couches concentriques, ni étui central, ni moelle, ni aubier, ni bois fait, ni rayons. Le pourtour est plus résistant que l'intérieur ; son bois n'a pas de fil et s'est formé de faisceaux rapprochés, mêlés, enchevêtrés au milieu d'une moelle commune.

Le chaume se rapproche bien plus du stipe que du tronc. Comme toutes les tiges creuses, la sienne prend le nom de tige *fistuleuse*.

Les branches, dont on ne parle d'habitude qu'en passant, ne doivent pas être considérées comme de simples divisions du tronc. Généralement le tronc de nos arbres se prolonge par une maîtresse branche ou tige principale sur laquelle les autres branches sont insérées. Chacune de ces dernières constitue un nouvel arbre qui, au lieu d'avoir sa racine dans le sol, la plonge dans le tronc. On peut dire la même chose des branches secondaires qui s'implantent sur les branches maîtresses et ainsi de suite.

On nomme *rameau* la branchette qui n'a qu'une tige.

La vraie notion consiste donc à considérer un végétal adulte, en plein développement, comme une grande famille de la même espèce, dont les membres sont superposés les uns sur les autres et pour ainsi dire indépendants, puisqu'on peut en supprimer même une partie notable sans nuire aux survivants d'une manière appréciable.

4° Les Feuilles

Les feuilles sont des organes insérés sur la tige ou sur ses ramifications. Elles sont les avant-courrières de nouvelles pousses, puisqu'elles portent généralement un œil dans leur aisselle.

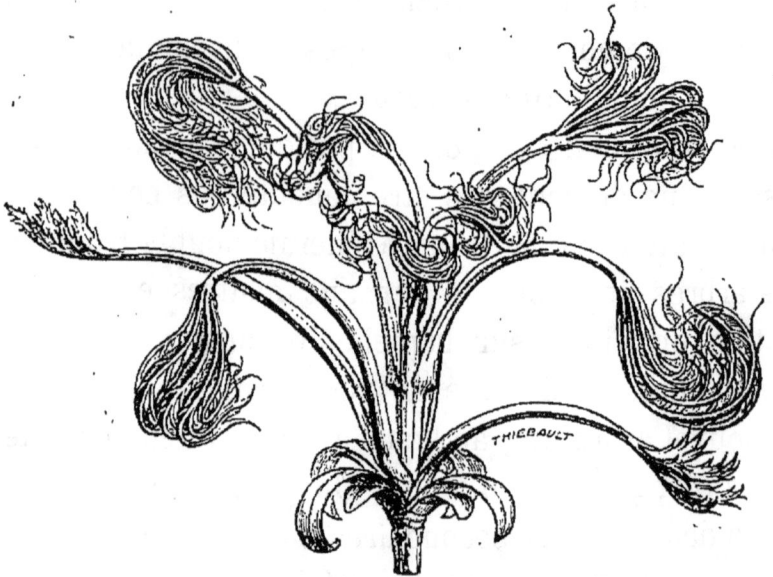

Feuille en préfoliation plissée dans un bourgeon d'Érable lacinié.

La feuille ordinairement se compose de deux parties : une queue appelée *pétiole* (prononcez péciole). C'est un faisceau de fibres serrées qui s'écartent en éventail pour former le *limbe* ou feuille proprement dite.

Les fibres ainsi distribuées dans le limbe pour en former la charpente se nomment des *nervures*, et l'ensemble des nervures prend le nom de *nervation*.

On dit une feuille *pétiolée*, quand elle possède un

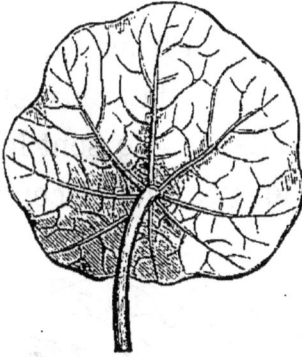

Capucine.

Mésembryanthème.

Stipiles latérales de
Liriodendron tulipifera.

Stipules pétiolaires
de *Trifolium pratense.*

pétiole ; *sub-pétiolée,* si le pétiole est petit; *sessile,*
quand le pétiole manque ou semble manquer.

La matière verte de la feuille est le *parenchyme.*

Dans certaines plantes, à la base du pétiole, on
aperçoit deux petits appendices latéraux et foliacés,
comme les ailerons d'une flèche. Ce sont les *stipules*
dont le rosier nous offre le type bien accentué.

Stipules axillaires de *Houttuynia cordata.*

Stipules axillaires de *Polygonum orientale.*

Si la feuille consiste en un pétiole élargi sans

limbe à son extrémité, on la nomme *phyllode*. Les feuilles de la sagittaire et du plantain d'eau submergées dans un courant, s'allongent en rubans et forment des phyllodes ou feuilles *rubanées*.

Quelques autres définitions :

La feuille est *dentée* (et non *dentelée*) quand ses bords sont découpés en dents de scie ; *surdentée*, quand les dents un peu grosses sont découpées à leur tour ; *lobée*, si les bords portent des *lobes*, ou *sinuées*, quand ce sont des *sinus*. Les sinus sont des échancrures arrondies et très-ouvertes sur le bord des feuilles. Les lobes diffèrent des sinus, en ce qu'ils découpent les contours des feuilles profondément, au moins jusqu'au quart de largeur. L'orme a des feuilles dentées ; certains pêchers, des feuilles surdentées ; l'érable et le platane, des lobes ; le chêne, des sinus.

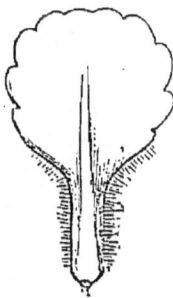

Feuille entière   Feuille crénelée   Feuille dentée
de Buis.   de *Saxifraga hirsuta*.   de *Saxifraga dentata*.

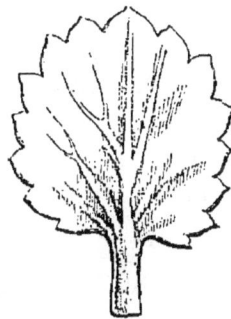

La feuille *simple* se compose d'un seul limbe, qu'il soit ou non découpé profondément, pourvu qu'il reçoive toutes les fibres venant du pétiole. La

2.

vigne, le lilas, la rose trémière, le pommier, etc., .

Feuille palmatilobée
de *Sterculia platanifolia.*

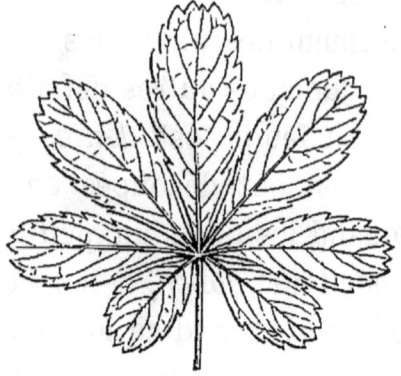

Feuille palmatilobée
de *Lavatera arborea.*

ont des feuilles simples. En général, on peut dire
qu'une feuille est simple, quand on n'en peut enlever

Feuille palmatipartite
de *Potentilla recta.*

Feuille palmatifide
d'*Abutilon venosum*

la moindre partie sans causer au limbe une déchirure quelconque.

Au contraire, la feuille est *composée* si elle est formée de limbes partiels qui se partagent les fibres du pétiole. On peut enlever un de ces limbes partiels, ou même plusieurs, sans causer la moindre

Feuilles simples de *Polygonum cymosum*.

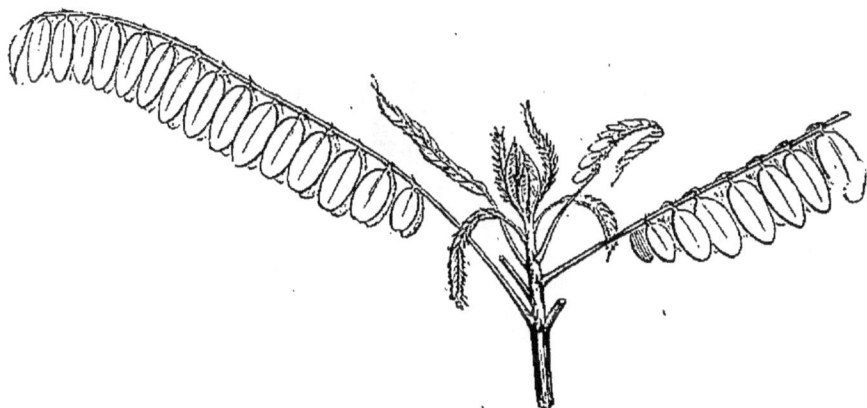

Feuilles composées d'*Amorpha fruticosa*.

déchirure dans l'ensemble de la feuille. L'acacia, le rosier, etc., ont des feuilles composées.

Si dans la feuille, comme celle du rosier, les limbes partiels affectent la disposition, des barbes d'une

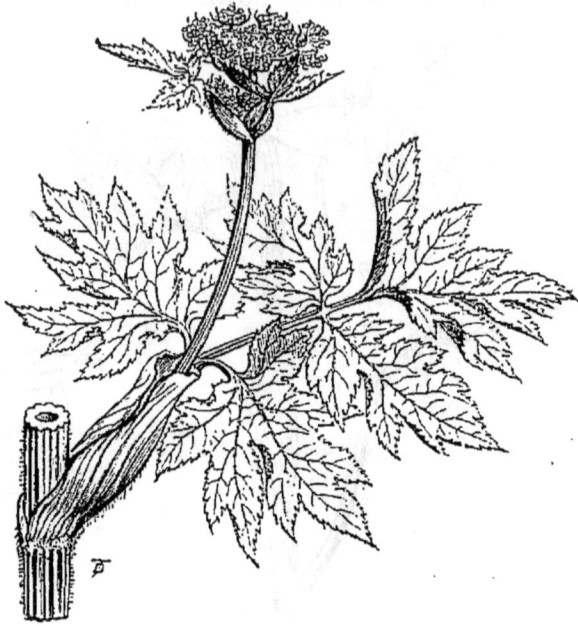

Feuille composée engaînante d'*Heracleum pubescens*.

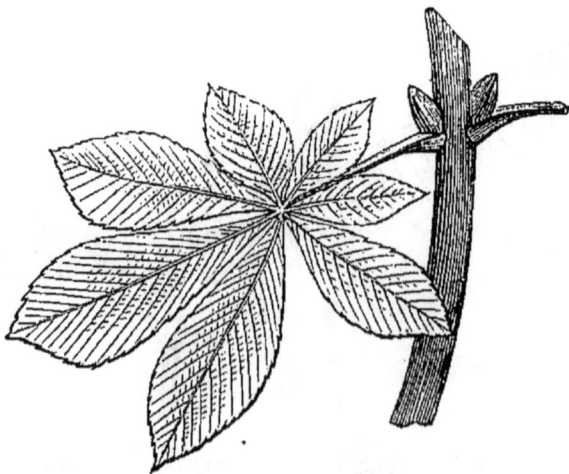

Feuille composée palmée de Marronnier d'Inde.

plume, la feuille est dite *pennée*. Si les folioles

s'écartent à l'extrémité de la queue, la feuille est *palmée* ou *digitée*.

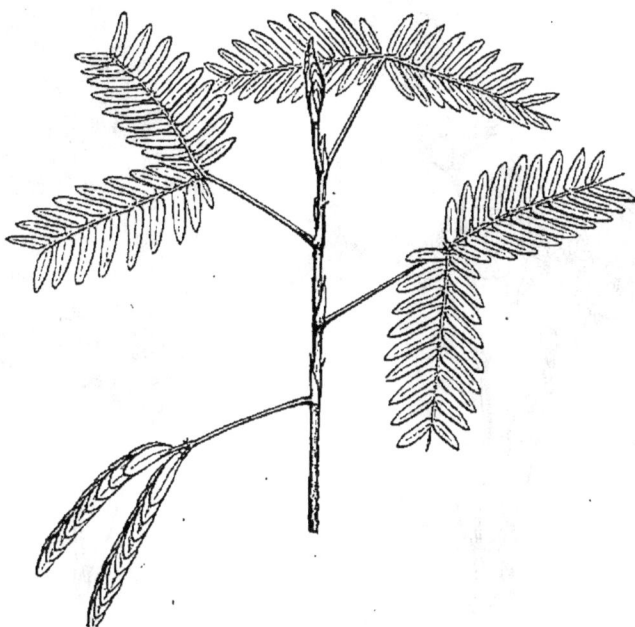

Sensitive dont une feuille a été touchée.

Aucun autre organe n'a reçu, dans la plante, autant de noms que la feuille. Nous emplirions facilement cinquante pages de ce livre, si nous voulions donner au long toutes ces dénominations tirées de la forme, de la surface, de la couleur, etc. Qu'il nous suffise d'en donner quelques-unes encore choisies parmi les plus usuelles.

Nous avons dit ci-dessus que le pissenlit et le plantain semblent manquer de tige; la primevère, si commune, est dans le même cas. Les feuilles de ces plantes paraissent sortir de la racine même et sont appelées pour cela feuilles *radicales*.

Disposées sur une tige bien développée, elles sont dites *caulinaires*.

Feuilles décomposées
de *Thalictrum flavum*.

Feuille décomposée
d'*Acacia grandiflora*.

Feuilles opposées de *Symphoricarpos parviflora*.

Au point de vue de leur position sur la tige, les
feuilles caulinaires prennent le nom de :

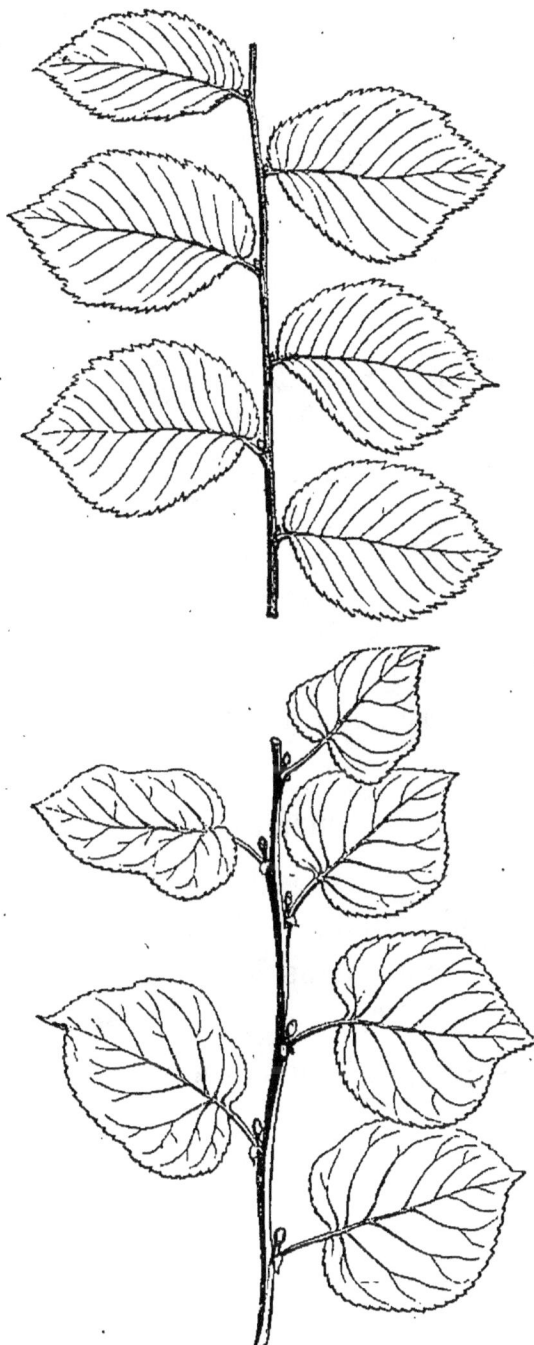

Feuilles alternes.

1° *Opposées*, quand elles sont placées deux à deux, en face l'une de l'autre, à la même hauteur; exemple : le lilas.

2° *Alternes*, quand elles sont disposées une à une autour de la branche, comme dans nos arbres fruitiers.

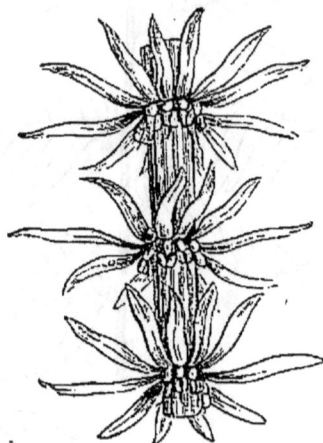

Feuilles verticillées de l'*Hippuris vulgaris*.

3° *Verticillées*, quand au nombre de plus de deux, elles sont implantées sur une même circonférence autour de la branche et forment une sorte de rosette ou de couronne; dans le laurier-rose, par exemple. On voit que les feuilles verticillées ne diffèrent des opposées que par le nombre.

5° Bourgeons, Boutons

Nous avons dit qu'à l'aisselle de chaque feuille, il existe un *œil*. Si ces yeux sont des pousses à bois,

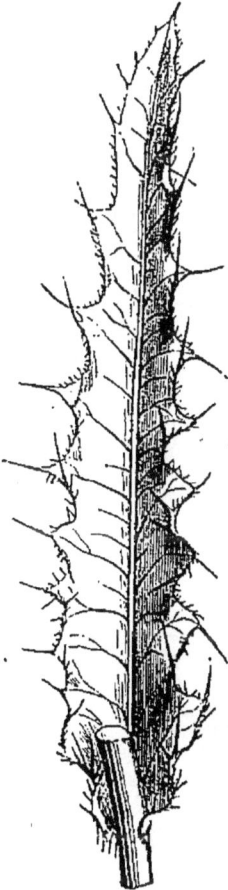

Feuille pinnatilobée de
Scolymus Hispanicus.　　Feuille pinnatifide
d'*Echinops sphærocephalus.*　　Feuille pinnatipartite
de *Chelidonium majus.*

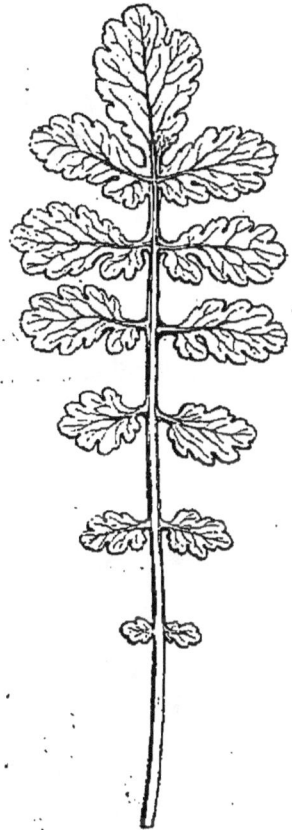

on les nomme *bourgeons axillaires;* si ces mêmes yeux sont des rudiments de fleurs, ils prennent le nom de *boutons axillaires*, c'est-à-dire venus dans l'aisselle.

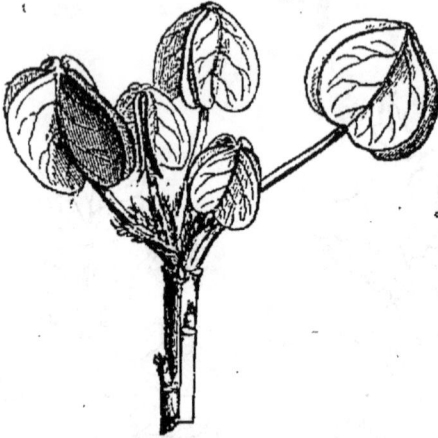

Position des feuilles d'Oxalis
lorsqu'elles dorment.

Position des folioles d'une feuille
de Mimose lorsqu'elles dorment.

Bourgeon de Rosier.

Lathyrus platyphyllos.
(Le pétiole est élargi et les dernières folioles sont transformées en vrilles.)

A l'extrémité des rameaux, se trouve le bouton *terminal*. Quand l'œil apparaît sur la branche sans accompagnement d'aucune feuille, c'est le bouton ou le bourgeon *adventice* (et non *adventif*).

Tous les praticiens savent distinguer le bourgeon du bouton, surtout dans les arbres fruitiers.

On appelle *bulbe* une modification particulière de la tige dans certaines plantes. Le bulbe est synonyme d'oi-

Bouton de *Camellia*, pour montrer la transition entre les bractées et les sépales.

gnon. Le bulbe du poireau est annuel; celui de l'oignon vulgaire est bisannuel; dans beaucoup

Feuilles penninerviées de
l'*Ulmus campestris*.

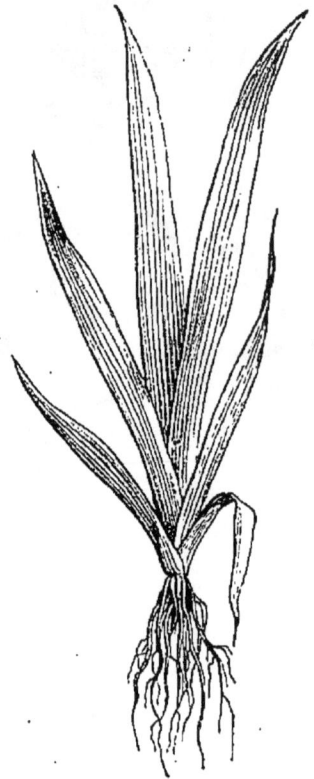

Feuilles rectinerviées de
l'*Iris germanica*.

d'autres plantes, le lis, la jacinthe, etc., il est vivace.

On désigne sous le nom de *bulbille* le petit bulbe qui apparaît à l'aisselle des feuilles, à la place des fleurs dans certaines plantes, et principalement autour du bulbe.

Les botanistes appellent *turion* le bourgeon naissant sur le rhizome, surtout dans les plantes dont les pousses aériennes périssent chaque année. La tige d'asperge que nous mangeons est un turion.

Feúilles palminerviées de *Liquidambar styraciflua*.

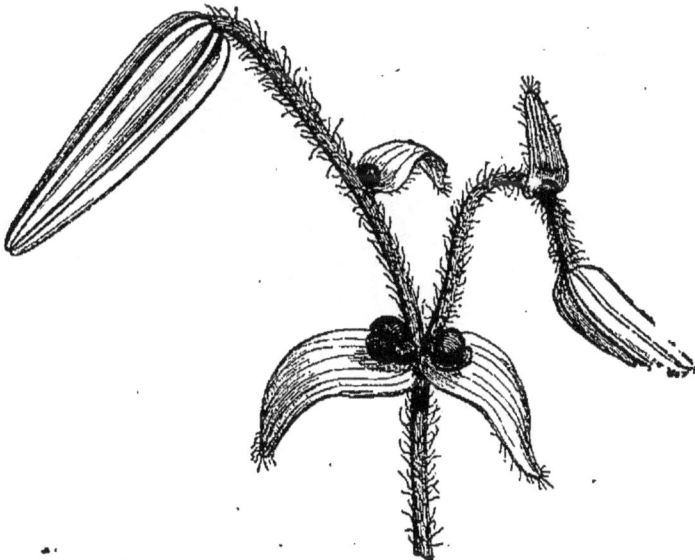

Bulbilles du *Lilium bulbiferum*.

On nomme *tubercules* des bourgeons souterrains, farineux et renflés de certains végétaux, comme la pomme de terre. Ils portent à leur surface une grande quantité d'yeux reproducteurs. Nous avons vu des épluchures de pommes de terre, jetées dans le sol avec le fumier qui les avait reçues de la cuisine, ensemencer un jardin tout entier.

6° La Fleur

Avant d'arriver à la fleur proprement dite, on dis-

Inflorescence *interfoliacée* de l'*Asclepias floribunda*.

tingue dans son voisinage de petites feuilles sessiles,

souvent colorées, parfois très-brillantes, qui accompagnent la fleur. Ce sont les *bractées* ou *feuilles florales*. Elles n'ont jamais la nuance verte des autres feuilles. La sauge en offre un bel exemple.

Inflorescence du *Sedum oppositifolium*.
(Les bractées sont d'autant plus soudées avec les axes auxquels elles
donnent naissance, qu'elles sont placées plus haut.)

Maintenant un mot des *inflorescences*, c'est-à-dire des différentes manières dont fleurissent les plantes, et des modes divers dont les fleurs sont disposées sur la tige ou les rameaux. Une rose ne fleurit pas de la même manière qu'une tige d'avoine. On a donc imposé différents noms aux inflorescences, afin de les bien distinguer.

Capitules en grappe du *Petasites alba*.

Disons d'abord que les inflorescences en général se présentent à nous sous deux aspects bien caractérisés : ou la fleur s'épanouit soit sur un axe principal allongé, soit sur les ramifications de ce même axe; ou l'axe principal, à peu près nul, donne naissance à des pédoncules qui portent des fleurs ou se

divisent en pédicelles qui fleurissent à leur extrémité.

Inflorescence de l'Hortensia simple

Hampe du *Pinguicula vulgaris*.

Hampe de *Sarracenia*.

Nous rangerons dans la première catégorie :

3.

L'épi, dans lequel les fleurs très-rapprochées semblent incrustées dans l'axe principal. C'est l'épi *simple*. Si les petites fleurettes sont insérées sur l'axe principal au moyen d'axes secondaires extrê-

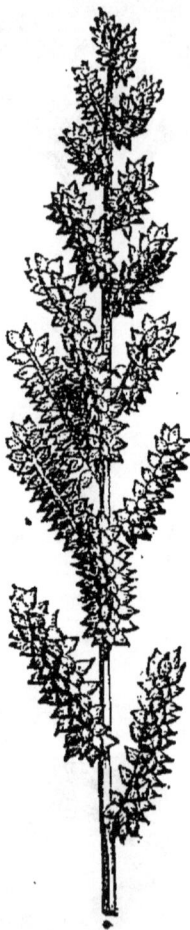

Epi composé de *Panicum Crus-galli*.

mement courts, c'est l'épi composé. Le blé, la verveine, la rose trémière, le plantain, etc., fleurissent en épi. L'épi du plantain est *simple;* celui du blé est *composé*. On appelle *épillets*, dans le blé, les petits épis formant le grand.

Le *chaton*, sorte d'épi allongé et flexible, à fleurs
incomplètes, ne possédant pas à la fois les étamines
et les pistils. Comme il est généralement une fleur
mâle, il tombe ordinairement après la floraison. Il se
trouve dans le saule, le noisetier, dans le noyer, etc.

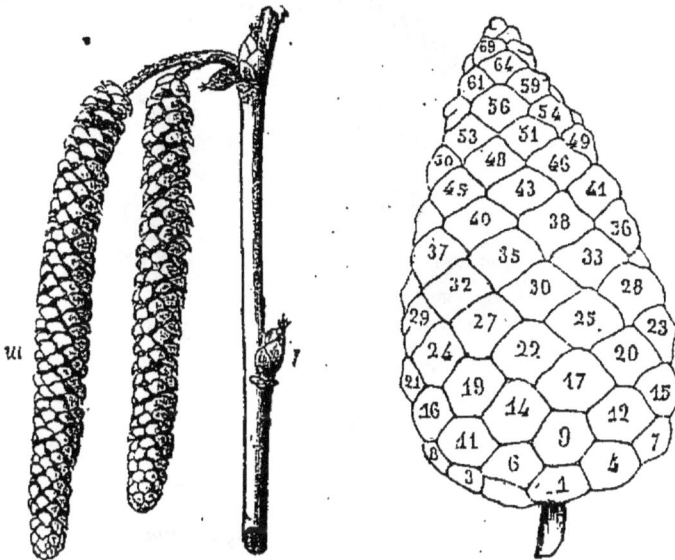

Branche de Coudrier dans laquelle
il y a à la fois des chatons mâles
(*m*) et des chatons femelles (*f*).

Pin maritime.

Le *cône* est une sorte de chaton femelle qui persiste après la floraison pour donner des fruits. Il a
donné son nom aux arbres qui le portent, pins, sapins, etc.

La *grappe*, inflorescence dans laquelle les fleurs
sont attachées à l'axe primaire par des axes secondaires, dans le groseillier, le muguet, etc.

Le *panicule*, dans lequel les fleurs sont portées
par des axes tertiaires, quelquefois par des axes
quaternaires. L'avoine offre un panicule bien accen-

tué. Généralement le panicule présente la forme d'un

Grappe composée de Troëne (*Ligustrum vulgare*).

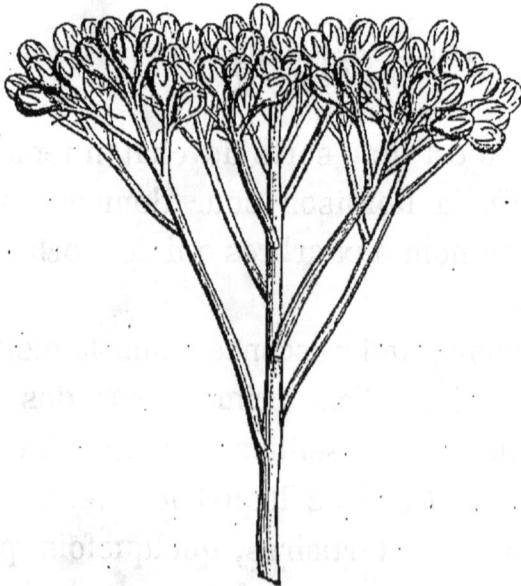

Corymbe composée de l'Alizier des bois.

poirier en pyramide dont les rameaux inférieurs sont plus longs que ceux qui se trouvent au-dessus.

Les inflorescences de la seconde catégorie sont :

Le *corymbe*, ayant un axe très-court le long duquel les axes secondaires sont insérés à des hauteurs différentes, mais dont les extrémités, portant les fleurs, arrivent toutes à peu près au même niveau, de manière à former une espèce de parasol. C'est la fausse ombelle. (Le poirier, le cerisier, etc.)

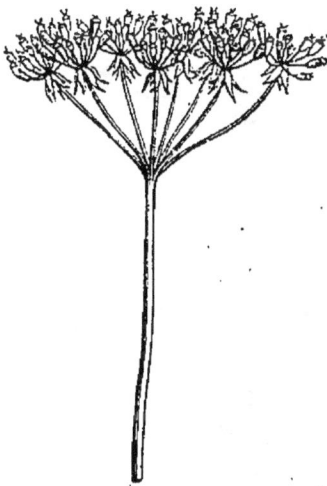

Ombelle composée de
Chræophyllum temulum.

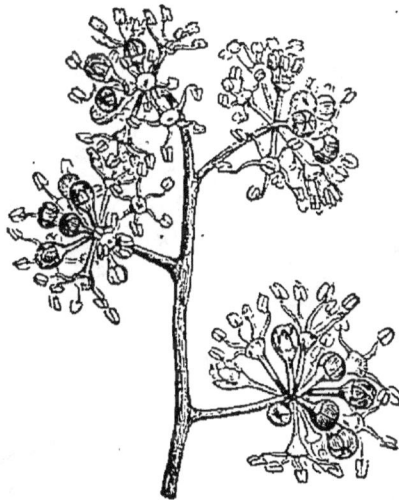

Ombelles en grappe de
Lierre (*Hedera helix*).

L'ombelle ne diffère du corymbe que par l'égalité des axes secondaires qui sont tous insérés au même niveau et en verticille sur l'axe principal. Les oignons, les poireaux, etc., ont des *ombelles* simples. Dans l'ombelle composée, les pédicelles sont eux-mêmes divisés en d'autres pédicelles extrêmement courts, de sorte que les fleurs viennent sur des axes ter-

tiaires. Nous citerons en ce genre la carotte, la ci-
guë, le persil, l'angélique. Les ombelles partielles
s'appellent des *ombellules*.

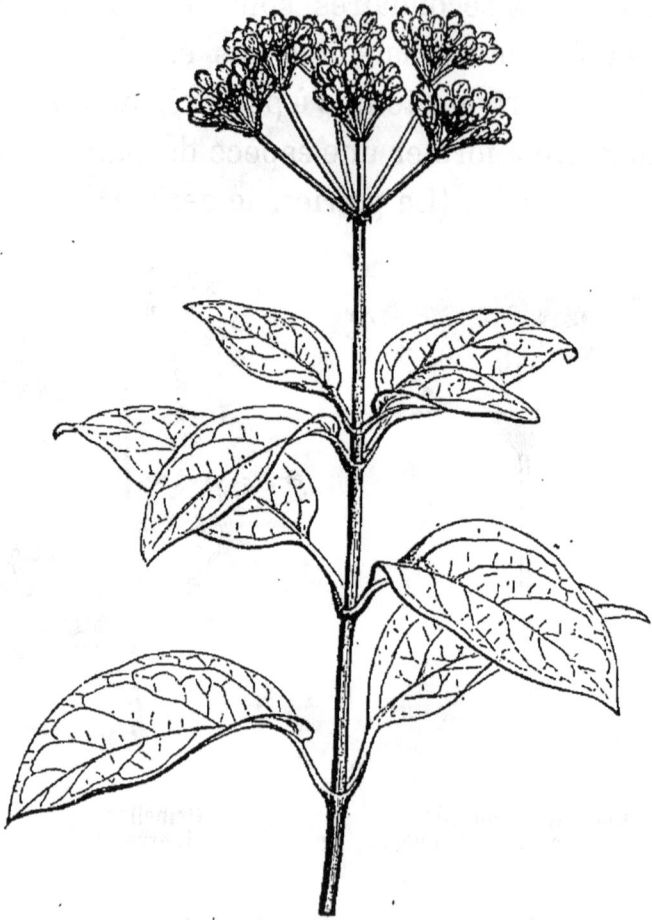

Ombelle composée de cymes bipares dans le Laurier-tin
(*Viburnum tinus*).

Le *capitule* consiste en une sorte de plateau charnu
sur lesquels sont insérées une multitude de petites
fleurs serrées les unes contre les autres et dans un
ordre géométrique quelconque. Citons le pissenlit,
le bleuet, le souci, l'artichaut, le soleil. En analysant

une tête d'artichaut, nous y trouvons le plateau charnu qui est le fond ; le foin en est la fleur innombrable ; et les feuilles qui l'entourent et qu'on mange en sont les bractées protectrices. Dans le soleil, les petites fleurettes du plateau donnent la graine si chère aux enfants, et les grandes fleurs jaunes du contour sont les bractées.

Cyme unipare scorpioïde de capitules dans le *Vernonia centriflora*.

Après ces notions indispensables, nous arrivons à

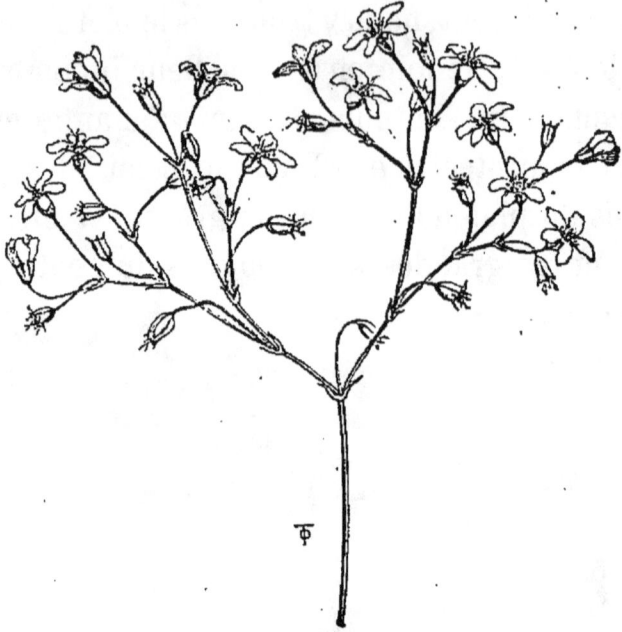

Cyme bipare de *Gypsophila paniculata*.

Cyme unipare scorpioïde de Jusquiame (*Hyoscyamus niger*).

la fleur proprement dite, le seul organe de la reproduction.

En la prenant dans son ensemble le plus complet,
la fleur se compose de quatre parties circulaires con-

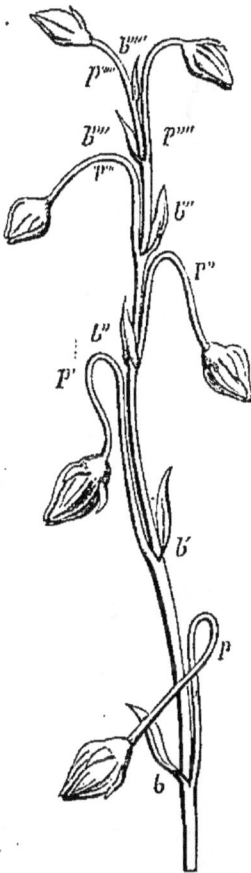

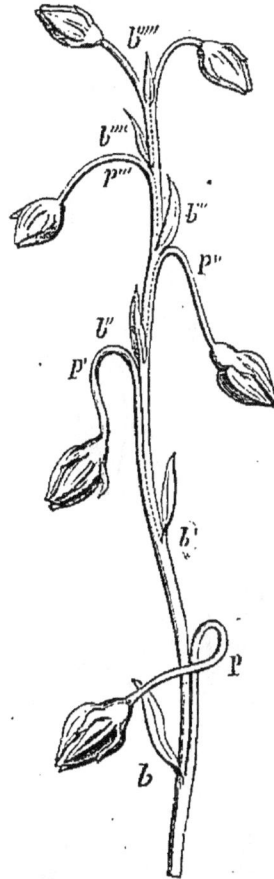

Cyme uniparc d'*Helianthemum Ægyp-
tiacum* telle qu'elle serait s'il n'y
avait aucune soudure.

Cyme uniparc d'*Helianthemum Ægyp-
tiacum* telle qu'elle est réellement
par suite de la soudure du pédoncule avec le rameau qu'il a produit.

centriques ou verticilles qui sont du dehors au dedans :

1° Le calice,

2° La corolle,

3° Les étamines,

4° Le ou les pistils.

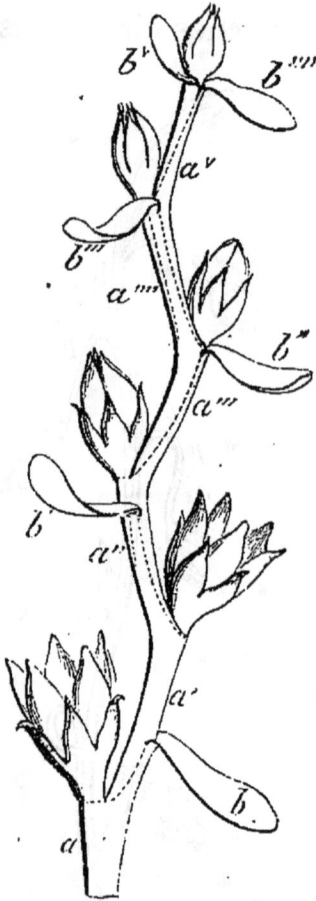

Cyme unipare scorpioïde de *Sedum album* dans laquelle les bractées sont d'autant plus soudées avec les axes nés à leur aisselle, qu'elles sont situées plus haut.

Cyme unipare de *Dianthus* dans laquelle il n'y a aucune soudure.

Certaines fleurs n'ont pas les quatre organes, et, dans ce cas, on les appelle *incomplètes*.

1° Le calice est l'organe le plus extérieur. Il est le prolongement du *pédoncule* ou queue de la fleur. Les feuilles qui le composent s'appellent les *sépales*. Quand les sépales sont bien distincts et séparés, le calice est dit *polysépale;* au contraire, si le calice

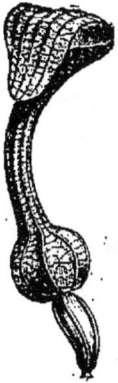

Calice monosépale ir-
régulier de l'*Aristo-
lochia clematis.*

Bouton de Balsa-
mine.

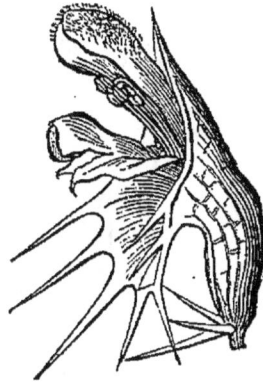

Calice monosépale irré-
gulier d'une Labiée.

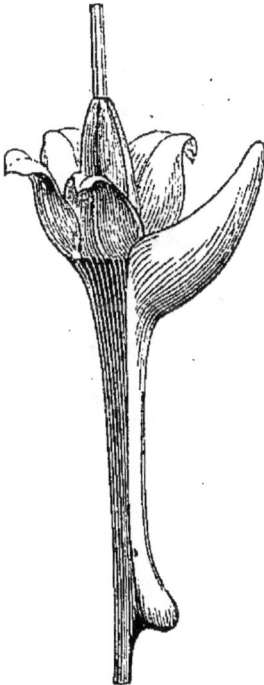

Calice de *Gaillardia picta.*

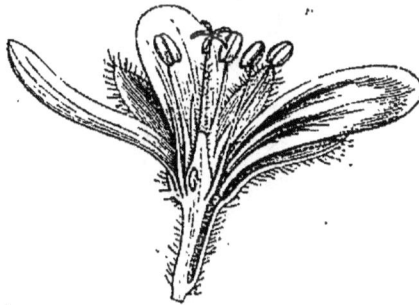

Calice de *Pelargonium,* dont
un sépale s'insère en fer à
cheval.

Coupe longitudinale d'une fleur de *Pelargonium,* pour montrer que par suite de
l'insertion d'un sépale en fer à cheval, il y a
une cavité entre le sépale et le pédoncule.

est d'une seule pièce, quoique découpé à ses bords,

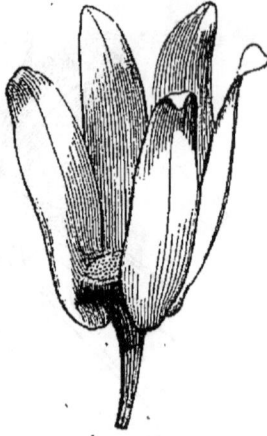

Calice de Violette.

Fleur de Capucine,
ep., éperon.

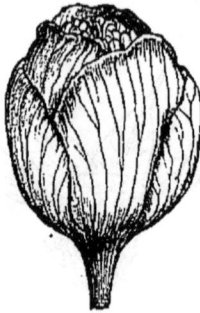

Fleur d'*Helleborus
fœtidus*.

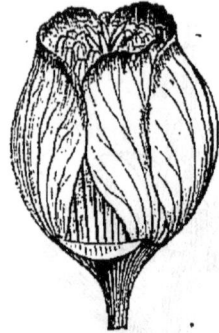

Calice de *Helleborus fœtidus*,
dont un des sépales est coupé
pour montrer que sa cicatrice
est un arc de cercle.

Fleur de Pied d'Alouette. Un des
sépales a un éperon.

Fleur d'Aconit. Un des sépales a
la forme d'un capuchon.

il est *monosépale*. Dans certaines fleurs, la rose trémière, la renoncule, l'anémone, les ombellifères sur-

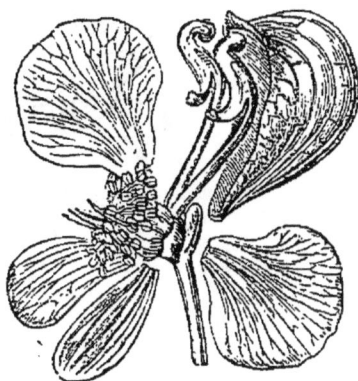

Bouton de Rosier.   Sépales externes de   Fleur d'Aconit dont les sépales
                        ce bouton.   sont écartés.

tout, le calice est enveloppé lui-même à sa base par
des bractées formant un autre calice extérieur qu'on
appelle *involucre* ou *collerette*.

Calicules d'Œillet.   Involucre du *Cornus canadensis*.

2° La corolle, alcôve nuptiale dans laquelle ont lieu les mystères de la reproduction, est la partie la plus

Involucre d'*Astrantia major*.

apparente et la plus brillante de la fleur. Elle est

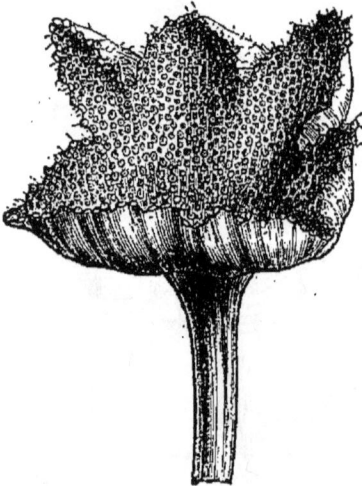

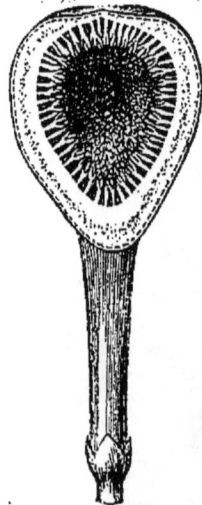

Inflorescence de *Dorstenia contrayerva*.   Inflorescence de *Ficus carica*.

elle-même protégée par le calice. La corolle est ordinairement composée de folioles appelées *pétales*. Si elle est d'une seule pièce, elle est *monopétale*; si

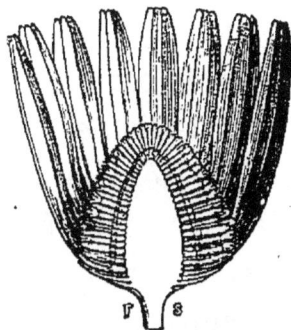

Coupe longitudinale d'une fleur composée de Matricaire. Le réceptacle commun est un cône allongé.

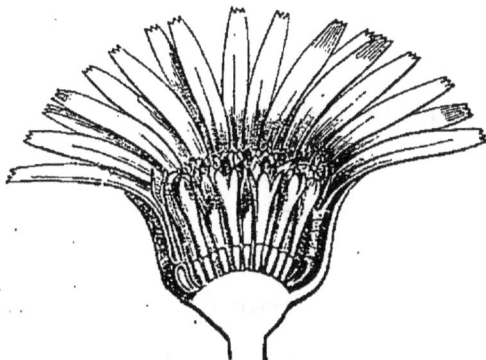

Coupe longitudinale d'une fleur composée de Souci des champs. Le réceptacle commun est hémisphérique.

Coupe longitudinale d'une fleur composée d'*Aster grandiflora*. Le réceptacle commun est plat.

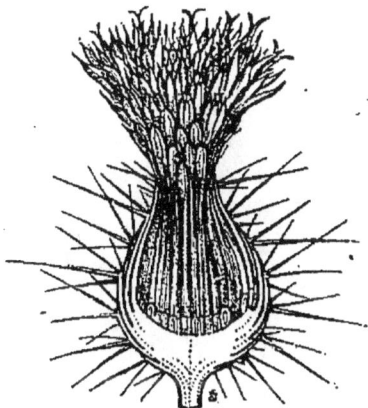

Coupe longitudinale d'une fleur composée de *Centaurea Fontanesii*. Le réceptacle commun est en coupe.

Fleur de *Pelargonium capitatum*.

Coupe de la fleur de *Pelargonium capitatum*.

elle compte plusieurs pétales indépendants les uns
des autres, on la dit *polypétale*. La pointe par laquelle le pétale s'implante sur le réceptacle est l'*onglet;* le reste, plus élargi, prend le nom de *limbe*.

La corolle est *régulière* ou *irrégulière*. Régulière,
quand les pétales, égaux et semblables, sont insérés
de la même façon (la rose de chien, l'œillet, etc.); irrégulières, quand les pétales, inégaux entre eux, ne
sont pas systématiquement disposés sur la fleur (la
pensée, la violette, etc.).

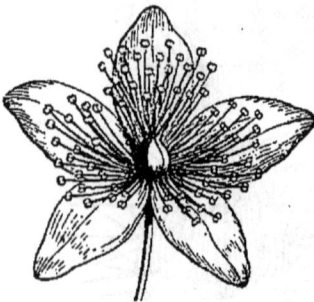

Fleur de
Millepertuis.

Fleur de
Cladothamnus.

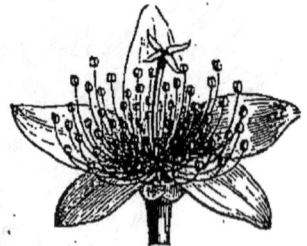

Fleur de *Tetragonia
expensa.*

La corolle monopétale régulière est *tubulée* (en

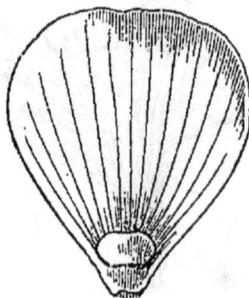

Pétale de Renoncule.

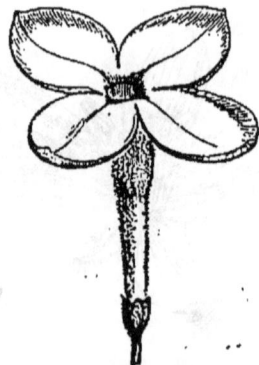

Fleur de Lilas (corolle
hypocratériforme).

tube), dans le lilas, le chèvrefeuille; *campanulée* (en cloche) dans le liseron; *infundibuliforme* (en entonnoir) dans le tabac; *rotacée* (en roue) dans la pomme de terre.

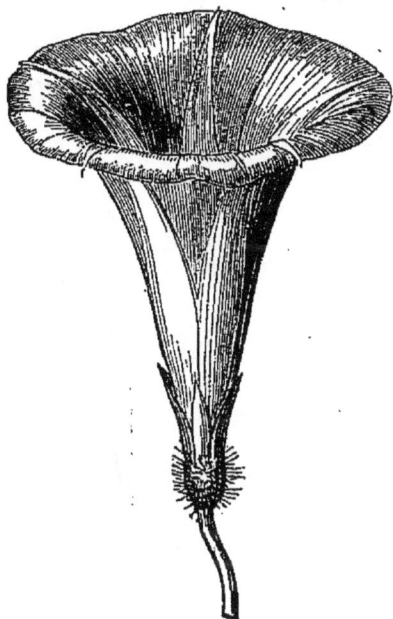

Fleur de Liseron
(corolle campanulée).

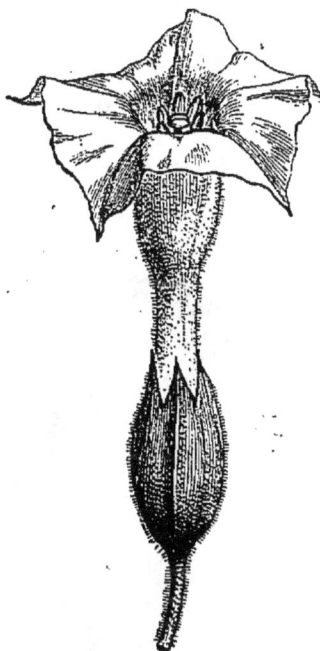

Fleur de Tabac
(corolle infundibuliforme).

Fleur de Giroflée (corolle
cruciforme).

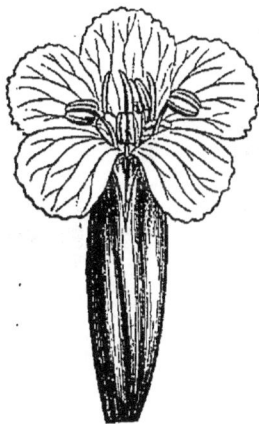

Fleur de *Silène pendula*
(corolle caryophyllée).

Fleur de Benoîte
(corolle rosacée).

4

La corolle monopétale irrégulière est *labiée* (en lèvres) dans le thym ; *personée* (en masque) dans la gueule de loup.

La corolle polypétale régulière est *rosacée* (en rosette) dans la rose simple ; *crucifère* (en croix) dans le chou.

La corolle polypétale irrégulière est *papilionacée* (en papillon) dans le pois de senteur.

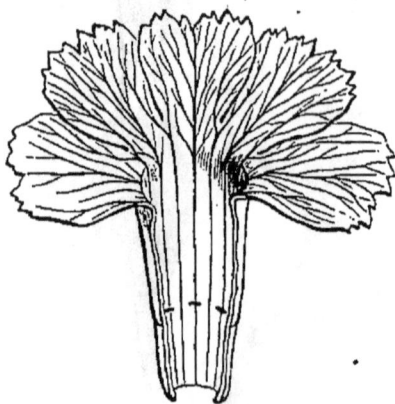

Corolle étalée de Primevère.

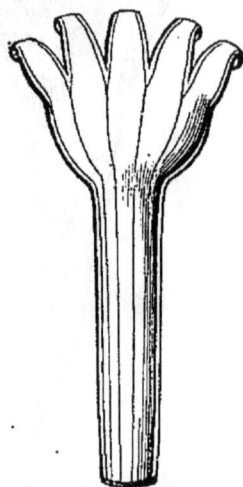

Corolle étalée de Petasites.

Fleur d'Ancolie. Les pétales sont éperonnés.

Fleur de *Polygala*. La carène porte une touffe de poils.

Nous ajoutons que ces deux premiers organes, calice et corolle, n'ont qu'un rôle de protection dans la fleur et n'interviennent qu'à ce titre dans l'acte de la reproduction.

3° Les étamines, dont l'ensemble s'appelle l'*Androcée* ou *maison de l'homme*, c'est l'organe mâle de la fleur et le troisième verticille à partir de l'extérieur. Elles affectent la forme de petits dards et se composent de deux parties, un *filet* mince et allongé qui porte à son extrémité l'*anthère*, petit renflement qui renferme la poussière jaune fécondante appelée *pollen*.

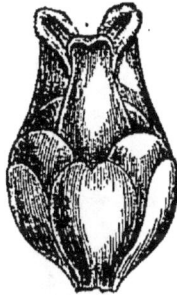

Fleur femelle
de Buis.

Fleur mâle
de Buis.

Fleur hermaphrodite de *Sedum acre*.

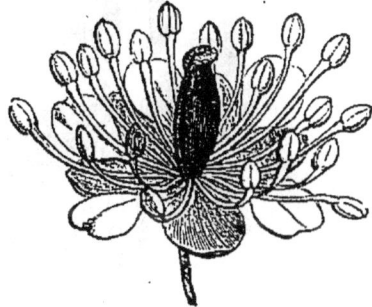

Fleur hermaphrodite de *Thalictrum flavum*.

La même espèce de fleur, d'un pied à un autre,

porte des étamines en nombre variable. Quand elles
sont peu nombreuses, c'est-à-dire au-dessous de dix,

Fleur composée dans laquelle les fleurs de la circonférence sont différentes
de celles du centre.

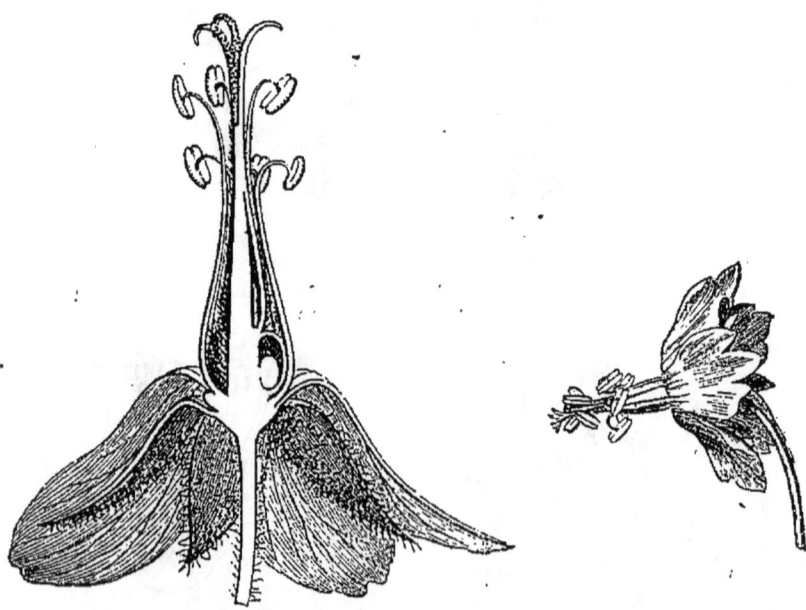

Coupe d'une fleur de *Geranium roseum*.   Fleur de *Geranium roseum*

le nombre en est à peu près fixe; au-dessus de dix,
on rencontre de grands écarts. On en compte depuis

une jusqu'à cent et plus sur une même fleur, suivant les espèces.

Les étamines sont souvent séparées; quelquefois

Fleur de *Mansonia ovata*.

Fleur de Passiflore. Il y a une grande distance entre l'insertion des corolles et celle des étamines.

4.

soudées les unes aux autres soit par les filets (pois), soit par les anthères (chicorée).

La manière dont elles sont implantées dans la fleur leur a fait donner différents noms : *hypogynes,* quand elles sont insérées au-dessous de l'ovaire et sur le réceptacle même (renoncule, œillet, blé); *périgynes,* si elles sont plantées sur le calyce (fraisier,

Fleur de Laurier-Rose (*Nerium oleander*).

campanule); *épigynes,* lorsqu'elles sont plantées sur l'ovaire (carotte, bleuet, aristoloche).

Ces trois différentes insertions des étamines ont paru caractéristiques et servi dans la classification des plantes.

4° Le pistil, organe femelle de la fleur, composé de trois parties : l'*ovaire,* au pied; le *style,* prolongement plus ou moins long qui porte le *stigmate,* renflement poreux presque toujours enduit d'une matière gommeuse. On rencontre assez souvent plusieurs pistils.

L'ovaire, qui porte le futur embryon, se trouve, par rapport aux étamines et aux autres parties de la fleur, être *supère*, s'il est sur le réceptacle, au niveau des autres organes, et alors il n'adhère pas au

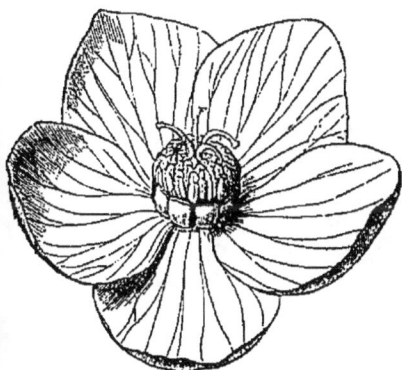

Fleur *d'Helleborus odorus*.

Fleur mâle du Buis (*Buxus sempervirens*).

Fleur de Giroflée. Deux sépales sont gibbeux à la base.

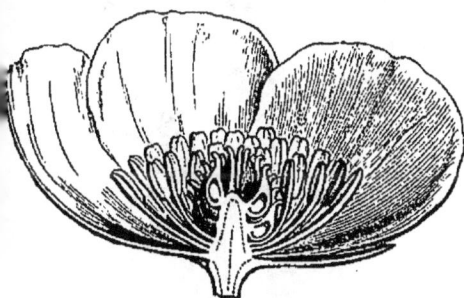

Coupe d'une fleur d'Hellébore fétide.

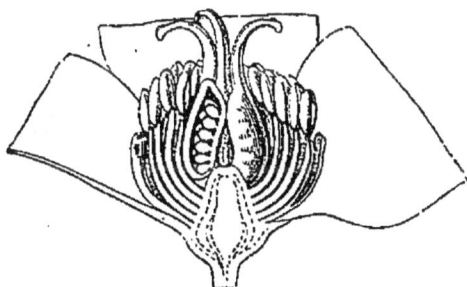

Coupe d'une fleur de Renoncule.

calice (tulipe, lis, pivoine); *infère*, et adhérent au calice, quand il est au-dessous des autres verticilles de la fleur (pommier, poirier, myrte, grenadier, iris, narcisse, orchidées).

Quand une fleur possède un ovaire infère, le ca-

lice est toujours monopétale; et lorsque la corolle est
monotépale, les étamines s'y insèrent toujours.

C'est dans l'ovaire, avons-nous dit ci-dessus, que
se trouvent les ovules, graines avant la maturité,
appartenant encore à la fleur-mère et faisant corps
avec elle. C'est pendant la durée de leur évolution
qui commence à la fécondation par le pollen des an-

Fleur de *Trollius*. Le gynécée se compose
d'un grand nombre de pistils.

Fleur de *Lopezia*.

Fleur double d'*Anémone Sylvie*.

thères, que le botaniste peut les étudier en même
temps que la fleur ; mais la maturité de cet organe
en fait un nouvel individu qu'il n'est plus permis de
regarder comme appartenant à la plante qui l'a
porté.

Nous avons dit que la queue portant la fleur est

un *pédoncule* terminé par un plateau qui porte les quatre verticilles floraux et qu'on nomme *réceptacle*

Fleur de Nénuphar blanc (*Nymphæa alba*).

ou *torus*. C'est sur ce torus que se trouve le miel ou nectar des fleurs, sécrété par des glandes.

Fleur de Haricot.　　　　Coupe de la fleur de Haricot.

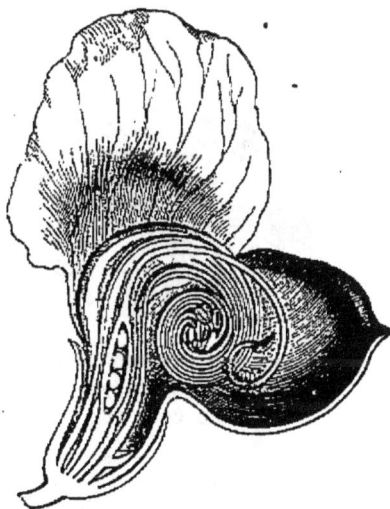

Il nous reste, pour compléter cette matière, à

donner sur l'ensemble de la fleur quelques dernières notions.

La fleur est née *simple*; la culture l'a faite *double* ou *pleine*. Simple ou double, elle donne de la graine; pleine, elle est stérile.

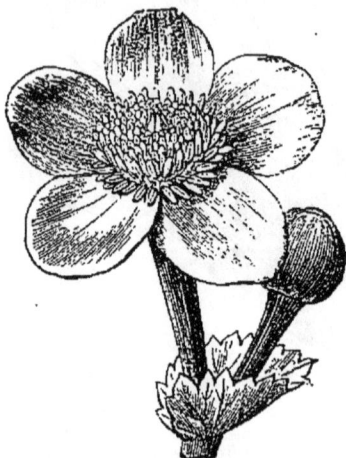

Fleur de *Caltha palustris*. (Le périanthe est simple et coloré comme une corolle.)

Fleur de *Calicanthus floridus*.

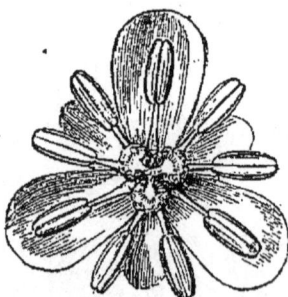

Fleur de Rhubarbe. (Les deux verticilles du périanthe sont de même couleur.)

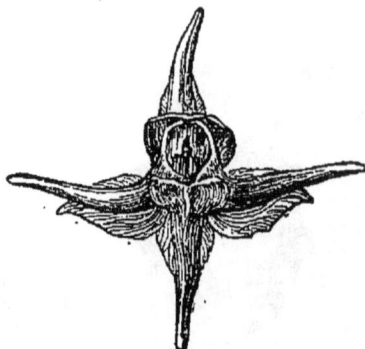

Fleur d'*Epimedium alpinum* ayant un double calice et une double corolle.

Elle est *hermaphrodite*, quand elle possède en même temps les organes mâles et les organes femelles : étamines et pistils; elle est *unisexuée*, si elle manque de l'une des deux espèces d'organes. N'ayant que les étamines, elle est *staminée* ou *mâle;* si elle n'a que le pistil, elle est *pistillée* ou *femelle.*

Une espèce végétale est dite *monoïque,* lorsqu'elle porte sur le même pied des fleurs seulement mâles et des fleurs seulement femelles (le melon) ; *dioïque,* lorsqu'elle a des pieds entièrement mâles et des pieds entièrement femelles (le chanvre, le pistachier).

CHAPITRE III

CLASSIFICATION

Nous renvoyons aux ouvrages spéciaux pour tout ce qui concerne les systèmes de classification de Tournefort et de Linné, nous contentant dans ce précis restreint de dire quelques mots indispensables de la méthode de Laurent de Jussieu, quelque peu modifiée aujourd'hui, mais la seule usitée.

Cette méthode est dite naturelle, en ce que l'illustre naturaliste l'a basée sur les caractères naturels des végétaux, caractères qu'il a classés comme suit, par ordre d'importance :

1° *Caractères de premier ordre :* les cotylédons ; l'insertion des étamines par rapport au pistil ;

2° *Caractères de deuxième ordre :* la disposition de la corolle ; l'absence ou les dispositions diverses de la masse nutritive qui entoure l'embryon ;

3° *Caractères de troisième ordre :* le nombre et

les diverses dispositions des étamines ; les manières d'être du fruit ; l'alternance ou l'opposition des feuilles ; la présence on l'absence des stipules ;

4° *Caractères de quatrième ordre :* les inflorescences ; la forme des feuilles, de la tige et des autres parties de la plante.

Toute plante naît d'une *spore* ou d'une *graine*. La spore ou sporule est le corps reproducteur placé sur les filaments entrecroisés et souterrains de certaines plantes, comme les champignons. Les fougères se reproduisent aussi par des sporules. Il n'y a là ni graine, ni fleurs, au moins apparentes ; le cotylédon fait donc défaut, et ces plantes, appelées aussi *cryptogames* sont :

Acotylédonées.

Les plantes, plus nombreuses de beaucoup, qui naissent d'une graine, ont aux premiers jours de leur développement soit un cotylédon, soit deux cotylédons. De là deux autres classes bien distinctes:

Les monocotylédonées, à un seul cotylédon ;

Et les dicotylédonées, à deux cotylédons.

On a remarqué que certains végétaux ont aussi plusieurs cotylédons en verticille, mais ils rentrent dans les dicotylédonées.

Les trois grandes divisions ou classes sont donc :

Les *acotylédonées,*

Les *monocotylédonées,*

Les *dicotylédonées.*

1° Les plantes acotylédonées, très-peu nombreuses, ne se subdivisent pas. Cette classe se compose des fougères, des lycopodes, des mousses, des hépatiques, des lichens, des champignons, des algues et de quelques autres seulement.

2° Les monocotylédonées se subdivisent en trois sous-embranchements :

A *étamines hypogynes*, nos graminées ;

A *étamines périgynes*, palmiers, lis, joncs, etc. ;

A *étamines épigynes*, orchidées.

3° Les dicotylédonées peuvent être dépourvues de corolle, et conséquemment n'avoir aucun pétale ; — avoir un seul pétale, — en avoir plus d'un.

De là trois divisions :

Les *apétales*,

Les *monopétales*,

Les *polypétales*.

Les dicotylédonées apétales sont :

A étamines épigynes, aristoloche ;

A étamines périgines, arroche, épinard ;

A étamines hypogynes, belle de nuit.

Les dicotylédonées monopétales sont :

A corolle hypogyne, labiées et solanées ;

A corolle périgyne, bruyères ;

A corolle épigyne, composées, rubiacées.

Les dicotylédonées polypétales sont :

A étamines épigynes, ombellifères ;

A étamines hypogynes, crucifères et malvacées ;

A étamines périgynes, rosacées, papilionacées.

Reste dans les dicotylédonées une dernière subdivision, celle des *diclines,* comprenant les plantes dont chaque fleur n'offre qu'un des deux organes sexuels, par exemple les Acalyphées, *mercuriale*, *ricin*, etc., tribu des euphorbiacées, dont les fleurs sont diclines aussi.

Dans ces divisions et subdivisions, quelque peu modifiées depuis L. de Jussieu, se placent, comme en des casiers, les innombrables familles végétales qu'il serait trop long d'énumérer ici. Les traités spéciaux peuvent seuls donner cette nomenclature.

Il importe seulement de bien retenir les trois grands embranchements ou classes :

Végétaux acotylédonés,

Végétaux monocotylédonés,

Végétaux dicotylédonés.

Et nous terminerons ces préliminaires en indiquant, pour les amateurs, les caractères principaux des plantes appartenant à chacune de ces trois grandes classes.

1° *Végétaux acotylédonés.* Ce sont les *crypto-games* de Linné. Ils ne montrent aucun organe sexuel, et comme ils ne fleurissent pas, ils ne donnent aucun fruit, c'est-à-dire aucun embryon reproducteur de la plante-mère. Aussi quelques botanistes leur ont-ils donné le nom caractéristique d'*inembryonnés*. Ce sont les végétaux de l'ordre le plus inférieur. Les végétaux supérieurs se reproduisent directement par des individus complets qu'ils mettent au monde ; tandis que les acotylédonés se propagent, plutôt qu'ils ne se reproduisent, par des *spores* ou *sporules* qui n'ont rien d'analogue avec la nature de la graine ou du fruit. Néanmoins, puisque

rien ne vient de rien, on peut affirmer qu'ils possèdent des organes sexuels, inaperçus, mais réels.

2° *Végétaux monocotylédonés.* Étudions le grain
de blé qui germe et qui appartient, comme on sait,
à cette classe végétale, ainsi que toutes nos. graminées. Ce type se trouve à la portée de toutes les
personnes qui veulent observer. Ce grain de fro-
ment, quand arrive la germination, n'a qu'un seul
cotylédon. L'embryon qui sort de son berceau pour
grandir a l'une de ses extrémités nue et simple qui
doit être la racine. A l'autre bout se trouve l'unique
cotylédon qui porte dans une gouttière la gemmule
ou future tige aérienne.

Suivons le développement de la jeune plante. La
racine est fibreuse et ce caractère est général pour
tous les acotylédonés. Certaines familles émettent
des racines aériennes soit sur la tige, soit même sur
les branches.

La tige, dans le blé que nous avons pris pour
type, est un chaume; ailleurs, elle devient un stipe,
comme dans le palmier.

Les feuilles sont entières, c'est-à-dire sans den-
tures ni lobes. Cela vient de ce que les nervures, au
lieu de se diviser en éventail, sont pour ainsi dire
parallèles. Les feuilles enlacent la tige en formant
une sorte de gaîne, et peuvent mourir avant elle sans
la quitter. S'il s'agit de stipes, la tige est nue, si
haute qu'elle puisse être.

La fleur des monocotylédonés affecte généralement le nombre *six* dans les éléments de ses parties

composantes. Le périanthe, qui tient lieu des deux verticilles, calice et corolle, compte six folioles ; les étamines s'y trouvent ordinairement au nombre de trois ou de six ; le pistil est formé lui-même de trois ou six carpelles réunies. D'une feuille de devant à une feuille de devant, soit au-dessus, soit au-dessous, on en compte trois, insérées sur une spire. On peut donc regarder le nombre *six* comme typique ou caractéristique dans cet embranchement.

3° *Végétaux dicotylédonés.* Ici les organes floraux, comme dans les précédents, sont visibles, et ce n'est plus le nombre *six*, mais c'est le nombre *cinq* qui les caractérise. Ce nombre typique existe ailleurs que dans les parties florales ; on le rencontre jusque dans la disposition des feuilles sur les branches, car elles y sont disposées de cinq en cinq sur deux spires ou tours, entre les feuilles placées sur une même ligne droite verticale. Cinq sépales au calice ; cinq pétales à la corolle ; souvent cinq étamines, ou un multiple de cinq.

L'embryon se développe entre deux corps cotylédonaires, et la racine, très-souvent pivotante, ramifiée plus ou moins, ressemble dans sa forme à la partie aérienne, au moins d'une façon très-sensible.

La tige, quand elle est ligneuse, est un tronc formé de couches annuelles et concentriques. Elle se ramifie et se subdivise à l'infini.

La feuille est spécialement caractéristique. Elle est d'abord articulée sur la tige et peut tomber dès qu'elle se dessèche. Les nervures se ramifient en éventail dans le limbe, et si l'on y regarde de près, on trouve que la nervation, dans son ensemble, possède une ressemblance très-frappante avec la ramure de l'arbre. C'est un petit arbre en miniature ; c'est l'arbre vu, pour ainsi dire, par le petit bout d'une lorgnette.

De même que les sommités de l'arbre ont des vides, des échancrures et des lignes brisées de toutes sortes, la feuille offre, dans son contour, des dents, des sinus, des lobes, des découpures parfois très-compliquées.

Voilà ce que nous avons cru devoir exposer en tête de ce livre, espérant que bien des lecteurs nous sauront gré de les avoir mis à même de cultiver les fleurs en connaissance de cause. Assurément, on ne saurait remplacer un traité complet par des notions aussi abrégées que celles qui précèdent ; mais nous croyons en avoir dit assez pour que ce Manuel de culture florale soit lu de tout le monde avec intérêt et profit.

Nous n'ambitionnons rien de plus.

DEUXIÈME PARTIE

PRINCIPAUX VÉGETAUX D'ORNEMENT PAR FAMILLES

L'embranchement des dicotylédones ou dicotylédonés comprend tous les végétaux qui germent avec deux cotylédons, rarement avec plus de deux, et qui sont à fleurs évidentes. Les feuilles sont à nervures ramifiées, comme la plante elle-même. Dans les sépales du calice, dans les pétales de la corolle et dans les étamines elles-mêmes, on retrouve généralement le nombre *cinq* ou l'un de ses multiples, 10, 15, 20, etc.

Dans cet embranchement se trouvent jusque dans les mêmes familles des plantes *annuelles*, des plantes *bisannuelles* et des plantes *vivaces*.

Nous allons les rencontrer les unes et les autres

indifféremment et sans ordre au courant de nos descriptions.

Une plante *annuelle*, comme le dit son nom, ne dure qu'une année. D'ordinaire, elle naît, fleurit, fructifie et meurt dans ce qu'on appelle une saison. A l'état de nature, un grand nombre de plantes annuelles répandent leur graine à l'automne, et donnent dès le commencement de la saison suivante une belle et vigoureuse végétation. La culture a changé les conditions normales des plantes annuelles d'ornement. On les sème en pleine terre, dans la place même qu'elles doivent occuper, quand on veut les avoir à l'époque où elles viendraient naturellement ; quand on veut en retarder la floraison, on les sème sur couche ou en pépinière, car alors on les lève pour les placer, et la reprise les retarde toujours plus ou moins. On peut toujours semer à l'automne, pour la saison suivante, les plantes annuelles indigènes et celles venues d'ailleurs, qui peuvent supporter les rigueurs de notre climat. On est sûr, en ce cas, d'avoir des fleurs plus amples, avec des nuances plus vives. Citons les Balsamines, les Adonides, etc.

Une plante *bisannuelle* est celle qui fait son évolution en deux années. La première, elle donne du feuillage ; la seconde, elle s'allonge, fleurit, fructifie et meurt. Telles sont la digitale, la campanule pyramidale, quelques autres campanules, la giroflée, la rose-trémière, etc. Un grand nombre de ces plantes bisannuelles se sèment en juillet-août pour être mises en place en octobre.

Les plantes *vivaces,* parmi lesquelles il faut ranger les arbres et les arbrisseaux, sont celles dont la racine continue à vivre en terre, soit que la tige tombe tout-à-fait pour se renouveler chaque année, soit que la frondaison seule, c'est-à-dire le feuillage, disparaisse à la fin de la saison.

Disons, en passant, qu'on appelle *saison* dans la culture la période comprise entre la naissance et la chute des feuilles, de mars en octobre.

Nous devons avertir aussi que dans ce *Manuel pratique* nous n'avons pu avoir l'intention de donner la nomenclature de tous les végétaux d'ornement, ni même toutes les variétés d'une même espèce. Nous avons, parmi les familles, choisi les plus connues, les plus jolies et les plus ornementales, et nous pouvons affirmer que, tel qu'il est, notre livre est le plus complet des traités destinés aux jardiniers fleuristes.

POLYPÉTALES

On appelle ainsi les plantes dont la corolle est faite de plusieurs pièces ou pétales.

FAMILLE DES RENONCULACÉES

Herbes à feuilles alternes, sans stipules entières ou découpées plus ou moins profondément. — Arbrisseaux à tige sarmenteuse à feuilles opposées. — Fleurs de formes variables tantôt avec un périanthe; tantôt avec calyce et corolle; étamines très-nombreuses; fruit variable, contenant une ou plusieurs graines non recouvertes. Très-petit embryon.

Cette famille contient cinq tribus: les *Clématidées,* les *Anémonées,* les *Renonculacées,* les *Helléborées* et les *Péonées.*

1° CLÉMATIDÉES. Tige grimpante, feuilles opposées, périanthe remplaçant le calyce et la corolle, grappe pendante.

CLEMATIS, *Clématite*

Les clématites offrent des espèces herbacées de plein air, des espèces ligneuses également de plein air et quelques espèces de serre.

Les clématites herbacées se reproduisent de semis qu'on fait dès que les graines sont à maturité, en terre ordinaire; on met en pépinière, puis l'année suivante en place. Plus rapide est la multiplication d'éclats au printemps ou à l'automne.

C. recta, C. dressée, France. Vivace. En buisson atteignant 2 mètres ; feuilles pennées, fleurs blanches très-odorantes en juin-juillet. Garniture des grands massifs.

C. integrifolia, C. à feuilles entières, indigène. Soixante centimètres de haut ; feuilles simples en ovale pointue. Fleurs bleues en juillet-août, étamines et pistils blancs. Plates-bandes.

C. tubulosa, C. tubuleuse, Chine. Tige presque ligneuse de 70 centimètres ; feuilles simples à trois parties ; fleurs bleues, caliciformes. Août-septembre. Plates-bandes. Se multiplie d'éclats seulement.

Les espèces ligneuses de plein air se multiplient de semis, de boutures, de marcottes, de greffes. On taille après la floraison et l'on débarrasse le pied des rejets qui le gourmandent. La graine doit être semée dès qu'elle est mûre ; vieillie, elle ne germe plus.

C. flammula, C. flammète, flaminule ou odorante. Tige sarmenteuse de 5 à 6 mètres ; terrain sec et rocailleux ; feuilles d'en bas pennées, celles d'en haut entières ; fleurs blanches très-odorantes tout l'été.

C. vitalba, C. des haies, espèce indigène, appelée *herbe aux gueux,* parce que les mendiants se servaient autrefois de ses feuilles âcres et vésicantes pour déterminer des plaies à volonté sur leurs membres. Haies et fourrés. Atteint la cime des arbres. Sol humide. Fleurs blanches en panicules d'un arome pénétrant. Produit un bel effet dans les arrière-plans des grands jardins ou dans les hauts massifs :

C. viorna, C. viorne, Amérique du Nord. Bon sol dans les bois ; fleurs rouge violet en été, dans l'aisselle des feuilles. Atteint 5 mètres seulement.

C. patens, C. étalée, Japon. Feuilles ternées ; en mai-juillet fleurs solitaires, terminales, très-grandes, de 6 à 10 pétales. Cette espèce, venue du Japon, a donné un grand nombre de variétés.

C. lanuginosa, C. laineuse, Chine. La plus belle de toutes les espèces laineuses ; avril-mai, fleurs d'un bel azur qui ont jusqu'à 18 centimètres de diamètre. La couvrir de paillassons dans les gelées.

C. montana, C. des montagnes, Népaul. Feuilles trilobées, fleurs axillaires très-abondantes, larges, blanches, odorantes.

C. Alpina, C. des Alpes. Terrain calcaire et pierreux, environ 2 mètres de haut ; tige sarmenteuse, feuilles tripennées. En juin-juillet, jolies fleurs bleues solitaires.

Quant aux espèces de serre, ce sont des lianes vigoureuses auxquelles il faut les grandes serres et que la plupart des amateurs ne peuvent cultiver faute de place. Telles sont :

C. indivisa, C. lobée.

C. Grahami, C. de Graham, Mexique.

C. florida, C. à grandes fleurs, Japon.

THALICTRUM, *Pigamon*

Herbes vivaces, feuilles alternes, très-petites fleurs sans corolle et en panicules.

T. aquilegifolium, P. à feuilles d'ancolie, Colombine plumeuse; indigène. Tige droite de 1 mètre et plus; feuilles trilobées; fleurs nombreuses blanc verdâtre, en panicule, juin-juillet. Préfère le sol des bois; vivace. Multiplication d'éclats au printemps ou à l'automne.

T. tuberosum, P. tubéreux ou glauque, indigène. Hauteur du précédent; grandes feuilles glauques découpées; fleurs blanches terminales par groupes de cinq ou six, mai-juin. La graine se récolte difficilement, car le vent l'emporte. On la sème tout de suite. Multiplication par éclats à l'automne. De préférence terre de bruyère un peu fraîche; craint le froid.

2° ANÉMONÉES. Plantes herbacées, vivaces; feuilles alternes ou radicales; fleurs à périanthe; fruit sec à une seule loge contenant une graine renversée.

ANEMONE, *Anémone*

Herbe vivace qui croît dans les lieux découverts et au grand vent, de là son nom. Les deux principales espèces, très-voisines l'une de l'autre, sont:

A. coronaria, A. couronnée ou A. des fleuristes.

A. stellata, ou hortensis, A. étoilée ou A. des jardins.

Ces deux plantes indigènes, depuis longtemps connues, ont subi toutes les variations qui sont les conséquences de la culture. Elles donnent des fleurs présentant toutes les nuances. Indigènes toutes les deux, elles sont devenues classiques, et leurs différents organes ont reçu des noms particuliers. On appele *pampre,* le feuillage ; *fane,* l'involucre ; *baguette,* la tige ; *manteau,* les pétales de la circonférence ; *culotte,* l'onglet des pétales ; *cordon,* les pétales intermédiaires ; *béquillons,* ceux qui se rapprochent du centre ; *peluche* ou *panne,* ceux du centre.

Racine tuberculeuse ; feuilles découpées finement ; hauteur de la plante, 20 centimètres ; fleurs solitaires, terminales, larges de 6 à 7 centimètres, toute nuance. De la mi-avril à fin mai. Multiplication de semis ou par division des tubercules qu'on appelle *griffes* ou *pattes.* Les capsules qui portent la graine doivent être enlevées dès la maturité pour n'être pas dispersées par le vent, et gardées dans un lieu sec jusqu'au semis qui se fait, sous le climat de Paris, au printemps seulement. Dans les pays où la température ne descend pas au-dessous de sept à huit degrés, on peut semer après la récolte, à la condition de protéger les jeunes plants pendant l'hiver avec des feuilles sèches, ou mieux avec des paillassons mobiles.

Le jeune plant demande un terrain constamment

meuble et propre, fréquemment arrosé. Il fleurit l'année suivante.

Les grands amateurs qui regardent avec raison comme un luxe horticole une belle planche d'Anémones, ne confondent jamais les couleurs et savent les mêler pour le plus grand plaisir des yeux. Ils notent les nuances, surtout quand ils multiplient leurs anémones par des fragments de racines. Alors on est certain de disposer les couleurs dans un tel ordre qu'on le désire, et voici comment on opère pour la replantation. Quand les pampres sont desséchés, on arrache les racines qu'on nettoie et que l'on conserve jusqu'en novembre, époque à laquelle on les replace en terre, dans un sol léger, un peu sablonneux. Certains praticiens se figurent que les griffes *reposées*, c'est-à-dire conservées en lieu sain pendant une année de plus, donnent des sujets plus vigoureux. On peut toujours expérimenter et comparer. Dans tous les cas, il faut planter la griffe, l'œil en dessus, à 5 centimètres au moins de profondeur. On comprend que l'amateur qui a soigneusement pris note des nuances, peut dessiner dans un carré telle figure qu'il voudra, au moyen des couleurs, et produire des effets charmants.

Nous ne dirons rien des conditions que les fanatiques de cette fleur charmante exigent d'un sujet pour le regarder comme de premier ordre. Toutes les plantes de cette famille sont jolies et c'est surtout par le mariage des nuances qu'un jardinier de bon goût tirera des Anémones tout le parti qu'on peut obtenir de ces jolies plantes.

Voici les autres espèces :

A. vernalis, A. de printemps ; Alpes ; hauteur, 15 à 18 centimètres. Vivace ; feuilles recouvertes de poils roussâtres ; périanthe formé de 5 ou 6 sépales en cloche, blancs à l'intérieur, violets en dehors. En mai-juin. Terre de bruyère. Fait un bel effet dans les rocailles.

A. pulsatilla, A. pulsatille ; Coquelourde, 15 centimètres. Se cultive difficilement dans les jardins ; fleurs violettes. En avril-mai. Indigène.

A. montana, A. des montagnes.

A. Alpina, A. des Alpes.

Ces trois dernières variétés, d'une culture peu facile, doivent être semées en pot dès la maturité des graines. On les place dans les rochers, où elles font bien. Terre de bruyère bien saine.

A. pavonina, A. œil de paon. Un peu plus haute de tige que les précédentes ; fleurit en avril-mai. Très-rapprochée de l'*hortensis ;* fleurs rouges. Midi de la France.

A. nemorosa, A. des bois ou A. Sylvie, indigène ; fleurs pleines blanches, auxquelles la culture donne des nuances diverses, rose ou bleuâtre surtout. Multiplication d'éclats en août, septembre, octobre.

A. renonculoides, A. fleurs de renoncule ; Sylvie jaune, indigène.

A. Japonica, A. du Japon. Atteint 40 centimètres ; tige rameuse ; fleurs nombreuses, solitaires, très-grandes, nuance d'un beau lilas. Tout l'automne.

A. narcissiflora, A. à fleurs de narcisse : 25 centimètres. En mai, fleurs en ombelles, blanches, sur disque jaune. Se multiplie d'éclats et de drageons. Indigène.

Ces espèces et quelques autres ne remplaceron jamais dans nos jardins l'A. *coronaria* et l'A. *hortensis*.

HEPATICA, *Hépatique*

Hépatique trilobée ; herbe vivace. Herbe de la Trinité, racines fibreuses ; feuilles radicales, trilobées, rougeâtres en dessous. Fleurs doubles ou simples, roses, bleues, blanches, rouges, toujours abondantes ; février-avril. Terre franche, sableuse et fraîche. Les amateurs font de jolies bordures avec ces herbes charmantes qu'on multiplie à l'automne ou même pendant la floraison par la division des touffes. En pots, dans les appartements, la terre de bruyère est indispensable. La graine qu'on sème avant l'hiver reste toujours verte dans la maturité.

ADONIS, *Adonide*

Plantes vivaces ou annuelles, indigènes.

A. vernalis, A. de printemps.

A. Pyrenæa, A. des Pyrénées.

Espèces très-voisines, vivaces, à fleurs jaunes ;

hauteur, 20 à 25 centimètres. Terre de bruyère. Multiplication d'éclats à l'automne ou de semis en mai-juin, mais la graine ne lève qu'après l'hiver suivant.

A. æstivalis ou autumnalis, A. d'été ou d'automne. Goutte de sang. Annuelle; feuilles découpées finement, fleurs rouge-pourpre; juin-juillet. Terrain léger et sablonneux. Semer au printemps ou à l'automne. Plates-bandes, corbeilles, bordures, dessins.

3° Renonculacées. Herbes à feuilles alternes; fleurs complètes, calice, corolle, étamines et pistils. Ces deux organes sexuels sont en grand nombre.

RENONCULUS, *Renoncule*

Les cinq espèces qui suivent, et que nous choisissons comme les plus connues parmi beaucoup d'autres, sont indigènes, vivaces et très-rustiques.

R. acris, R. âcre, Bouton d'or ou Bassin d'or, ou Bassinet. Vient naturellement dans les prairies fraîches. Souche rampante; tige de 50 à 60 centimètres; feuilles incisées et dentées; fleurs d'un beau jaune, juin-juillet.

Plates-bandes. Multiplication d'éclats à l'automne et au printemps. Tout terrain.

R. lingua, R. à feuilles linguiformes, grande Douve. Souche traçante; tige 80 centimètres à 1 mètre; feuilles entières et lancéolées; grandes fleurs d'un jaune éclatant, juin-juillet. On en orne le contour des pièces d'eau. Multiplication d'éclats au printemps ou à l'automne. Dans l'aisselle des feuilles naissent parfois des bulbilles qui servent à la multiplication.

Renoncule.

R. repens, R. rampante à fleurs pleines. Bouton d'or ou Bassinet, ou Bassin d'or. Souche très-rampante, tige de 20 à 25 centimètres ; feuilles incisées et dentées ; grandes fleurs d'un beau jaune, pleines et étalées, mai-juin. Se multiplie d'éclats au printemps et à l'automne. Tout terrain. Pourtour des pièces d'eau, plates-bandes, rocailles.

R. bulbosus, R. bulbeuse à fleurs pleines. Bouton d'or. Souche charnue et renflée; tige de 30 centimètres; feuilles divisées en trois; grandes fleurs jaunes un peu verdâtres, parfois prolifères. Culture et multiplication comme ci-dessus.

R. aconitifolius, R. à feuilles d'aconit. Bouton d'argent. Souche fibreuse ; tige de 35 centimètres; feuilles à 5 folioles, incisées et dentées; fleurs blanches abondantes en mai-juin. Rustique, pleine terre, terre de bruyère ou terre légère et fraîche. Ne se multiplie que d'éclats au printemps.

Les diverses Renoncules dont on vient de parler ne sont, à vrai dire, que des fleurs champêtres venant dans toutes les prairies et se reproduisant seules. Malgré le parti qu'on en peut tirer pour la décoration des bordures, des plates-bandes, des rochers artificiels, des fontaines, des pièces d'eau et des pelouses fraîches, les amateurs les ont quelque peu délaissées pour s'occuper plus particulièrement des espèces qui nous sont venues d'ailleurs et qui l'emportent de beaucoup sur les Renoncules indigènes.

R. Asiaticus, R. des jardins. Cette espèce n'est pas nouvelle chez nous. Comme son nom latin l'indique, elle vient de l'Asie, et, si l'on en croit la légende, les croisés l'auraient rapportée avec eux. Il était naturel que le pays qui a fait de la culture des fleurs un élément de sa richesse, la Hollande, s'en emparât pour l'améliorer à la manière de ses tulipes et la revendre aux horticulteurs de tous les pays.

Elle y est devenue une fleur de premier ordre, et les amateurs lui ont fait l'honneur de fixer les caractères généraux auxquels on doit reconnaître un sujet de haut rang : feuillage abondant et frais (condition rare), tige rigide plus haute que les feuilles et portant bien la fleur ; fleurs pleines, bien rondes, de 5 à 6 centimètres de diamètre, à nuances très-vives et très-arrêtées, partie centrale compacte et se détachant de l'ensemble. Aujourd'hui l'on recherche surtout les sujets d'une seule-couleur.

En deux siècles de culture, la Hollande, puis les autres pays, ont obtenu des variétés dans la gamme entière des couleurs. Comme pour les roses, le bleu seul manque aux Renoncules.

On range la Renoncule des jardins dans les oignons à fleurs. La souche ou griffe est composée de petites racines ou doigts charnus, bruns, ayant en haut de un à trois yeux protégés par un duvet noirâtre. Les feuilles ont trois grandes découpures incisées et dentées, ce qui donne à la plante un aspect fort joli. La tige ne dépasse guère 25 centimètres et ne compte que peu de rameaux ; mais rameaux et tige portent une belle fleur terminale, large de deux bons travers de doigt, à cinq pétales et présentant, comme nous l'avons dit, soit une couleur unique, soit des nuances fondues ou tranchées. La couleur jaune et la rouge sont les plus communes.

Cette plante demande une terre douce et meuble,

faite de terre franche, de terreau consommé et de terre de bruyère. Dans le Midi, l'on peut planter les griffes dès l'automne; sous le climat de Paris, on ne les plante qu'au printemps, même lorsque les derniers froids ne sont plus à craindre. Les griffes doivent être mises au moins à 5 centimètres de profondeur et l'œil de pousse en dessus, cela va sans dire. Dans une planche qui fera tapisserie par l'habile disposition des couleurs, on laisse, d'un pied à l'autre, environ 15 centimètres de distance.

La griffe plantée donne naissance à quelques griffes nouvelles et se dessèche, cas ordinaire des oignons et des tubercules. On a des fleurs la même année, mais la plantation d'automne les donne d'une qualité supérieure sous tous rapports.

N'oublions pas que nous avons affaire à une plante bulbeuse et qu'il ne faut pas laisser les griffes en terre après la chute ou le dessèchement des feuilles. C'est, nous l'avons dit, le cas des tubercules et des oignons. On lève les griffes, comme de véritables pommes de terre, on les nettoie doucement et on les place en lieu sain pour qu'elles puissent attendre la plantation suivante.

Les amateurs recourent au semis pour obtenir des variétés qu'ils n'ont pas. La graine se recueille sur les sujets demi-doubles qu'on arrache au premier moment de la maturité et qu'on suspend en lieu sec, comme beaucoup d'autres plantes porte-graines. On sème au printemps ou à l'automne sur un sol léger, bien meuble, et l'on recouvre le semis de 1 centimètre de terre fine. On peut semer en pot dans les mêmes conditions.

Les jeunes plants qui ne se montrent qu'après une incubation de cinq à six semaines, doivent être garantis des rigueurs de l'hiver par un paillis ou un lit de feuilles sèches. Ils fleurissent rarement la deuxième année, mais toujours la troisième.

Une autre Renoncule qui se rapproche beaucoup de la précédente, est :

R. Africanus, R. Africaine, Renonc.-pivoine ou R. d'Alger. Feuilles plus amples, d'un vert moins vif, fleurs très-grandes, divisées, chiffonnées, irrégulièrement imbriquées à la façon des pivoines, très-doubles et souvent prolifères, c'est-à-dire traversées par une tige qui donne une fleur au-dessus de la première. Les couleurs sont moins variées que dans la variété précédente. Les Renonc.-pivoines sont presque toutes jaunes ou rouges, quelquefois panachées de ces deux teintes. Même culture que pour la *R. Asiaticus.*

FICARIA, *Ficaire* .

F. renunculoides, fausse Renoncule, petite Chélidoine. Oignon à fleur, indigène, vivace ; bois ou fourrés frais ; racines blanches ; tiges couchées ou dressées ; feuilles en cœur ; fleurs jaunes, abondantes, simples ou doubles ; mars-avril-mai. Multiplication d'éclats à l'automne ou au commencement du printemps. Sol très-meuble et frais. On en peut

6

orner les bas–côtés des allées couvertes et les endroits humides. Les feuilles, surtout dans leur fraîcheur, et les bulbes du Ficaria sont vénéneuses.

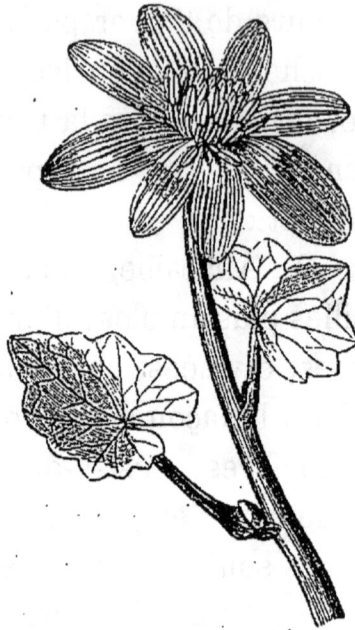

Tige de *Ficaria ranunculoïde.*

4° HELLÉBORÉES. Plantes herbacées dont la fleur
porte ordinairement calyce et corolle.

CALTHA, *Populage*

Plante vivace ; Souci d'eau, Caltha des marais ; indigène ; tige creuse, 20 à 30 centimètres ; feuilles
grandes, en cœur ; fleurs d'un jaune d'or, comme les
étamines, avril-juin. Sol humide, bords des pièces
d'eau, des endroits frais. On en a obtenu des varié-

tés à fleurs pleines énormes. Multiplication d'éclats au printemps ou à l'automne.

Caltha.

TROLLIUS, *Trolle*

Les Trolles sont des herbes ; fleurs presque globuleuses, de 5 à 15 sépales teintées, de 15 à 20 pétales très-petits.

T. **Europæus**, T. d'Europe, Boule d'or, indigène, vivace ; tige de 30 à 50 centimètres ; feuillage d'un vert agréable, abondant, incisé et denté ; fleurs grandes, odorantes, d'un beau jaune, avril-mai. Tout terrain, mais humide et à l'ombre. Multiplication d'éclats au printemps ou à l'automne; ou de semis en mars. Cette espèce a de l'élégance dans les plates-bandes; les espèces suivantes y périraient de sécheresse; on les cultive à l'ombre et dans un sol frais, dans les rocailles, au bord de l'eau.

T. Asiaticus, T. d'Asie, vivace; mai-juin, jaune.

T. Caucasicus, T. du Caucase, id.;   id.   id.

T. Americanus, T. d'Amérique, id.; id.   id.

T. Sinensis, T. de Chine, vivace;   id.   id.

A ces quatre espèces étrangères, il faut de la terre de bruyère et un fréquent arrosage. On les multiplie par la division des souches, soit en automne, soit en février.

HELLEBORUS, *Hellébore* ou *Ellébore*

Les différentes espèces de ces plantes sont vénéneuses.

H. niger, H. noir ou Rose de Noël. La dernière fleur de la saison dans nos jardins; ou pour mieux dire la seule qui craigne peu l'hiver. Elle fleurit dans la neige, de décembre à février. Son feuillage d'un vert sombre, dur, persistant, est découpé; ses pétales roses à deux lèvres, portés sur un pédoncule de 25 centimètres, semblent protester contre les rigueurs de l'atmosphère; feuille radicales. Vivace.

H. Orientalis, H. d'Orient, vivace; mars, rose-pâle.

H. **fœtidus,** H. fétide, vivace; mars, verdât.; indig.

H. **odorus,** H. odorant, id. id. id. id.

H. **lividus,** H. livide. id. id. id.

L'Hellébore fétide.

H. atrorubens, H. à fleurs rouge sombre, vivace; mars.

Ces diverses espèces ont une hauteur de 20 à 30 centimètres, sauf le *fœtidus,* qui atteint parfois un mètre.

NIGELLA, *Nigelle*

Plantes annuelles connues sous le nom de *Cheveux de Vénus,* à cause des feuilles très-finement découpées en lames minces. Hauteur 50 centimètres, indigène.

N. Damascena, N. de Damas, Patte d'araignée, Cheveux de Vénus. Indigène; fleurs bleu clair, juillet-septembre. Il existe une variété naine de 12 à 15 centimètres. Ornement des massifs, des plates-bandes et des bordures. Multiplication de semis en place, avril-mai. Terrain chaud et léger.

N. Hispanica, N. d'Espagne, annuelle, indigène, 50 à 60 centimètres de hauteur; fleurs bleu lilas ou purpurin; juillet-septembre. Variété naine, de 25 à 30 centimètres. Même culture.

AQUILEGIA, *Ancolie*

Herbes vivaces, à fleurs irrégulières; 5 sépales colorés, 5 pétales en cornets, 5 ovaires.

A. vulgaris, A. des jardins; Gant de Notre-Dame, indigène. Tige grise de 60 à 80 centimètres; feuilles radicales, d'un vert glauque, incisées et crénelées.

Fleurs bleues pendantes, à pétales en cornet, mai-juin. Tout terrain. Multiplication d'éclats ou par semis de printemps en pépinière.

L'Ancolie.

L'Ancolie des jardins a produit de nombreuses variétés à fleurs semi-doubles et doubles rouges,

roses, blanches ou panachées ; mais une chose remarquable , c'est que la multiplication de semis
ramène bientôt ces couleurs au bleu de la plante-
mère. On fait de cette plante des massifs élégants.
Dans les plates-bandes, elle tient bien sa place, mais
elle est un peu haute pour être disposée en planches. La roideur de ses jeunes feuilles et de ses
pétales en cornes d'abondance en fait une plante
distinguée. Aussi l'a-t-on partout adoptée comme
les espèces suivantes qui se cultivent de la même
façon.

A. **Siberica**, A. de Sibérie, 30 centimètres ; fleurs
bleues ; juillet-août.

A. **Canadensis**, A. du Canada, 50 centimètres ;
fleurs rouges ; juillet-août.

A. **Alpina**, A. des Alpes, 30 centimètres ; fleurs
bleues ; juillet-août.

A. **Pyrenæa** , A. des Pyrénées, grandes fleurs
bleues simples.

A. **viridiflora**, A. fleurs vertes, 60 centimètres ;
fleurs verdâtres ; avril-mai.

A. **Skinneri**, A. de Skinner. Comme Canadensis.

Les petites espèces vont en bordures et peuvent
être disposées en planches.

DELPHINIUM, *Dauphinelle, Pied d'alouette*

Plantes herbacées, fleurs irrégulières, disposées
en grappes terminales, simples ou doubles, de toutes
couleurs.

D. Ajacis, Pied d'alouette des jardins; annuelle; 70 à 75 centimètres. Feuilles découpées; fleurs nombreuses en grappes; mai-juillet. Les petites variétés servent à faire des bordures; les plus grandes ornent les plates-bandes ou forment des buissons ou touffes. On sème sur place dès que les graines sont récoltées; on peut ne semer qu'en mars, mais les sujets sont moins beaux. Tout terrain, pourvu qu'il soit meuble et riche en terreau.

D. consolida, Pied d'alouette des blés; plante annuelle; 75 centimètres; toutes nuances, excepté le rouge et le jaune. La culture l'a variée; fleur plus durable et rusticité du plant plus grande que dans le *D. Ajacis*.

D. cardiopetalum, Pied d'alouette en cœur; plante annuelle; 35 à 40 centimètres; fleurs bleues et simples. A partir de juin, cinq mois de floraison. Plates-bandes, bordures, massifs. Même culture.

Passons maintenant aux espèces vivaces.

Les Dauphinelles vivaces sont :

D. elatum, Pied d'alouette élancé; 2 mètres; très-rustique, indigène, tige dressée, peu rameuse; grandes fleurs bleues avec pétales supérieurs blancs; juillet.

D. grandiflorum, Pied d'alouette à grandes fleurs, 60 centimètres, feuilles très-découpées et luisantes, très-grandes fleurs. Multiplication d'éclats et de graines, Chine.

D. albiflorum ou ochroleucum. P. d'alouette à fleurs blanches, 80 centimètres à 1 mètre; feuillage très-découpé, grappes de fleurs d'un blanc de neige sans la moindre tache.

D. cardinale, P. d'alouette cardinal, à cause de sa couleur d'un rouge éclatant. Espèce nouvellement introduite, aussi élégante qu'elle est belle. Multiplication de boutures en juin-juillet sur couche.

Il reste encore un certain nombre de variétés de Dauphinelles dont nous ne dirons rien ; nous avons donné les principales et nous devons avouer qu'il règne une certaine confusion entre elles pour les amateurs.

ACONITUM, *Aconit*

C'est pour ne rien omettre d'important que nous parlons ici de l'Aconit. Toute cette famille, à des degrés différents, est vénéneuse, et l'espèce *ferox* qui croît sur l'Himalaya est un des plus violents connus parmi les végétaux. Aussi ne voyons-nous jamais, sans trembler, un pied d'Aconit dans un parterre à portée d'une main de jeune fille ou d'enfant.

A. Anthora, A. anthora, vivace, indigène, Char de Vénus. Lieux pierreux et secs, hauteur : 60 centimètres ; feuilles luisantes d'un beau vert ; fleurs d'un jaune pâle en grappe serrée, juillet-août, platesbandes. Tout terrain mêlé d'un peu de terre de bruyère ; quelque peu d'ombre. Multiplication facile par éclats en mars ou à l'automne, ou par semis en pots, dès que la graine est mûre.

A. lycætonum, A. Tue-loup, vivace, indigène ;

1 m. 20 cent.; fleurs jaune pâle, en casque ou bonnet phrygien, juillet-août; plus rustique que le précédent, même culture.

A. barbatum, A. à fleurs barbues, vivace, même nuance, un peu plus claire; juillet-août; même culture.

Maintenant, deux espèces à fleurs rouges :

A. rubicundum, A. fleurs rougeâtres, en panicule, vivace.

A. septentrionale, A. septentrional, 80 centimètres à 1 mètre, couleur lie de vin; fleurs en panicule; même culture; vivace.

Espèces à fleurs bleues, vivaces également :

A. napellus, A. napel, hauteur 1 mètre à 1 m. 25 cent., indigène, juin-juillet; même culture.

A. autumnale, A. d'automne, 1 mètre à 1 m. 25 cent., indigène, juillet-août ; même culture.

5° PÆONIÉES OU PÆONIACÉES. Herbes et arbustes à fleurs régulières, sépales du calice et pétales de la corolle à surface plane.

PÆONIA, *Pivoine*

Pœonia, Pivoine; mêmes caractères pour la fleur Les Pivoines sont des herbes ou des arbustes.

Les espèces herbacées sont pourvues de grosses racines tubéreuses, d'une tige de 40 à 60 centimètres qui ne dure qu'un an, de fleurs grandes et solitaires. Terrain profond et meuble, gras et frais, mais demandant peu d'eau pendant la floraison. On multiplie de semis

pour obtenir des variétés ; semer sur couche en février-mars ou en pépinière avril-mai. Les jeunes
plants ne fleurissent que la deuxième ou la troisième
année. La multiplication ordinaire se fait au printemps ou mieux à l'automne, par les tubercules qu'on
enlève avec précaution de la souche-mère qu'on dé-
chausse pour cette opération et qu'on recouvre
ensuite. Les œilletons fleurissent à leur tour deux
ou trois années après leur mise en place.

Toutes les espèces sont vivaces.

P. officinalis, P. officinale dont les jardins n'ont
gardé que les variétés très-doubles ; indigène, tige
80 centimètres; feuilles lisses inégales ; fleurs volumineuses d'un rouge vif. On en a les variétés : *P. purpurea, anemoneflora, striata, elegans, alba plena,
rosea plena.*

Son nom d'*officinalis* rappelle que la Pivoine a été
longtemps une plante médicinale. Fleur rustique et
populaire, elle fournissait des graines noires dont les
commères faisaient des colliers qui préservaient les
petits enfants des convulsions ; fleurit en avril-mai.

P. corallina, P. à fleurs couleur de corail, indigène; hauteur 40 à 60 cent.; feuilles glabres; fleurs
de 8 à 10 cent. de diamètre, d'un beau rouge corail,
même culture, mai.

P. tenuifolia, P. à petites feuilles, 40 à 50 centimètres; feuilles glabres et découpées finement; fleurs
simples, très-grandes, en gobelet, rouge vif, en mai;
même culture.

P. Wittmanniana, P. de Wittmann, tige un peu

plus haute que la précédente ; feuilles trois fois divisées par trois ; fleurs simples, grandes, jaune-paille, en mai, même culture.

P. albiflora, P. à fleurs blanches, Chine ; appelée aussi *Pivoine de Chine, Pivoine odorante;* tige de 75 centimètres à 1 mètre ; feuilles glabres ; fleurs simples ayant le parfum de la rose, de 1 à 7 fleurs sur chaque tige, celle du haut plus grosse que les autres; avril-mai-juin.

Cette fleur, très-appréciée et à juste titre, a donné une série de variétés par les semis ; on en compte au moins 200. Elle est rustique, facile à la culture, amie des jardins ensoleillés, pourvu que le sol soit profond, riche et un peu frais.

Voilà les principales espèces de Pivoines herbacées.

Quant aux Pivoines-arbustes, elles peuvent être rapportées toutes à la *Pivoine Moutan*, qui nous vient de la Chine et qui a fourni d'innombrables variétés.

Aucune plante ornementale ne méritait davantage qu'on s'occupât d'elle. Qu'on se figure un arbuste de 1 mètre 50 centimètres à 2 mètres de hauteur et d'une largeur égale, ayant à ses sommités 60, 80, 100 fleurs terminales énormes, dont l'éclat ressort si bien sur un feuillage lisse, vert sombre en dessus et pâle en dessous. L'introduction de cette splendide espèce en France ne date que du commencement de ce siècle, et peut néanmoins se classer aujourd'hui parmi les plantes qui font l'objet du commerce le plus considérable.

Parmi les 200 variétés connues, on en peut citer trois principales, qui ont leurs sous-variétés. Ce sont :

1° La *germania,* qui vient du Japon et qui paraît y croître spontanément. Plante robuste, rustique, facile à la multiplication. Fleurs rouges odorantes, tachetées de noir à la base des pétales.

2° La *papaveracea,* à fleurs demi-pleines, blanches, ponctuées de rouge à la base.

3° La *Pæonia Banksii*, à fleurs bleues très-pleines.

A la fin de la saison, la multiplication se fait par les rejetons du pied. On peut aussi bouturer en pleine saison avec de jeunes rameaux ligneux, ou même multiplier de semis, quand on a la patience d'attendre au moins trois ans les premières fleurs.

La Pivoine en arbre est de pleine terre. Elle demande un sol profond et richement végétal, une belle exposition, et de fréquents arrosements quand les fleurs commencent à s'ouvrir. Un sol humide lui serait fatal. Elle résiste aux froids les plus durs, pourvu qu'on accumule des feuilles sèches au pied de la plante. C'est, à cet égard, la seule précaution que nous recommanderons, car il est absolument essentiel de laisser tous les rameaux de la plante à l'air libre, si rigoureux que soit l'hiver. La disposi-tion de la Pivoine en arbre dans des corbeilles, soit de chaque côté d'un perron, soit sur des pelouses,

soit en contre-allées, produit un grand effet. Bien
des amateurs la préfèrent à de coûteuses caisses
d'orangers. Dans un petit jardin de maison, chez un
simple particulier, une Pivoine en arbre, ayant sa
place au centre, serait une fête pour les yeux.

FAMILLE DES MAGNOLIACÉES

Arbres et arbrisseaux à feuilles alternes, et pourvues de stipules qui enveloppent le bourgeon; à
fleurs très-grandes, 3 ou 6 sépales colorés, caducs,
6 pétales ou plus.

MAGNOLIA, *Magnolier*

Cette plante, de premier ordre parmi les végétaux
d'ornement, a reçu le nom de Fr. Magnol, professeur
de botanique à Montpellier, il y a près de deux
siècles.

Le Magnolier, auquel on finira par laisser son
nom latin de Magnolia, est un arbre à feuilles
entières, à fleurs terminales, solitaires, très-grandes,
avec bractées caduques; 6 à 12 pétales disposés
sur deux rangs. Les fruits sont des espèces de
cônes qui, en s'ouvrant par le dos, laissent pendre
les graines par de longs fils.

Nous trouvons dans les catalogues d'un éminent
praticien, M. Leroy, pépiniériste à Angers, décédé

récemment, des conseils que nous prenons la liberté
de répéter ici :

« Tous les Magnolias ont les racines grasses et
charnues, assez semblables à celles de l'asperge.
Elles pourrissent assez promptement quand la terre
est froide et humide. Aussi, convient-il de ne planter
ces arbres qu'à l'époque où la terre est échauffée,
c'est-à-dire d'avril à août. Les grandes chaleurs ne
forment pas un obstacle à leur reprise ; on les
garantit d'ailleurs par de copieux arrosements,
quelques bassinages et un bon paillis au pied. Les
plantations d'hiver ne réussissent pas.

« Comme on ne plante le Magnolia qu'avec sa
motte de terre, il importe de ne pas le placer profondément dans la fosse. Son poids et celui de la terre
rendent le tassement considérable. Il faut donc le
planter de manière à ce que le collet de la racine soit
au-dessus du niveau du sol, à une hauteur égale au
moins au quart de la profondeur du trou. Les racines
seront garnies de bonne terre mélangée de moitié
terreau et d'un huitième de sable, ou bien de terre
de bruyère battue et passée à la claie ; on couvre
ensuite la motte d'un monticule de terre revêtu d'un
bon paillis. Pendant les chaleurs, il faut donner un
arrosement abondant par semaine et un bassinage
chaque soir. Cette précaution suffira pour assurer
la reprise et la conservation de toutes les feuilles de
l'arbre.

« Les petits Magnolias, élevés en pots, peuvent
être plantés toute l'année. L'instruction qui précède

n'est applicable qu'aux grands Magnolias élevés en panier ou pris dans la pleine terre.

« La taille de ce bel arbre consiste à supprimer tous les deux ou trois ans l'extrémité des branches, afin de contenir l'écartement démesuré qu'elles prendraient, et qui nuirait à la forme de l'arbre. Cette simple opération a lieu au commencement d'avril. »

On classe les Magnolias en arbres à feuilles persistantes et en arbres à feuilles caduques. La seule espèce qui garde ses feuilles est le :

M. grandiflora, M. à grandes fleurs, Amérique. Demande des lieux ombragés et frais ; feuilles ovales, coriaces, persistantes, vernies en dessus, duveteuses en dessous ; fleurs d'un beau blanc tout l'été, larges de 15 à 20 centimètres de diamètre, odorantes, donnant des fruits rouges. L'arbre atteint une hauteur de 10 à 12 mètres. Il y a quelques variétés.

Les espèces suivantes sont à feuillage caduc.

M. glauca, M. glauque, 4 à 5 mètres ; feuilles pétiolées ; fleurs de 5 à 6 centimètres, blanches, serrées, très-odorantes. Graine rouge.

M. umbrella, M. parasol, 6 à 8 mètres ; feuilles minces et allongées, 40 à 50 centimètres ; fleurs blanches peu abondantes, en mai-juillet.

M. auriculata, M. auriculé, 8 à 10 mètres ; les jeunes rameaux ont un bois rouge violet et tacheté de blanc ; fleurs blanches très-odorantes.

M. pyramidata, M. pyramidal. Arbre vigoureux à fleurs blanches.

M. macrophylla, M. à grandes feuilles, 6 à 8 mètres. Bois à écorce blanche et lisse ; feuilles de 1 mètre ; fleurs blanches dont chaque pétale porte une tache rouge à la base. Aucune autre espèce ne porte d'aussi grandes fleurs.

M. yulan, arbre de 10 mètres, fleurit avant les feuilles ; fleurs blanches, février-mars ; Chine.

Deux espèces à fleurs jaunes, à feuillage caduc également :

M. acuminata, Arbre à concombres. Son bois est couleur d'orange. Fleurs jaunes en juin.

M. cordata, M. à feuilles en cœur, arbre de 8 à 10 mètres. Longues feuilles ovales, arrondies en cœur. Fleurs jaunes en juin-septembre.

Presque toutes ces espèces viennent d'Amérique.

LIRIODENDRON, *Tulipier*

Arbre de 30 à 40 mètres en Amérique, mais jamais aussi haut chez nous ; à feuilles alternes et stipulées ; fleurs jaune pâle et vert, odorantes, grandes, à 3 sépales tombants et 6 pétales dressés. Multiplication de semis. Exposition découverte, voisinage des rivières, ne se met à fleurs qu'après plus de vingt ans.

ILLICIUM, *Badiane*

Arbrisseaux à feuilles persistantes. Fleurs solitaires ou groupées par trois. Végétaux de serre froide qui vivent très-bien à l'air libre dans le Midi de la France.

L'espèce *Anisatum*, Anis étoilé, fleurit en mai-juin. Arbrisseau de 4 mètres; fleurs jaunes, odorantes, solitaires. Le feuillage est persistant. Chine.

FAMILLE DES BERBÉRIDÉES

Arbrisseaux et herbes à feuilles simples ou composées, fleurs régulières ou irrégulières, 3, 4 ou 9 sépales au calice; même nombre de pétales à la corolle, même nombre d'étamines.

BERBERIS, *Épine-vinette*

B. vulgaris, Vinettier, Épine-vinette, indigène. Arbrisseau de 1 m. 50 à 2 mètres, épineux, touffu, très-propre à former des clôtures. Tout terrain. Multiplication de boutures en automne, ou par semis en mai. Avec ses baies on fait des confitures.

Parmi les nombreuses espèces qui se cultivent à peu près toutes de la même façon, nous citerons :

A feuilles caduques :

B. Sinensis, B. de Chine, très-épineux; fleurs jaunes ;

B. aristata, B. Aristé, peu épineux, calice rouge corolle jaune ;

B. Canadensis, B. du Canada ; fleurs jaunes pendantes.

L'Épine-Vinette.

B. Siberica, B. de Sibérie ; petit arbuste, épineux,
fleurs jaunes pendantes.

A feuilles jaunes persistantes :

B. buxifolia, B. à feuilles de buis ; très-petit arbuste, très-épineux, feuilles entières disposées en rosettes, d'où sort une fleur unique jaune ;

B. empetrifolia, B. à feuilles de Camarine ; fleurs jaunes ;

B. Darwinii, B. de Darwin ; arbuste de 1 m. 50 à 2 mètres ; feuilles luisantes ; fleur jaune orangé, mai-juin.

MAHONIA, *Mahonie*

Diffère des Berberis par ses feuilles composées. Toutes les espèces, à feuilles persistantes, ornent bien les jardins où ils prennent place dans les massifs. Le beau vert de leurs feuilles et le jaune vif de leurs nombreuses fleurs leur donnent une grande valeur décorative. Tout terrain. Les mahonias supportent les intempéries. Marcottage en juin ; bouturage en juillet ou semis en avril-mai. Floraison avril-mai.

M. aquifolium, M. à feuilles de houx, fleurs jaunes en panicule ;

M. fascicularis, M. à fleurs fasciculées ;

M. Nepalensis, M. du Népaul, grande espèce, fleurs jaunes ;

M. glumacea, M. glumacée ;

M. Japonica, M. du Japon, la plus belle espèce ;

M. repens, M. rampante ; se multiplie par les rejetons des racines.

Toutes ces espèces sont épineuses, et les folioles des feuilles sont nombreuses et longues. Hauteur moyenne 2 mètres.

EPIMEDIUM, *Épimède*

Chapeau d'évêque. Herbes vivaces; tige herbacée de 40 centimètres; feuilles décomposées par 3 folioles en cœur, rougeâtres sur les bords; fleurs petites à calice rouge brun, à 4 pétales jaunes. Terre franche, légère; exposition ombragée. Multiplication d'éclats en septembre. Chine et Japon.

E. macrauthum, à grandes fleurs, souche non traçante;

E. niveum, E. à fleurs blanches;

E. violaceum, E. à fleurs violettes;

E. sulfureum, E. à fleurs jaune-clair;

E. discolor, E. à fleurs jaunes et rouges;

E. Sinense, E. de Chine, à fleurs blanches.

On fait de cette plante des corbeilles sur les pelouses.

PODOPHYLLUM, *Podophylle*

Plante rustique et vivace; tige 35 à 50 centimètres; feuilles radicales, à pétiole de 25 centimètres; fleurs blanches, odorantes, à 9 pétales; mai. Fruit ovale, de la grosseur d'une prune. Se multiplie au printemps par rejetons. Toute terre. Les deux ou trois espèces se multiplient de la même façon.

FAMILLE DES NYMPHÉACÉES

Herbes aquatiques, vivaces, à racine charnue; feuilles radicales, flottantes, avec long pétiole; fleurs radicales, long pédoncule; 4 ou 6 sépales; pétales en grand nombre.

NYMPHÆA, *Lys d'eau*

Les espèces de serre tempérée sont de beaucoup les plus nombreuses, mais nous n'en parlerons pas. Nous nous contenterons d'indiquer les deux espèces suivantes qui viennent à l'air libre, dans les eaux dormantes et flottantes. Toutes vivaces.

N. alba, Lis d'eau, Nénuphar blanc, indigène. Racines comme celles des asperges, longues, volumineuses et couchées; feuilles en cœur, d'une grande surface, à longue queue; de juin à septembre fleurs à nombreux pétales blancs. Réservoirs, bassins, pièces d'eau, fossés de clôture. Multiplication d'éclats.

N. odorata, Lis d'eau odorant, Amérique du Nord. Racines moins grosses que dans le précédent; feuilles flottantes à la surface; fleurs également blanches, à divisions plus étroites ; même culture.

N. nitida, Lis d'eau luisant; diminutif des précédents et même culture. Sibérie.

N. cœrulea, Nénuphar bleu, Égypte. Racine grosse

comme un œuf; feuilles petites, mouchetées de brun; fleurs bleues. Même culture.

Ces trois espèces se reproduisent spontanément de semis. Autrement on peut semer la graine dans des pots qu'on submerge à demi sur le bord des eaux; puis le plant bien levé, on submerge entièrement le pot.

NUPHAR, *Nénuphar*

Cette espèce diffère des Lis d'eau par la couleur jaune de ses fleurs, et par ses feuilles en partie sub-

Nénuphar.

mergées. Vivace, aquatique, se multipliant comme le genre Nymphæa.

FAMILLE DES PAPAVÉRACÉES

Plantes herbacées, rarement sous-arbrisseaux, contenant un suc laiteux ; feuilles alternes ; fleurs régulières solitaires ; pétales en nombre double des sépales du calice.

PAPAVER, *Pavot*

Quelques espèces sont annuelles ; d'autres vivaces.

P. somniferum, P. des jardins ; annuel, 75 centimètres à 1 m. 20 de tige ; feuilles larges, amplexicaules, glauques ; fleurs grandes, très-doubles, de toutes couleurs. Capsules ouvertes au sommet par de petits trous et contenant parfois plus de 20,000 graines. On sème en place au printemps ou à l'automne.

P. somniferum album, variété à graines blanches que le commerce cultive pour les pharmaciens. C'est ce qu'on appelle le *Pavot pharmaceutique*. Indigène.

C'est du P. des jardins qu'en Orient on retire l'opium par des incisions pratiquées sur les capsules vertes.

P. rhœas, Coquelicot, Ponceau, 40 à 75 centimètres ; très-abondant dans les blés, indigène, annuel, portant à la base de chaque pétale rouge une tache noire. Les variétés à fleurs doubles ont des fleurs plus grandes et de toutes couleurs.

P. Orientale, P. du Levant, P. de Tournefort, vivace ; tige de 70 à 80 centimètres ; fleurs très-grandes, rouge orange, avec tache noire à la base de chaque

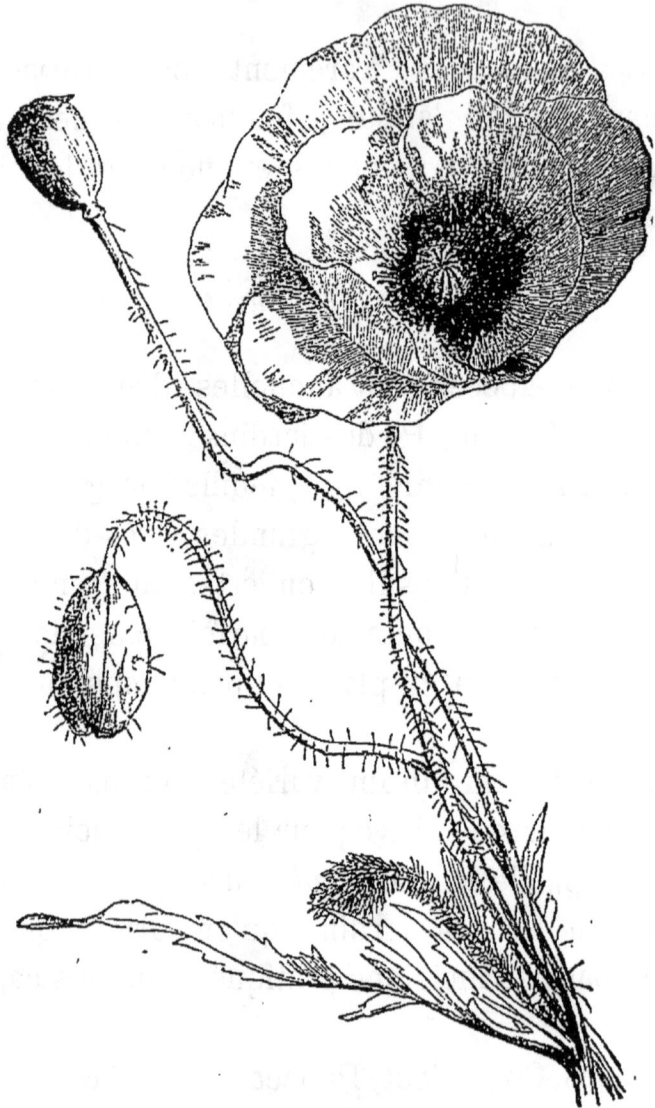

Le Coquelicot.

pétale. Tout terrain. Multiplication de graine ; semis à l'automne ; repiquage au printemps. En Orient, c'est le Pavot à opium spécialement.

P. bracteatum, P. à bractée. Vivace ; plus grand que le précédent ; portant au-dessous du calyce une grande bractée; fleur rouge ponceau, ayant aussi une tache noire à l'onglet de chaque pétale. Russie.

P. meconopsis cambrica, Pavot jaune des Pyrénées, indigène, moins haut que les précédents, mai-juillet, terre de bruyère, un peu à l'ombre; fleurs jaunes. Semis au printemps en place, ou à l'automne en pépinière. Multiplication spontanée.

Les autres espèces vivaces : *pilosum,* velu; *spicatum,* à fleurs en épi; *nudicaule,* à tige nue; *croceum,* à fleurs safranées ; *Alpinum,* des Alpes, se cultivent de la même façon.

MACLEIA CORDATA , *Macléia à feuilles en cœur*

Herbe vivace, tige droite, pyramidale, 1 m. 50 à 2 mètres, grandes feuilles en cœur, à peine découpées ; fleurs blanches en panicule ; juillet-août. Terrain riche et frais. Demi-ombrage. Multiplication de semis au printemps ou à l'automne. Plante très-pittoresque et à effet.

ARGEMONE, *Argemone*

Herbes annuelles, à feuilles lobées et glauques ; fleurs blanches ou jaunes, solitaires, terminales, 2 ou 3 sépales poilus, 4 à 6 pétales, 4 à 7 stigmates.

A. grandiflora, A. à grandes fleurs; tige rameuse de 1 mètre; feuilles sessiles, grandes, découpées ;

fleurs blanches de 10 centimètres ; juillet-août-septembre. Exposition chaude, terrain profond. Multiplication spontanée, ou de semis en mars, pour repiquer en mai.

A. Mexicana, A. du Mexique, fleurs jaunes, même culture.

A. ochroleuca, A. à fleurs jaune d'ocre, même culture.

SANGUINARIA, *Sanguinaire*

S. Canadensis, S. du Canada. Herbe vivace à souche souterraine et renflée, émettant une feuille unique avec une hampe terminée par une seule fleur, feuilles glauques, réniformes, lobées et dentées; fleurs petites à 2 sépales, de 8 à 12 pétales, 24 étamines, couleur blanc pur ; avril-mai. Se multiplie d'éclats plutôt en automne qu'au printemps, terre de bruyère un peu fraîche et tourbeuse. Exposition ombragée. Les Sanguinaires ne dépassent guère 18 à 20 centimètres, garnissent très-bien les rocailles. Le nom de ces petites herbes vient de ce qu'elles laissent couler un suc rouge, quand on en casse une partie quelconque.

MECONOPSIS, *Méconopsis*

M. cambrica, vivace, indigène, ressemblant au pavot; feuilles glauques en dessus, tomenteuses ou poilues en dessous ; tige de 15 à 20 centimètres, portant plusieurs fleurs ; fleurs jaunes en juin-juillet.

Terre de bruyère. Multiplication de semis en pots et repiquage au printemps. Comme les Sanguinaires, ornement des rocailles.

FAMILLE DES FUMARIACÉES

Au point de vue de la culture d'agrément, cette famille peut se résumer en une seule plante :

DIELYTRA, OU DICLYTRA, OU DICENTRA

L'une des plus charmantes qu'on puisse voir. On en compte deux espèces :

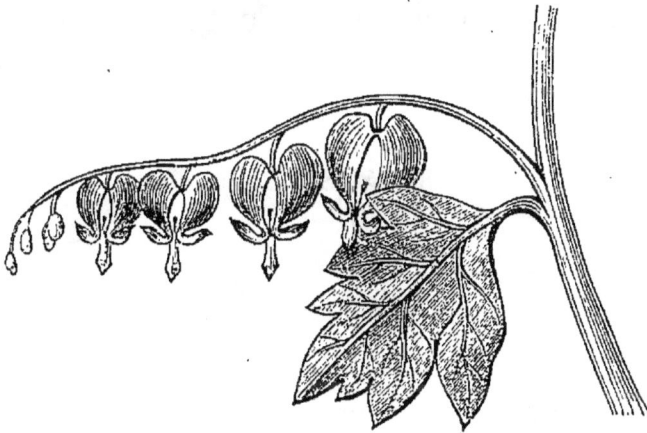

Diélytra.

D. spectabilis, D. remarquable. Vivace, ramifié, en buisson; on l'appelle aussi *Fumaria spectabilis*, d'où est venu le nom donné à la famille. Tige de

80 centimètres, transparente; feuilles grandes et
découpées, couleur glauque, extrêmement légères;
fleurs en cœur, disposées en grappes de 40 à 50 centimètres enveloppant tout le buisson; couleur rose
teintée de gris. On voit d'ici l'effet de ces buissons
fleuris à grappes recourbées, s'élevant çà et là sur
une pelouse, ou bordant des massifs, ou disposées
en files dans une perspective. Terre ordinaire, un
peu sableuse. Se cultive aisément en pots ou en
caisses dans les appartements. Demande chaque année une fumure de terreau bien consommé. Multiplication de boutures, d'éclats de racines au printemps et à l'automne.

D. formosa, D. à belles fleurs. Vivace; souche
traçante, feuilles très-pressées, tige radicale, hauteur 25 centimètres; fleurs roses en grappes arquées
et retombantes, mai-juillet. Tout terrain, mais frais.
Même culture.

CORYDALIS, *Corydale*

Espèces vivaces :

C. nobilis, C. noble. Tige 30 centimètres; feuilles
amples; fleurs jaune pâle, en grappes, rouges au
sommet; avril-juin. Plante de rocaille. Multiplication d'éclats à l'automne seulement.

C. lutea, C. jaune sale; hauteur 20 à 30 centimètres; feuilles élégamment découpées; fleurs blanches
ou jaunes. Lieux rocailleux; même culture.

C. bulbosa, C. bulbeux ou tubéreux, indigène.

Plante à oignon, hauteur 10 à 15 centimètres; feuillage finement découpé; fleurs en grappes terminales, blanches, rouges ou grises. Tout terrain; rocailles, sol pierreux. Multiplication de semis dès la maturité, ou par la séparation des oignons en automne. Demande de fréquents arrosages pendant la floraison.

Espèce bisannuelle :

C. glauca, C. glauque, vert blanchâtre. Tige droite de 40 centimètres ; feuilles moins grandes, mais très-découpées et glauques ; fleurs rouges à limbes jaunes, en épi. Juin-septembre. Semis au printemps ou à l'automne. Dans sa deuxième année, on en peut faire de jolies corbeilles ou l'ornement des rochers.

FAMILLE DES CRUCIFÈRES

Herbes ou petits arbustes à feuilles alternes, sans stipules. A la fleur 4 sépales, 4 pétales, 6 étamines dont 2 plus petites.

MATTHIOLA , *Giroflée*

Cette plante classique, vulgaire, populaire, compte des espèces annuelles, des espèces bisannuelles et des espèces vivaces :

Giroflées annuelles :

Matthiola annua, dite aussi *Hesperis violaria* et *Cheiranthus*, Quarantaine. — Plante classique des

jardins et des fenêtres. Tige simple ou peu rameuse
de 30 à 35 centimètres; racine à pivot; feuilles lancéolées, à poils soyeux; fleurs odorantes de couleur
variée. Cette espèce a donné beaucoup de variétés :
la *Quarantaine parisienne,* les *Q. anglaises,* la *Q.
demi-anglaise,* etc.

Ces fleurs ont le droit de cité dans tous les jardins
en raison de leur abondance, de leur variété de couleur et de leur parfum. La floraison se continue de
juin en août. Les Quarantaines peuvent donner des
fleurs toute la saison, quand on fait des semis successifs de mois en mois, par exemple, de février en
octobre; mais il ne faut pas oublier qu'elles craignent
le froid et l'humidité à la racine. Rien n'empêche
donc d'en avoir toute l'année dans les appartements.
Terrain consommé, frais sans être mouillé à l'excès;
l'eau des arrosements ne doit pas séjourner au fond
des pots.

Son nom vient de ce qu'il suffit de quarante jours
entre les semis et l'épanouissement des fleurs.

M. Græca, Giroflée grecque ou Kiris. Annuelle,
rameuse, feuilles d'un vert clair, lancéolées, moins
souvent doubles que dans la Quarantaine.

Emploi de ces deux espèces dans les plates-
bandes, dans les massifs, dans les corbeilles.

**M. maritima, Cheirantus maritimus, Malcomia
maritima,** Giroflée de Mahon, hauteur 20 centimètres;
tige rameuse; fleurs rouges, violettes, lilas, blanches;
odeur très-fine. Cette petite giroflée annuelle, dont on
peut renouveler la floraison en tondant la plante, sert

à faire de jolies bordures. Les semis successifs donnent des fleurs pendant toute la saison.

Giroflées bisannuelles :

La Giroflée.

Matthiola incana, *Cheiranthus incanus, Hesperis*
violaria, Giroflée des jardins, indigène; tige sous-
ligneuse à la base, rameuse, de 50 à 60 centimètres;

feuilles entières, allongées, un peu velues; fleurs violettes, très-odorantes. De mai à octobre. On en a de toutes couleurs. Craint le froid et l'humidité. Pleine terre et bonne exposition; si l'on manque de serre, l'abriter sur place en hiver. Semer en place en mars ou dès que les graines sont mûres, en août-septembre. Terre légère. On ne conserve les belles variétés doubles que par boutures. On met généralement en place en automne.

Cheirantus, Giroflée jaune, Giroflée des murailles, Ravenelle, Savoyarde, Violier des murailles, Rameau d'or; indigène, bisannuelle; même tige que la précédente; feuilles lancéolées; fleurs en grappe, odorantes, d'un jaune varié. Variétés naines, hâtives Autres variétés. Même culture.

Matthiola fenestralis, Giroflée des fenêtres, Cocardeau, Giroflée-chou; 25 à 30 centimètres; 2 ou 3 rameaux au sommet de la tige; feuilles presque entières, soyeuses, blanchâtres; fleurs rouges, quelquefois blanches, grandes, odorantes, souvent doubles ou pleines. Même culture.

BARBAREA, *Barbarée*

B. vulgaris, Barbarée commune, Herbe de Sainte-Barbe, Julienne jaune; 50 centimètres; indigène, vivace; tige raide; feuilles radicales, panachées de vert, de jaune et de blanc; fleurs jaunes, mai-juin. Terre meuble et fraîche. On sème les graines dès la maturité, puis on repique sur place. Cette plante fait de belles bordures, orne les rocailles et fait bon effet partout.

Une variété à fleurs pleines, à feuillage unicolore, un peu moins haute de tige, se multipliant d'éclats à l'automne ou au printemps, se met en bordure.

ARABIS , *Arabette, Corbeille d'argent*

On distingue *A. Alpina*, A. des Alpes, et *A. Caucasica*, A. du Caucase. Charmantes petites herbes vivaces, hautes de 15 à 20 centimètres, qui poussent en touffes serrées et se couvrent de fleurs blanches dès les derniers jours de l'hiver. Aiment les terrains secs, ornent les rochers et font de jolies bordures. C'est la *Corbeille d'argent* ou *Argentine* devenue commune aujourd'hui. Elle talle beaucoup, mais on la tond en août pour la maintenir. Tous les trois ou quatre ans on la renouvelle, pour l'avoir plus vigoureuse. Multiplication par la division des touffes en automne, ou de semis à la maturité des graines. Comme bordures , elle maintient bien les terres friables, sèches et sableuses.

LUNARIA , *Lunaire*

Deux espèces :

L. rediviva, L. vivace; indigène, lieux boisés et frais ; tige dressée, de 50 à 60 centimètres ; feuilles en cœur; fleurs violettes, odorantes, en grappe serrée, en mai-juin. Terrain meuble et frais. Multiplication d'éclats à l'automne et au printemps.

L. biennis, L. bisannuelle, Monnayère, Monnaie du pape. Plus haute que la précédente, 1 mètre; fleurs en grappe, sans odeur, rouges, parfois blanches; mai-juin. Même sol. Semer en août-septembre; repiquer en pépinière ou mettre en place à l'automne ou au printemps.

ALYSSUM, *Alysse*

Thlaspi jaune ou Corbeille d'or. Vivace; touffes de 25 à 30 centimètres; feuilles lancéolées, duveteuses; fleurs abondantes, jaunes; avril-mai. Culture comme la suivante.

AUBRIETIA, *Aubriétie*

Démembrement du genre *Alyssum*. Plus petite; fleurs moins nombreuses, rouges, en petite grappe; avril-juin. Thlaspi gazonneux. Culture comme le suivant.

IBERIS, *Ibéride, Thlaspi*

Pétales inégaux, les 2 intérieurs moins grands. Espèces vivaces:
Ce que nous avons à dire de leur culture convient aux Alysses et aux Aubriéties.

I. sempervirens, T. vivace, Corbeille d'argent, très-rustique; tige ligneuse de 12 à 18 centimètres; feuilles entières et pointues; fleurs blanches; boutures, marcottes; éclats ou semis en juin pour mettre en place après l'hiver. Nous avons vu de splendides bordures faites de Thlaspi blanc et d'Alyssum jaune, c'est la *Corbeille d'or* et la *Corbeille d'argent* disposées avec goût et alternées ou mêlées.

I. semperflorens, I. de Perse. Petit arbuste de 50 centimètres; feuilles persistantes, entières; fleurs

Ibéride de Gibraltar.

en corymbe à l'extrémité des rameaux, blanches; de septembre à avril, bonne exposition, terrain franc, léger. Demande des précautions en hiver quand on ne peut l'abriter en serre tempérée.

I. Tenoreana, T. de Tenore, également à feuilles persistantes, mais à fleurs violettes; même culture.

On le combine avec les deux Corbeilles d'or et d'argent dans les bordures ou on l'emploie seul.

Espèces annuelles :

umbellata, Thlaspi en ombelles, T. violet; tige de 30 à 35 centimètres; feuilles allongées, en juillet-août; fleurs blanches en ombelles, ou violettes en pompon; semis en place au printemps. On lève le plant avec la motte pour le repiquer.

J. amara, T. blanc, 20 à 30 centimètres; fleurs blanches en grappes, odorantes, même culture. Ces espèces annuelles avec leurs variétés ; T. violet foncé nain, T. blanc julienne, se mettent en corbeilles, en massifs, en plates-bandes et en bordures.

HÉSPERIS, *Julienne*

H. matronalis, Julienne des jardins, bisannuelle, tige de 70 centimètres à 1 mètre; feuilles aiguës, denrées; fleurs en mai-juillet, très-odorantes. On a des variétés vivaces à fleurs doubles, violettes, rouges ou blanches; terre franche et fumée copieusement, arrosements rares ou faibles. Multiplication par éclats ou par boutures faites à l'ombre, ou encore par division des tiges à l'automne.

ERYSIMUM, *Vélar*

E. Petrowskianum, Vélar de Pétrowski. Annuel, tige rameuse de 35 à 50 centimètres et même un peu plus, rameuse; feuilles rudes, dentées; fleurs jaunes, odorantes, tout l'été. Tout terrain, semis à l'automne ou au printemps suivant, la graine ne doit pas être gardée au delà.

E. Marschallianum, Vélar de Marschall, vivace ; tige sous-ligneuse, 15 à 20 centimètres ; feuilles lancéolées ; fleurs orangé vif, en grappes. Multiplication de boutures.

ÆTHIONEMA, *Éthionème*

Æ. coridifolium, E. à feuilles de coris, vivace ; plante en touffes compactes de 20 cent.; fleurs minimes, roses, en grappes serrées, juin-juillet. Terrain sec, léger, sablonneux, aride ; on sème au printemps pour repiquer avant ou après l'hiver.

Æ. diastrophis, E. d'Arménie, diminutif du précédent, même culture.

Avec les Ethionèmes on fait des bordures, des plates-bandes, des corbeilles.

HELIOPHILA, *Héliophile*

H. pilosa, annuel, velu, rameux, tige de 20 centimètres ; feuille mince et droite ; fleurs bleues, en grappes grêles et longues. Même emploi et même culture que ci-dessus.

FAMILLE DES CAPPARIDÉES

CLEOME, *Cléome*, *Mozambe*

Herbes à feuilles simples ou composées; 3-5-7 folioles.

C. spinosa, C. épineux; annuel; 1 mètre; tige épineuse; feuilles composées, 5-7 folioles; fleurs en grappes terminales, à long pédoncule, juillet-août. Terrain léger, mais bon. Semer en mars sur couche; repiquer avec la motte en mai. Demande de l'eau. Si vous le rentrez en hiver dans l'appartement ou dans la serre, il vivra trois ou quatre ans.

C. pungens, C. piquant, espèce annuelle, vivace dans l'appartement et en serre, plus grande que la précédente; fleurs purpurines. Même culture. Plates-bandes et pelouse.

C. arborea, C. en arbrisseau; 2 mètres, fleurs carminées; espèce de serre chaude.

FAMILLE DES CISTÉNÉES

CISTUS, *Ciste*

Arbustes à fleurs abondantes, mais peu durables. Venues d'Espagne ou d'Orient, les différentes espèces ont pris une certaine rusticité sous le climat de Paris, où elles sont de pleine terre pourvu qu'on les recouvre en hiver ; autrement, elles veulent la serre tempérée. Arrosements suivis. Multiplication de boutures, de marcottes, et de semis au printemps, sur couche bien exposée.

Quatre espèces à fleurs rouges :

C. Creticus, C. de Crète. Arbuste de 1 mètre ; rameaux drus et courts ; feuilles velues et un peu chiffonnées, d'un vert métallique ; grandes fleurs rouges.

C. villosus, C. poilu ; 1 m. 40 ; buissonneux; fleurs rouges.

C. albidus, C. blanchâtre, à cause de la couleur de ses rameaux ; 1 mètre ; feuilles sessiles ; fleurs rouges.

C. purpureus, C. pourpre. 2 mètres ; rameaux nombreux et dressés, un peu brun rougeâtre; feuilles longues, étroites, cotonneuses; grandes fleurs d'un beau rouge.

Deux espèces à fleurs blanches :

C. laurifolius, C. à feuilles de laurier. Arbrisseau de 1 à 2 mètres; feuilles en cœur un peu visqueuses, glabres; grandes et abondantes fleurs blanches.

C. populifolius, C. à feuilles de peuplier. 1 à 2 mètres; à rameaux droits; feuilles en cœur, pétiolées ; fleurs blanches, mais pétales avec un liseré rouge.

Des feuilles de ces différentes espèces, surtout de celles du *C. ladaniferus,* très-voisin du *C. laurifolius,* on tirait une substance gommo-résineuse employée jadis en médecine comme stimulant, mais abandonnée aujourd'hui.

HELIANTHEMUM, *Hélianthème*

Petits et jolis arbrisseaux très-rustiques, voisins des *Cistes;* aiment le grand soleil, les sols secs et pierreux. Multiplication de semis, d'éclats, de marcottes et de boutures.

H. vulgare, Hél. vulgaire ; 50 à 60 centimètres ; rameaux nus par en bas; fleurs de toute nuance. On possède de ces arbrisseaux indigènes plus de cent variétés. Boutures et marcottes. Toutes les espèces et les variétés ont besoin d'être protégées en hiver.

FAMILLE DES VIOLARIÉES

Herbes à feuilles alternes et stipulées ; fleurs irrégulières, bractéolées ; 5 sépales, 5 pétales inégaux dont un forme éperon ; 5 étamines basses. Capsule s'ouvrant à 3 valves.

VIOLA, *Violette*

Herbe vivace qu'on trouve partout sous bois, dans les lieux frais, sous les haies, dans les broussailles, et qui ne se révèle souvent que par la suavité de son parfum.

La violette peut se mettre partout, à la condition que le terrain soit un peu frais et ombragé. On la

multiplie de semis au printemps ou par la division
des touffes en automne.

V. odorata, V. odorante, indigène, type de toutes

La Pensée.

les espèces. Herbe vivace, sans tige ; feuilles en
cœur ; fleurs bleues à pédoncule bractéolé, à odeur
suave, aux premiers jours du printemps. Les principales variétés sont : *la Violette des quatre saisons*,

en fleurs toute l'année ; pétales blancs ; fleurs doubles, violettes ou roses ; *la Violette de Parme*, bleu-pâle fleurissant en hiver sous châssis.

V. calcarata, V. à éperon, violette ou jaune.

V. palmata, V. à feuilles palmées bleu-lilas.

V. cucullata V. à feuilles en cuiller, bleu rayé de blanc.

V. Canadensis, V. du Canada, blanche, etc.

V. Tricolor, Pensée.

Pensée.

FAMILLE DES DROSÉRACÉES

Nous citerons, de cette famille, une seule plante à cause de sa singularité. C'est la :

Viola odorata.

DIONŒA, *Dionée*

D. muscipula, D. attrape-mouche. Petite plante de serre, herbacée, bisannuelle, qui n'à rien d'ornemental, mais dont les amateurs possèdent au moins un individu. La feuille très-irritable possède une queue ailée supportant un limbe formé de deux lobes comme un petit piége à oiseaux tendu. Ce limbe est bordé de cils et semé en dedans de petites glandes rougeâtres entremêlées de poils. Dès qu'un insecte s'y pose, le piége se détend, les lobes ou valves se referment et l'insecte est prisonnier. On peut constater que la prison ne s'ouvre que pour laisser retomber un squelette. Le captif a été mangé. A la place d'un insecte vivant, qu'on place sur la feuille une parcelle de viande crue, le même phénomène se reproduit et le limbe n'entrouvrira ses lobes que pour abandonner la viande sucée et n'ayant plus que des fibres. La feuille a mis un jour ou un peu plus pour manger le beefsteak que vous lui avez servi !

Terre sableuse et tourbeuse, mélangée de mousse; de l'eau de pluie fréquemment renouvelée ; serre tempérée, humide et seringage sur les feuilles. Les semis se font en pots à moitié plongés dans l'eau courante ou renouvelée. Les graines restent sur leur terre de bruyère, sous cloche.

Fleurs blanches en ombelles, en haut d'une tige radicale.

FAMILLE DES RÉSÉDACÉES

RESEDA, *Réséda*

R. odorata, R. odorant, ou Mignonnette; herbe annuelle, tige rameuse, étalée ; 25 - 30 centimètres; feuilles longues, arrondies, entières ou à trois lobes ; fleurs en grappe, jaune vert, d'une odeur agréable et pénétrante; juin-novembre. Semis sur couche en mars, ou en place en mai. Toute terre et aussi toute exposition.

On obtient un Réséda vivace, au moins pour quel-

ques années en cultivant la plante en serre tempérée
et en coupant chaque rameau après sa floraison.

R. luteola, R. gaude, ou simplement gaude. Bisannuel; 1 mètre; longs épis de fleurs comme ci-dessus.
Plante croissant naturellement dans les lieux incultes
et secs. On la cultive en grand comme plante tinctoriale. Elle donne un principe jaune d'or appelé *lutéo-
léïne* qui a été découvert par M. Chevreul et dont
l'industrie s'est emparée.

FAMILLE DES POLYGALÉES

Herbes vivaces, indigènes, dont les espèces se
trouvent dans les prairies et augmentent, dit-on, la
production du lait dans les vaches : de là leur nom
de famille.

POLYGALA, *Polygale*

P. chamæbuxus, petit Buis, faux Buis, indigène.
Vivace; tige sous-ligneuse de 8 à 12 centimètres,
rampante; feuilles ovales, en rosettes; fleurs jaunes,
en grappes; avril-juin. Terre franche mélangée de
terre de bruyère, fraîche. Multiplication d'éclats au
printemps ou à l'automne. Sensible au froid. On
l'abrite ou bien on la met en pot pour lui faire passer
l'hiver à l'abri.

P. vulgaris, P. commun; P. microphylla, P. à petiles feuilles, à fleurs blanches ou bleues. Même sol et même culture.

Une douzaine de variétés ou d'espèces, venues du Cap, demandent la température des orangeries en hiver.

Ces plantes, à feuilles persistantes, doivent être cultivées en touffes épaisses et produisent alors un grand effet, surtout si l'on marie bien les couleurs.

FAMILLE DES CARYOPHYLLÉES

Tribu des silénées : gypsophile, œillet, saponaire, silène, viscaria, lychnis.

Tribu des alsinées : sagine, sabline.

GYPSOPHILA, *Gypsophile*

Herbes annuelles ou vivaces à ramification très-minces : fleurs toutes petites ; calyce divisé en 5 lobes, 2 pistils.

G. viscosa, G. visqueuse, tige droite 30 à 40 centimètres; feuilles allongées; fleurs abondantes, légères, en corymbes, couleur chair; juillet-août. On sème en avril-mai. Terre légère. Plates-bandes, corbeilles, en pots.

G. elegans, G. élégante. Annuelle comme la précédente, mais non visqueuse et à fleurs blanches.

G. repens, G. rampante. Vivace, indigène, rameuse, gazonnante; feuilles étroites; fleurs blanches panachées de lilas; mai-juillet. Terre meuble et sèche. Éclats à l'automne et au printemps. Garnit bien les rocailles, les talus, les ruines conservées.

G. **paniculata**, G. paniculée, Sicile. Vivace; tige 1 mètre; feuilles étroites et longues; fleurs petites, abondantes, blanches, en panicules; juin-août. Semis fin de l'été pour repiquer avant ou après l'hiver. Toute terre.

DIANTHUS, *Œillet*

Nous voici arrivés à une fleur qui a toutes les noblesses, celle des siècles, celle de la vogue, celle des parfums et de la beauté. Pour beaucoup d'amateurs, elle marche de pair avec la rose. Elle a eu ses monographes, ses admirateurs, et ses collectionneurs patients. Le grand Condé préférait l'œillet à toutes les fleurs. Comme la culture a changé profondément les conditions naturelles de cette gracieuse plante, certains fanatiques ont fait des collections comptant sept à huit cents espèces et variétés; mais en alignant dans ce total des sujets qui ne se distinguent des autres que par des différences inappréciables. Malgré tout, on peut encore élever le vrai chiffre des collections à deux cents, et c'est encore assez pour qu'on maintienne cette fleur au premier rang.

Pour éviter la confusion dans cette multitude de sujets divers appartenant à la même famille, on a dû naturellement chercher à établir des classifications ou groupes.

Les Anglais qui ont une prédilection marquée pour cette plante d'ornement, ont classé les œillets en quatre groupes. Les Belges ont réduit les groupes à trois.

Le mode de végétation, la forme de la fleur et la teinte des pétales ont fourni les éléments de ces classifications nécessairement arbitraires. Chez quelques fleuristes ou collectionneurs, on trouve : 1° les unicolores, 2° les piquetés, 3° les rayés, 4° les lavés.

Mais la classification la plus généralement adoptée est la suivante :

1° *Œillets grenadins* ou *œillets à ratafia*, cultivés commercialement pour la parfumerie et la distillerie, d'un parfum très-suave et très-pénétrant.

2° *Œillets de fantaisie* ou *anglais*, fond blanc, fond jaune, fond bleu ardoise ; variétés nombreuses ; doublant facilement.

3° *Œillets flamands*, très-vaste groupe qui offre des fleurs pleines, à pétales entiers et bien imbriqués.

4° *Œillets remontants*. Leur nom dit assez ce qu'ils sont.

CULTURE DE L'ŒILLET

L'œillet est d'une culture bien simple et bien facile. Terre calcaire, un peu fraîche, mais meuble et point humide. Pots et pleine terre. Plates-bandes ;

bordures, massifs, suivant les espèces. Pour la multiplication, on emploie les quatre moyens du semis, du bouturage, du marcottage et de la greffe.

Semis. — Les semis se font à la mi-mars sur couche ou en très-bonne exposition, et on ne lève le plant avec sa motte pour le mettre en place que lorsqu'il a cinq ou six feuilles au moins. N'employer pour les semis que la graine provenant des fleurs doubles, celle des fleurs simples ne donnant guère que des fleurs simples. Au reste, le semis est un moyen de multiplication laissé aux seuls amateurs; car le commerce offre à tout le monde des plantes toutes faites sur les nuances desquelles on ne peut se méprendre.

Boutures. — Le bouturage est à la portée de tout le monde et sert à conserver les espèces qu'on veut garder. Les boutures reprennent presque toute l'année, mais mieux au cours de l'été, juillet-août. Il faut pour une bonne reprise au moins deux à trois mois, et c'est après ce temps qu'on peut mettre en pleine terre ou en pots. Les jeunes plants ainsi faits doivent être protégés pendant l'hiver.

Marcottes. — Un sujet de pleine terre peut être marcotté en pleine terre. Si le sujet est dans un pot, on fait le marcottage dans un autre pot de hauteur égale. On sait que l'opération consiste à coucher en terre une ou plusieurs branches de l'œillet qu'on veut marcotter. Avant d'être couché, le rameau doit être incisé en dessous dans le sens de sa longueur, et sur une étendue de quelques centimètres. Cette

incision, qui se trouve dans le sol, favorise l'émission
des racines. Dès que les marcottes sont bien enra-
cinées, on les sèvre, c'est-à-dire qu'on les détache
de la plante mère par une section faite le plus près
possible des jeunes racines. Mêmes soins alors que
pour les jeunes boutures.

Greffe. — On greffe sur un même pied des variétés différentes, soit au printemps, soit en août, en
ayant soin de protéger contre le froid, en mars, et
contre le soleil, en août. Il s'agit ici, bien entendu,
de la greffe en fente, la seule à peu près possible,
mais d'une grande facilité.

Les œillets ne durent guère au delà de quatre ou
cinq ans; quelques espèces même périssent en
moins de temps. La culture a trop vivement tour-
menté cette famille pour que les individus, aban-
donnés à eux-mêmes, ne s'atrophient pas. On doit
donc renouveler au moins de deux en deux ans les
belles espèces ou les variétés de choix auxquelles on
tient.

On arrose modérément d'abord; puis plus fréquemment, à mesure qu'on approche de la floraison.
Les spécialistes savent depuis longtemps qu'un sujet
qui a souffert de la sécheresse est un sujet perdu,
quoi qu'on fasse.

Dianthus caryophyllus, Œ. des jardins, Œ. à
ratafia, Œ. grenadin, Œ. giroflier. Vivace, indigène;
espèce connue de temps immémorial; feuilles glauques, linéaires; fleurs odorantes, solitaires, couleur
pourpre dans la plante primitive.

Les espèces les plus recommandables sont ensuite par ordre alphabétique.

Œillets vivaces :

D. cœsius, Œ. bleuâtre ; fleur rose vif.

D. deltoïdes, Œ. deltoïde. Gazonnant ; fleurs roses.

D. plumarius, D. moschatus, Œ. mignardise. Gazonnant ; fleurs blanches, roses ou rouges. Employé en bordures ; mais comme il talle et que les bordures se dégarnissent au milieu, on relève tous les deux ans ; on sépare les touffes ; on coupe l'extrémité des racines et l'on repique en avril.

D. pulcherrimus, Œ. joli. Tige de 8 à 12 centimètres ; feuilles en rosettes ; fleurs d'un rouge ardent, en rosettes. Craint l'hiver.

D. superbus, Œ. superbe ; espèce plus grande, 40 centimètres ; belles et grandes fleurs blanches généralement ; quelquefois lilas clair, barbues dans le milieu. Moins sensible au froid que le précédent, mais exige des précautions contre les grands froids.

Œillets bisannuels :

D. barbatus, Œ. de poëte, Œ. barbu, Œ. jalousie. Bouquet parfait ; il est plutôt trisannuel que bisannuel. Indigène. Tige dressée de 30 à 40 centimètres ; feuilles étroites et longues, vertes ou rougeâtres ; fleurs velours carmin, quelquefois blanches, en ombelles. Multiplication de semis en mai pour repiquer en septembre. Très-rustique. Un des beaux ornements des parterres.

D. Sinensis, Œ. de Chine, 30 centimètres ; fleurs rouges. Craint le froid et l'humidité de l'hiver.

SAPONARIA, *Saponaire*

On en a trois espèces vivaces :

S. officinalis, S. officinale, indigène. Racines traînantes ; tige rameuse et touffue, 80 centimètres à 1 mètre 10 centimètres ; feuilles lancéolées, glabres ; fleurs odorantes en vaste panicule terminal, d'un beau rose ; juillet-août. Tout terrain, mais un peu frais. On ne cultive que les variétés doubles, mais leurs tiges flexibles et retombantes ne permettent pas d'en tirer un grand parti pour la décoration des plates-bandes où des corbeilles. Multiplication d'éclats au printemps ou à l'automne. Dans l'industrie on se sert, pour nettoyer les laines et blanchir les toiles, de la matière savonneuse qu'on retire de cette plante, en écrasant les rameaux et les racines.

S. ocimoïdes, S. à feuilles de basilic. Tiges penchées et diffuses ; feuilles oblongues ; fleurs roses. On en tapisse les endroits nus ou pierreux. Même culture.

S. cœspitosa, S. gazonnante, 10 à 15 centimètres ; fleurs nombreuses, rose vif ou blanches, en grappes. Tapis de verdure impénétrable et d'une belle verdure. Rocailles, lieux arides. Même culture.

SILÈNE, *Silène*

La hauteur des silènes varie de 5 à 70 centimètres, suivant les espèces. On en a d'annuels, de bisannuels et de vivaces.

Silènes annuels :

S. vespertina, S. du soir ou biparti; 40 à 50 centimètres; tige rameuse; feuilles radicales, en juin-juillet-août; fleurs roses ou blanches, en grappes, à pétales divisés. On sème en pépinière en juillet-août, et l'on met en place après l'hiver. On peut semer sur place en mars-avril, mais on a des sujets moins vigoureux. Jolies corbeilles, plates-bandes.

S. armeria, S. gobe-mouches; glabre, visqueux; tige de 50 à 60 centimètres; feuilles lancéolées; de juin à août; fleurs roses, blanches ou lilas, en panicules ou en corymbes. Terre meuble et sablonneuse. Même culture.

S. pendula, S. à fruits pendants. Gazonnant, de 20 à 25 centimètres; fleurs roses, en mai-juin; bordures, corbeilles, massifs. Même culture. C'est l'espèce commune, rose ou blanche, qu'on rencontre partout. Très-rustique.

Silènes bisannuels :

S. compacta, S. à fleurs serrées. Tige se tenant bien, de 60 à 70 centimètres; feuilles épaisses et oblongues, en verticilles; fleurs rose pâle en grappes épaisses et fortes. Plates-bandes. On sème, en juin-juillet, en bonne exposition et on repique à demeure au printemps.

Silène vivace :

S. schafta, S. de Schafta, tiges de 15 à 25 centimètres ; fleurs rose vif, de juillet à octobre, en cimes rameuses. Bordures, massifs, rocailles. Très-rustique. Même culture.

VISCARIA, *Viscaria*

V. purpurea, V. à fleurs pourpres ; œillet de Janséniste ; Bourbonnaise. Vivace, indigène ; dans les bois frais et les lieux humides ; 30 à 40 centimètres ; tige visqueuse, d'où est venu le nom de la plante ; feuilles longues en verticilles ; fleurs roses ; mai-juin. Multiplication d'éclats à l'automne ou au printemps. Même usage et même culture que les silènes.

V. Alpina, V. des Alpes ; gazon de 5 à 10 centimètres ; fleurs rouges. Vivace.

V. cœli-rosa, V. rose du ciel, annuel ; 30 à 35 centimètres ; fleurs roses.

LYCHNIS, *Lychnide*

Lychnis Chalcedonica, L. de Chalcédoine, Croix de Malte, Croix de Jérusalem ; tige, 1 mètre ; feuilles longues, velues, dentées ; fleurs en corymbes au bout des rameaux ; vivace. Multiplication d'éclats, printemps ou automne. Tout terrain, un peu frais.

L. coronaria, L. des jardins; vivace. Passe-fleur, Coquelourde. Tige, 30. à 40 centimètres. En mai-juin, fleurs pleines, rouge vif ou blanches. Même culture.

Lychnis du Japon.

L. flos Jovis, Fleur de Jupiter; 20 à 30 centimètres; juin-juillet. Fleurs roses; vivace.

L. flos cuculi, L. à fleur de coucou; 35 centimètres. Vivace: de juin en août, fleurs rose vif.

L. sylvestris, L. sauvage, à fleurs pleines; vivace; mai-juin, fleurs rouges ou blanches. On l'appelle aussi *Compagnon rouge*.

L. dioïca, L. dioïque, Compagnon blanc ; vivace ; 50 centimètres ; mai-juin, fleurs blanches pleines.

Lychnis.

L. fulgens, L. éclatante ; vivace ; 25 à 30 centimètres ; juin-août, fleurs rouges.

L. grandiflora, L. à grandes fleurs ; vivace ; 1 mètre ; juin-juillet, fleurs rouge vif.

L. Alpina, L. des Alpes ; très-joli gazon, de 5 à .8 centimètres ; vivace ; avril-mai, fleurs rouge pourpre.

Toutes ces espèces se multiplient bien de semis. Culture à peu près la même. Leur hauteur en indique l'emploi. Plantes recommandables, dont le goût du jardinier peut tirer grand parti.

SAGINA, *Sagine*

Sagina subulata, S. subulée, c'est-à-dire à feuilles terminées par une pointe aiguë. Indigène; gazon d'un joli vert; fleurs blanches et petites, portées par des tiges filiformes de 6 à 8 centimètres.

ARENARIA, *Sabline*

Arenaria Balearica, A. des Baléares. Vivace ; racines traçantes, d'où s'élèvent des pédoncules de 4 à 5 centimètres, portant une fleur unique chacun. Gazon recherché pour ses feuilles épaisses et luisantes ; fleurs abondantes, blanches, mai-juin. Multiplication d'éclats. Terre sablonneuse. On fait de ce gazon de jolies bordures, qu'on place à mi-ombre et qu'on recouvre pendant les gelées.

FAMILLE DES LINÉES

Plantes herbacées, quelquefois sous-ligneuses, à feuilles alternes ou opposées, sessiles, entières; fleurs régulières à 4 ou 5 sépales, autant de pétales; graine à enveloppe luisante.

LINUM, *Lin*

Avant d'indiquer les espèces admises dans les cultures florales et dans les jardins d'amateurs, nous désirons dire un mot du *L. usitatissimum* (lin commun), qui donne une matière textile si riche à l'industrie, et sa graine mucilagineuse à la médecine. Sa petite fleur bleu céleste étoilée passe rapidement et n'a rien qui puisse attirer l'attention du fleuriste; mais nous croyons que l'herbe d'un vert si joli, au feuillage découpé, fourni, touffu, peut faire des massifs, des corbeilles et des bordures, au moins dans la première période de sa végétation. Elle rachète par sa teinte et par sa délicatesse gracieuse la peine qu'on aura de la remplacer au bout d'un temps relativement court. On peut semer presque à toutes les époques de l'année.

L. grandiflorum, L. à grandes fleurs; touffes de 20 à 25 centimètres; fleurs nombreuses et grandes d'un rouge vif et se succédant pendant toute la belle saison. La seule espèce annuelle. On sème à l'automne sous châssis, ou en place au printemps.

L. perenne, L. vivace, indigène, 50 à 75 centimètres; tiges nombreuses et minces; feuilles alternes et pointues; fleurs bleu céleste, avec onglets jaunes; floraison successive tout l'été. Pleine terre un peu sableuse. Multiplication d'éclats, en automne ou mieux au printemps; semis à l'automne en place qu au printemps.

L. campanulatum, L. à clochettes. Vivace, 15 à 20 centimètres; tige ligneuse par le pied; fleurs grandes, en clochettes, d'un beau jaune d'or, en juillet-août. Précautions à prendre pendant l'hiver. Multiplication de boutures en août.

FAMILLE DES MALVACÉES

Herbes, arbrisseaux et arbres; feuilles alternes stipulées, fleurs régulières, calice d'une pièce, mais portant 5 divisions; 5 pétales, capsule.

MALOPE, *Malope*

Herbe annuelle, à feuilles à trois lobes, à fleurs axillaires, à long pédoncule.

M. trifida, M. à feuilles à trois lobes. Annuelle; 60 à 80 centimètres; grandes fleurs roses avec points rouges à la base.

M. grandiflora, M. à grandes fleurs. Variété de la précédente, fleurs plus roses ou blanches. Corbeilles et plates-bandes. Tout terrain. Arrosements fréquents en été. On sème en mars, et l'on repique lorsque le plant est assez fort.

MALVA, *Mauve*

Plantes herbacées ou ligneuses ; fleurs en grappes.

M. crispa, M. frisée. Annuelle ; tige de 2 mètres, feuilles à 7 lobes gracieusement frisés ; petites fleurs blanches ou roses qui n'ont pas la valeur décorative des feuilles. Toute terre ; on sème au printemps. On doit toujours en avoir chez soi, ne serait-ce que pour fournir à la maîtresse de maison d'élégantes garnitures pour les assiettes de fruits au dessert. Rien ne vaut pour cet usage la mauve frisée.

M. Mauritanica, M. de Mauritanie. Annuelle ; fleurs nombreuses, grandes, blanches, avec des stries de pourpre ou de violet. Semis en place, au printemps.

M. alcea, M. alcée. Vivace, indigène ; 1 mètre ; feuilles palmées ; fleurs développées, roses, axillaires. Multiplication de semis en avril-juillet ou mieux dès que les graines sont mûres. Terrain sec et calcaire, mais pas trop de soleil. Plates-bandes et massifs.

M. moschata, M. musquée. Vivace, indigène ; dans les terrains secs et pierreux ; moins haute que la précédente, fleurs roses ou blanches, disposées de la même façon, odeur de musc. Juin-août. Même culture.

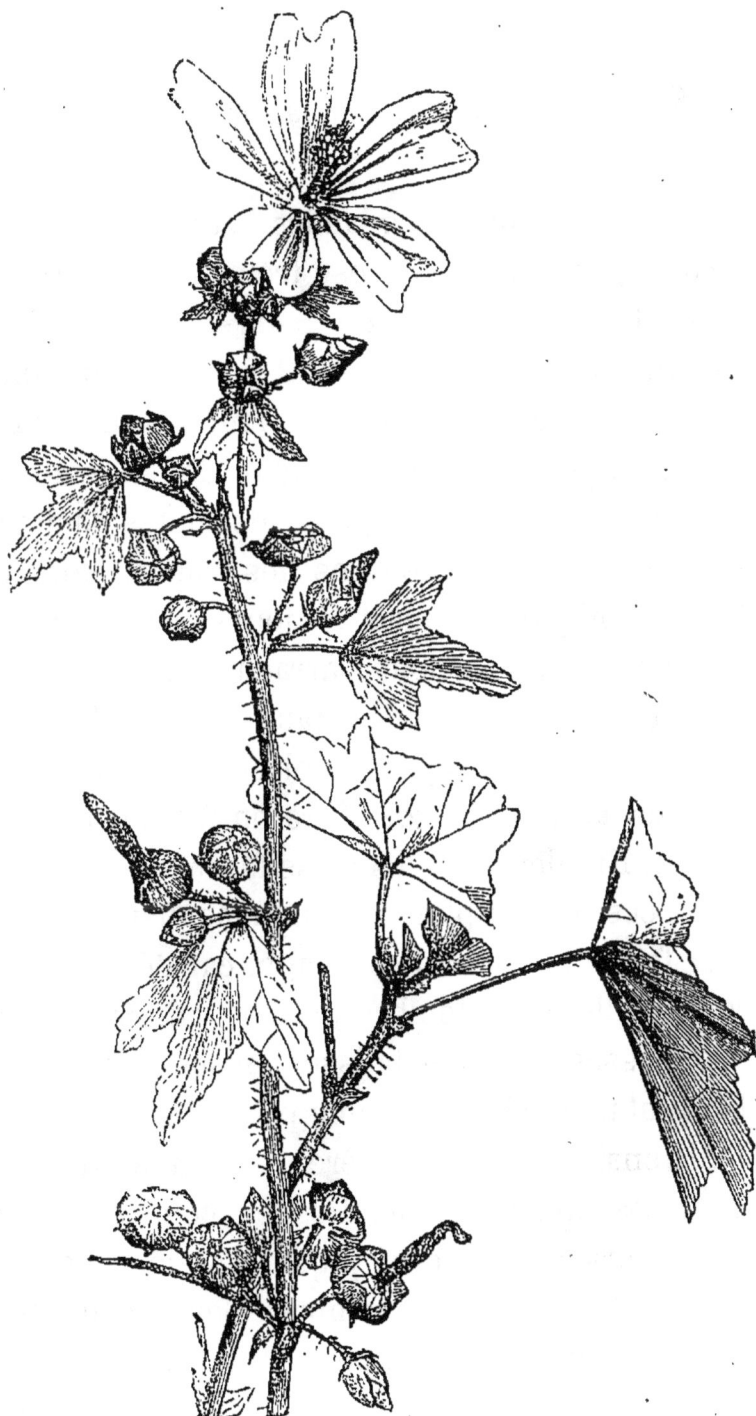

La Mauve

ALTHÆA, *Guimauve*

Plantes très-velues, à grandes fleurs.

A. rosea, Rose à bâton, Rose trémière, Passe-rose, Bâton de Jacob, Bourdon de Saint-Jacques. Bisannuelle, quelquefois vivace, de 2 à 3 mètres, velue, hérissée; tige forte et dressée; feuilles en cœur et grandes; dans le tiers supérieur de sa hauteur, fleurs très-grandes, en grappes, de toutes couleurs, excepté le bleu, comme dans les roses, simples, doubles, demi-pleines, mais toujours fertiles. Semer en pépinière de juin à août; arracher le plant quand il est assez fort, le mettre en jauge de 15 à 25 jours suivant les uns, le repiquer en place immédiatement, suivant les autres. Le greffage en fente est encore plus usité. Emploi dans les massifs, mais on se sert mieux de ces hautes plantes pour masquer des murs ou pour faire des fonds de paysage, car l'éclat de ses fleurs de juillet à septembre tranche admirablement sur des masses vertes et buissonneuses ou en futaie, qui limitent une pelouse ou une propriété.

A. Sinensis, Rose trémière de Chine, un peu moins haute, annuelle; feuilles en cœur et lisses; grandes fleurs rose tendre, piquetées de rouge à la base des pétales, juin-septembre. Semis d'automne ou de printemps, même emploi. Cette espèce moins élevée peut entrer dans la décoration des plates-bandes.

LAVATERA, *Lavatère*

L. trimestris, Mauve fleurie. Indigène, annuelle, tige dressée de 1 mètre; feuilles arrondies ou en cœur; fleurs en juillet-septembre, grandes, roses ou blanches avec taches de pourpre. Même culture et même emploi que l'*Althæa Sinensis*.

L. olbia, L. d'Hyères. Arbrisseau vivace de 1 m. 50; feuilles persistantes, découpées et blanchâtres; fleurs roses, abondantes, en juin-août. Exige la serre l'hiver, à moins qu'on ne la traite comme plante annuelle.

HIBISCUS, *Ketmie*

Il y a des espèces herbacées et des espèces ligneuses. Les espèces de serre sont encore plus nombreuses, car les Ketmies sont assez belles pour avoir attiré sur elles l'attention des fleuristes et des amateurs. Nous ne parlerons que des espèces de plein air.

H. palustris, K. des marais. Herbe vivace, tige de 1 mètre à 1 m. 40, rudes, blanches en dessous; fleurs en septembre-octobre, grandes, blanches ou rosées. Multiplication d'éclats au printemps ou à l'automne, ou de semis fait dès la maturité des graines. Les touffes de Ketmie, dociles comme un pommier, prennent la forme qu'on veut leur donner.

H. roseus, Ketmie rose. Herbe des bords de l'eau,

vivace; tige de 1 m. 50 à 2 mètres; feuilles en cœur; grandes fleurs roses tachetées de rouge à la base, septembre-octobre. Même culture.

H. mosquitos, K. mosquitos. Herbe vivace; tige de 80 à 1 m. 20; feuilles dentées, blanches en dessous. Mêmes fleurs et même culture.

H. Syriacus, Althœa ou Mauve en arbre. Arbrisseau de 2 mètres à 2 m. 50; feuilles dentées; fleurs rouges, solitaires, septembre-octobre. Ces fleurs ont une grande analogie avec celles de la Rose trémière. On a des variétés jaunes, blanches, violettes. Multiplication de semis, de boutures, de marcottes et de greffes sur les racines.

FAMILLE DES TILIACÉES

Nous nous bornerons à mentionner ici le tilleul qui entre si bien comme élément décoratif dans les quinconces ou les allées des grandes propriétés. Rustique, poussant rapidement dans tout terrain, sauf dans les sols trop secs, supportant la taille et les mutilations; riche d'une floraison abondante et parfumée, il fait partie de ce qu'on pourrait appeler les grands décors.

Le *Tilia argentea*, Tilleul argenté, doit être isolé, pour qu'on puisse jouir de son beau feuillage d'argent et de sa tenue majestueuse.

On remarquera, en passant, que les fleurs du tilleul naissent sur une longue bractée sèche et membraneuse.

—————

FAMILLE DES TERNSTRŒMIACÉES

Le roi de cette famille à laquelle appartient le *thé*, est sans contredit le

CAMÉLIA OU CAMELLIA

Objet aujourd'hui d'un commerce considérable, et culture exclusive d'un grand nombre de maisons spéciales, le Camellia possède un nombre considérable de variétés, qui s'augmente tous les jours.

Le jésuite Kamel, né à Brünn, en Moravie, Autriche, vers la fin du XVIIe siècle, avait, en entrant dans la fameuse compagnie, pris le nom de Camelli. Vers 1730, il fut envoyé dans les missions des Philippines, et s'y occupa moins de convertir les âmes que d'étudier les plantes. Il se trouva là, dans la Malaisie, à la rive de la mer de Chine, à trois cents lieues à l'ouest de notre Saïgon, à plus de quatre cents lieues au sud du Japon. Mais la flore des îles Philippines est un peu celle des îles de la mer Bleue, et il est probable que la plante qui nous occupe arriva parmi celles que le père expédia en Europe. Toujours est-il que Linné, soit qu'il l'ait trouvée dans la collection du jésuite, soit qu'il voulût honorer le savant botaniste de la Compagnie de Jésus, donna le nom du père Camelli à ce beau végétal. On trouve les deux ortographes dans les différentes éditions de Linné, mais nous pensons qu'on doit écrire *camellia*, au lieu de *camélia,* en conformité du nom italien Camelli.

On nous pardonnera cette digression.

Camellia Japonica, Camellia du Japon. Arbrisseau qui devient un arbre de 6 ou 7 mètres dans le midi de l'Europe, ou dans la pleine terre d'un jardin d'hiver. Au Japon, cet arbre atteint une hauteur de 10 à 12 mètres en belle pyramide, rameaux lisses et bruns ou gris, feuilles ovales allongées, espacées, dentées, luisantes, d'un beau vert foncé en dessus et d'un vert plus pâle en dessous; fleurs simples, solitaires, larges de 5 à 8 cent., d'un rouge éclatant; de nombreuses étamines formant verticille au centre de la corolle, et portant des anthères d'un jaune brillant. Cette plante, qui, en changeant de latitudes, n'a pas changé la date de sa floraison, donne ses fleurs chez nous en hiver. Elle est le type primitif des 700 variétés qui existent aujourd'hui dans les collections. Le *C. reticulata,* de la Chine, n'en est qu'un dérivé.

On conviendra qu'il serait hors de propos de donner ici la nomenclature des variétés sorties du *C. Japonica;* mais nous tenons à prévenir nos lecteurs qu'il ne faut pas s'entêter à conserver les Camellias dans les appartements. Ils y font un gracieux effet un jour de fête; ils seront encore passables le lendemain, mais c'est tout : le charmant arbuste doit fatalement périr, quelque soin qu'on lui donne.

La plupart des livres spéciaux destinés aux simples amateurs ne disent rien du Camellia. Nous voulons faire autrement ici, car aujourd'hui les serres deviennent communes dans les jardins bourgeois et nous croyons devoir mettre tout le monde en mesure de cultiver le précieux arbuste. Voici donc les notions de cette culture empruntées aux catalogues des meilleures maisons et que, personnellement, nous devons à l'obligeance d'un habile spécialiste, notre voisin de campagne à Montreuil-aux-Pêches.

La culture en pots ou en caisses donne des sujets moins vigoureux que ceux de pleine terre dans le jardin couvert.

Comme il arrive toujours, la plante gênée y fleurit plus vite, mais y donne moins que dans le second cas.

Le rempotage doit être renouvelé tous les ans.

La serre peut être placée à toutes les expositions, pourvu que le soleil y arrive et que la lumière y soit abondante.

Les rayons solaires, ou du moins la chaleur qui en provient est nécessaire à la parfaite végétation de la plante qui s'allonge et devient grêle à l'ombre. Sans l'action du soleil on a peu de fleurs.

Tous les ans, la terre des pots et des caisses, ainsi que celle qui forme la surface du jardin d'hiver, veut être remplacée par de la terre neuve.

La toiture vitrée de la serre doit disparaître en été

pour faire place à des claies légères qui tamisent les rayons du soleil et en modèrent l'ardeur.

Le fond des caisses et des pots doit être garni de tessons de pots ou de morceaux de tuiles qui permettront toujours à l'eau de s'écouler.

Le rempotage n'a pas d'époque déterminée. On le fait avec plus d'avantage au commencement de juillet.

Le Camellia demande la terre de bruyère, surtout celle qu'on lève à la surface des dépôts qui la fournissent. On y mêle du sable pur pour les pots et les caisses. Le sol du jardin d'hiver ou des massifs sous serre doit être artificiellement conditionné sur une profondeur de 0 m. 50 cent. Au fond, 10 centimètres de résidus de terre de bruyère, le chevelu compris ; sur cette couche, 8 à 10 centimètres de sable fin ; sur le tout, 30 à 35 centimètres de terre de bruyère concassée, telle qu'on l'a prise à la surface des dépôts, dans les bois.

Les arrosages exigent de l'eau de pluie ou de rivière. On peut corriger l'eau trop crue des puits en y délayant du crottin de cheval ou de la bouse de vache. Dans tous les cas, l'eau devra se trouver à la température de la serre, autrement, on court risque de faire tomber les boutons. Arrosez souvent, s'il en est besoin, mais modérément chaque fois. En outre, il est nécessaire de bassiner ou seringuer les sujets en pleine végétation pour en écarter les insectes et provoquer la naissance des yeux floraux.

On commence l'arrosage et le bassinage aux premiers beaux jours de février pour les augmenter progressivement jusqu'en juillet. A partir de cette époque, on diminue de jour en jour pour laisser aux yeux le temps de se former. En hiver, très-peu d'eau généralement. En d'autres temps, tout le sol de la serre et autour des pots doit être humide. La serre en hiver n'a besoin que de 3 ou 4 degrés centigrades au-dessus de zéro. Pour maintenir cette température, on chauffe la serre ou bien on la couvre de feuilles depuis décembre jusqu'en mars. Cela prouve que le Camellia n'est pas excessivement frileux.

On opère la multiplication des Camellias par le marcottage des jeunes pousses venues d'une vieille tige coupée au ras du sol, — par le bouturage, — par le greffage des sujets simples, — par le semis des graines obtenues du *C. Japonica*.

Le Camellia se prête à la taille aussi bien que nos arbres fruitiers, et beaucoup d'amateurs en font de belles pyramides, à l'instar du poirier. Pincer, c'est tailler d'une autre manière, ce qui veut dire que le Camellia supporte bien le pincement.

Terminons en disant qu'on a des variétés fleurs doubles blanches, rouges, roses et panachées.

FAMILLE DES HESPÉRIDÉES OU AURANTIACÉES

L'oranger est surtout un arbre de rapport; nous

n'avons ici à le considérer que sous le point de vue ornemental.

CITRUS, *Citronnier, Oranger*

C. aurentium, Oranger. Ce bel arbuste est de

L'Oranger.

pleine terre sur tous les bords de la Méditerranée et à 200 mètres d'altitude. Sous le climat de Paris il ne vient qu'en caisses, parce qu'à l'hiver il doit être rentré dans les serres qui ont pris le nom d'*orangeries*. Il faut composer le terrain des trois-quarts de terre franche et substantielle et d'un quart d'humus végétal ou terreau de feuilles. On ne doit enterrer l'oranger que juste à la naissance des racines. En serre, il veut être en pleine lumière, aéré convenablement et chauffé. On le bassine fréquemment pour aider à l'éclosion des boutons et des bourgeons et on ne le fume qu'avec des engrais liquides. On le multiplie de bouture ou en le greffant sur citronnier.

C. **bigaradia**, Bigaradier. Variété qui donne les oranges amères et dont on distille les fleurs pour obtenir l'*eau de fleurs d'oranger*. L'écorce sert à la préparation du curaçao. Le Bigaradier possède une longévité remarquable; on voit encore aujourd'hui dans l'orangerie du palais de Versailles le premier individu qui y date de plus de quatre siècles et demi. Comme plante d'ornement, c'est le Bigaradier qu'on choisit presque exclusivement.

C. **Medica**, Citronnier (Médie). Le citron a donné lieu au proverbe : *entre le ziste et le zeste*. Le zeste est l'écorce extérieure, d'un arome pénétrant; le ziste est la seconde enveloppe, blanche et charnue, d'où l'on retire l'acide citrique.

C. **limonium**, Limonier, *Citrus amara*, Citron aux fruits amers, citrons du commerce qu'on devrait appeler *Limons,* d'où le nom professionnel de limonadier.

FAMILLE DES HYPÉRICINÉES

Herbes ou plantes ligneuses.

HYPERICUM, *Millepertuis*

Le nom français de cette plante vient d'une multitude de petits points translucides existant sur les feuilles (mille trous ou pertuis). Ces points transparents sont des utricules remplies d'une huile essentielle employée en pharmacie.

H. perforatum, espèce dont les feuilles sont le mieux ponctuées, herbe indigène et rustique.

H. calycinum, M. à grand calice. Herbe vivace, racines traçantes ; tiges couchées ; feuilles persistantes ; fleurs solitaires d'un beau jaune, en juin-septembre. Multiplication d'éclats au printemps ou à l'automne. Talus, monticules, ruines, rustiques.

H. elatum, M. élevé. Arbrisseau de 1 m. 50 cent., à tiges droites ; fleurs jaunes en panicules, très-odorantes.

H. hircinum, M. à odeur de bouc. Arbrisseau de 75 centimètres à 1 mètre, jaune.

H. prolificum, M. prolifique, 75 centimètres, jaune.

Et quelques autres espèces ou variétés. Ces arbrisseaux se tenant bien, à rameaux ailés, en fleurs

Le Millepertuis.

pendant quatre mois, forment de beaux massifs et décorent bien les plates-bandes.

FAMILLE DES ACÉRINÉES

Cette famille, dont l'Érable (*Acer*) est le chef, comprend des arbres dont on fait de belles avenues ou des plantations dans les villes. C'est à ce titre que nous les mentionnons.

ACER, *Érable*

Arbres à bois très-dur et léger, à feuilles simples et à fleurs complètes.

A. campestre, notre Érable indigène, 10 à 12 mètres.

A. pseudo-platanus, Sycomore, faux-Platane, différent du Sycomore des anciens qui était un figuier (*Ficus sycomorus*).

A. saccharinum, Érable à sucre (Canada). En perforant le tronc au printemps, on obtient une séve abondante dont on fait du sucre, de l'alcool ou du vinaigre. Un pied peut en donner 30 kilogrammes en 24 heures, ce qui procure 2 kilogrammes de sucre brut.

NEGUNDO, *Negundo*

Diffère de l'Érable en ce qu'il a des feuilles composées, pennées, et par des fleurs en grappes et incomplètes. Arbre de 12 à 15 mètres.

———

FAMILLE DES HIPPOCASTANÉES

Grands et beaux arbres d'ornement.

ŒSCULUS, *Marronnier d'Inde*

Nous déconseillons absolument d'employer pour les plantations à l'intérieur des villes l'espèce commune *Œsculus hippocastanum* (châtaigne de cheval), à cause des nombreux inconvénients qu'il présente. Ses fruits abondants fournissent aux enfants, petits et grands, des projectiles qui tentent toutes les mains et avec lesquels on casse les vitres. Nous avons vu maintes fois des municipalités, lasses de sévir, faire abattre les fruits avant la maturité.

Nous recommandons de substituer à cette espèce fructifère sa variété double, *Flore pleno*, qui ne fructifie pas et qui a cet autre avantage, de rester en fleurs plus longtemps, ou la variété voisine, *Flore rubro pleno*, à fleurs doubles et rouges.

Les marronniers sont des arbres rustiques.

———

FAMILLE DES AMPÉLIDÉES

Arbrisseaux ordinairement grimpants, sarmenteux, fleurs en grappes. Type : la vigne que les grecs appelaient *ampelos*.

VITIS, *Vigne*

Arbrisseaux sarmenteux, grimpants, à feuilles simples et découpées plus ou moins. Toutes les espèces, depuis la *V. vinifera* jusqu'aux dernières variétés de l'*Ampelopsis*, sont employées à la confection des tonnelles, des berceaux, à l'ornement des kiosques, des constructions rustiques, etc.

FAMILLE DES GÉRANIACÉES

Plantes herbacées et sous-arbrisseaux à tiges nerveuses, à feuilles stipulées, fleurs portant 5 sépales et 5 pétales.

GERANIUM, *Géranium*

Les fleurs de cette plante herbacée sont régulières et portent 10 étamines ayant chacune leur anthère. Tous les géraniums sont vivaces, mais dans les jardins ordinaires, dépourvus de serre, il n'est guère possible de garder ces plantes en pleine terre où elles gèlent l'hiver ; on a donc l'habitude de les bouturer en pots à l'automne et de pouvoir ainsi abriter ces jeunes sujets pendant les froids rigoureux. Quelques personnes ayant une cave bien saine ou un sous-sol, ont imaginé d'y placer les vieux pieds sur une corde, la racine en l'air. Pourvu qu'on ait de la lumière et une atmosphère tempérée, ces plantes ainsi suspendues gardent leur force végétative et reprennent bien au printemps dans les plates-bandes. En tout cas, mieux vaut une serre et pour les boutures et pour les vieux plants. Les boutures ont une vivacité de reprise comparable à celle du chiendent.

En Angleterre, on s'étudie à donner aux Géraniums en pots ou en caisses une forme buissonneuse d'une splendeur que l'on comprendra, si nous disons que ces buissons, lentement et péniblement construits au moyen de tailles annuelles successives, atteignent quelquefois un diamètre de 1 m. 80 cent. Dans les jardins d'agrément, chez nous, on décore les plates-bandes, ou l'on fait des corbeilles et des massifs avec les Géraniums.

Cette plante aime les terrains frais et demande en été des arrosements copieux.

G. pratense, G. des prés; indigène, vivace; touffe de 50 à 75 centimètres; tout l'été fleurs blanches, violettes, bleues, panachées, simples ou doubles.

G. sylvaticum, G. des bois ; vivace, indigène ; en mai-juin ; fleurs violet rouge.

G. palustre, G. des marais ; indigène, vivace ; grandes fleurs rouges.

G. striatum, G. strié ou cannelé, Italie ; vivace ; 40 à 50 centimètres ; feuilles maculées de brun à la base, à 3-5 lobes dentés ; en mai-juin, fleurs blanches avec cannelures pourpres.

G. sanguineum, G. sanguin ; indigène, vivace, tige dressée, rougeâtre, feuilles à 5 lobes à 3 découpures peu profondes ; mars-avril, fleurs abondantes rouge violacé.

G. macrorhysum, G. à grosses racines ; vivace ; racine charnue, tige sous-ligneuse divisée au sommet ; feuilles à 5 ou 7 lobes ; hauteur 50 à 60 centimètres ; mai-juin ; fleurs rose pourpre.

G. Ibericum, G. à grandes fleurs ; 60 à 70 centimètres ; vivace ; fleurs grandes, nombreuses, passant du violet au bleu d'azur ; en juin-juillet.

G. Endressii, G. d'Endress ; vivace ; fleurs grandes et roses pendant tout l'été.

ERODIUM, *Erodium*

Plantes herbacées, à fleurs régulières portant 10 étamines comme les géraniums, mais dont 5 seulement ont des anthères.

E. Alpinum, E. des Alpes ; vivace ; racine tubéreuse ; tige herbacée très-courte ; feuilles à nervation bipennée ; fleurs violettes, veinées de rouge, en ombelles. Tout terrain. Multiplication surtout de semis ou d'éclats.

Les autres *Erodiums* sont rouges ou roses. Tous se cultivent comme les Géraniums des espèces similaires, et quoique moins hauts, s'emploient aux mêmes usages. Ils ornent surtout très-bien les rocailles. Multiplication surtout de semis. Plus rustiques que le Géranium.

PELARGONIUM, *Pélargonium*

Nom qui vient de la ressemblance du fruit avec le bec d'une cicogne, en grec *pélargos*. Sous-arbrisseaux, rarement plantes herbacées ; fleurs presque toujours irrégulières, à 10 étamines dont 7 seulement portent des anthères.

Le Pélargonium a pris, depuis un certain temps, une importance considérable et nous devons traiter le sujet en conséquence.

Le genre Pélargonium a été détaché du genre Géranium auquel il ressemble beaucoup. La graine de ce dernier a quelque vague ressemblance avec un bec de grue (γέρανος, *grue*). La fleur du Géranium est régulière, celle du Pélargonium est irrégulière, à pétales inégaux, et porte une sorte d'éperon tubulé soudé au pédicelle de la fleur. De plus, le Géranium est généralement herbacé, tandis que le Pélargonium est une plante demi-ligneuse.

En thèse générale, le Pélargonium est plus frileux que le Géranium ; il exige le séjour d'une serre en hiver avec une température de 5 à 12°; pendant ce temps, il faut l'arroser avec précaution, le nettoyer, le débarrasser de ses feuilles jaunies, lui donner de l'air, quand c'est possible, et surtout du soleil. Dans ces conditions, il commence à fleurir dès la mi-avril. La floraison dure environ deux mois, et c'est dans cette période que le Pélargonium se montre dans toute la splendeur et la variété de son coloris, avec la panachure des feuilles et aussi avec le parfum de ses fleurs. La feuille elle-même, dans certaines espèces, est odorante.

Mais c'est dans cette période surtout que le Pélargonium demande des soins. Il craint les ardeurs du soleil, le hâle, le vent, les courants d'air et l'on ne saurait l'entourer de trop de précautions.

Quand les fleurs tombent, mi-juin ou fin juin, on doit sortir les Pélargoniums, et enterrer les pots un peu à l'ombre. Dans cette nouvelle situation, les tiges durcissent et s'aoûtent, et si, comme dans le Géranium, on a pris la précaution de couper les fleurs à mesure de la floraison dans la serre, de nouvelles fleurs remontent et se succèdent à l'air libre jusqu'à la fin de la saison. Du 15 au 30 septembre, suivant l'état de la température, on remet les pots en serre. Quelquefois même on peut retarder jusqu'en octobre.

Durée. — Les Pélargoniums sont vivaces et peuvent durer longtemps ; mais l'usage est de ne les conserver que trois ou quatre ans. Passé ce délai, la plante vieillit, fleurit moins et n'a plus ni le même éclat, ni la même vivacité de végétation. Les déménagements successifs, la taille, les rempotages, le luxe forcé de ses fleurs amènent bien vite une sorte de décrépitude.

Rempotage. — Le rempotage se fait au sortir de la serre ou mieux en août. Il a pour objet de permettre le changement des pots trop petits et de la terre de l'année qu'on remplace par de la bonne terre franche et légère, mêlée de terreau consommé.

Taille. — On taille à la même époque. L'opération consiste à supprimer les branches grêles ou mal placées et à rabattre les autres à 2 ou 3 centimètres. Ces dernières qu'on réduit ainsi à l'état d'onglets restent au nombre de 5, 8, 10, 12, suivant l'âge de la plante et lui font une belle sommité fleurie pour la saison suivante. Ne pas oublier que le rempotage et la taille doivent être faits avec une grande délicatesse de main, par cette raison que la plante est en sève toute l'année.

Multiplication. — Les semis réussissent assez mal et ne sont tentés que par les chercheurs de variétés nouvelles. Au reste, beaucoup de variétés cultivées ne donnent pas de graine. On a donc recours au bouturage, aussi facile que dans le Géranium. On peut bouturer en tout temps en prenant les précautions voulues. L'époque qui en exige le moins et qui assure mieux le succès est la période de juillet à septembre. Il faut environ quatre semaines pour une bonne reprise, et les boutures faites à l'air libre ou sous châssis sont empotées et placées au rang des plantes faites.

P. zonale, P. zonal. Arbuste de 1 mètre à 1 mètre 50 centimètres, assez rustique ; remarquable par la bande circulaire ou *zone* de couleur brune, suivant le contour de la feuille arrondie et en cœur. La zone brune n'existe qu'à la face supérieure de la feuille ; fleurs en ombelles, rouges, roses ou blanches.

P. inquinans, P. tachant ; à feuilles zonales ou non zonales, tachant les mains et le linge quand on les froisse ; fleur écarlate. Grandes corbeilles.

P. grandiflorum, P. à grandes fleurs, P. des fleuristes ; arbuste de 50 à 60 centimètres ; fleurs blanches, rouge pourpre, roses, unicolores ou maculées.

P. peltatum, à feuilles de lierre ; fleurs rosées en ombelles. C'est le Pélargonium des appartements, la plante des corbeilles suspendues et des girandoles si gracieuses.

P. capitalum, Géranium rosat ; feuilles à odeur de rose ; fleurs en ombelles, d'un rouge vif.

P. odoratissimum, P. odorant ; fleurs blanches ou rose pâle, en petites ombelles.

P. triste, P. triste ; fleurs jaune pâle, tachées de brun et odorantes, surtout le soir.

Les dernières conquêtes, en fait de Pélargoniums, sont des variétés à feuilles zonales et à fleurs doubles. On comprend que les zones comptent pour beaucoup dans le mérite d'une variété, car elles donnent à la plante, indépendamment de la fleur plus ou moins double, une distinction toute particulière, en même temps qu'une grande valeur décorative.

Un grand nombre des variétés du *P. grandiflorum* sont remontantes. Celle du *P. inquinans* se cultivent maintenant comme des plantes de pleine terre.

Terminons en disant que les variétés des Pélargoniums sont aussi nombreuses aujourd'hui que celles des œillets, et que nous ne pouvons mieux faire que de renvoyer nos lecteurs aux catalogues sans fin des maisons marchandes.

FAMILLE DES TROPÉOLÉES

Nous ne mentionnerons de cette famille d'herbes ordinairement grimpantes que :

TROPÆOLUM, *Capucine*

T. majus, grande Capucine.

T. minus, petite Capucine ; deux espèces semblables, ne différant que par la dimension des organes. Ce sont les capucines vulgaires qui agrémentent nos salades, et dont les graines, à l'état vert, sont confites dans le vinaigre. Herbe annuelle. Tige grimpante plus ou moins ; feuilles en bouclier ; fleurs éperonnées, jaune orangé, avec cannelures de carmin. On a des variétés jaunes, rouges, carmin foncé et panachées. Semer sur place en avril-mai.

Les espèces de serre sont nombreuses et servent, comme les autres, à la décoration des treillages.

FAMILLE DES BALSAMINÉES

Les Balsaminées ont les fleurs solitaires sur des pédoncules axillaires le long de la tige principale et des rameaux. Le fruit s'ouvre de lui-même en cinq valves, qui s'enroulent avec vivacité, comme si elles étaient mues par un ressort. De là le nom d'*impatiens*, *impatiente*, donné à la balsamine.

Les balsamines se reproduisent d'elles-mêmes. Autrement on les sème au printemps sur place, mais on a des individus moins vigoureux que dans le premier cas, ce qui peut se dire d'un grand nombre de plantes. Les praticiens ont remarqué que la graine de deux ans a la propriété inexpliquée de ne donner que des sujets doubles.

B. noli me tangere, B. ne me touchez pas. Indigène, annuelle; 60 à 75 centimètres; fleurs jaune pâle ponctuées de rouge, juillet-août.

B. impatiens, B. des jardiniers; 50 à 60 centimètres; c'est cette espèce dont le type, paraît-il, était rouge, qui a donné des variétés de toutes les nuances. Les semis naturels se chargent de les donner encore et partout. Indigène et annuelle.

B. glanduligera, B. glanduligère. Étrangère et annuelle; 1 m. 50 cent. à 2 mètres. Glandes au pétioles des feuilles. Juillet-septembre.

On cite une dizaine d'espèces de serre, annuelles ou vivaces.

FAMILLE DES LIMNANTHÉES

Herbes annuelles qu'on rencontre dans les marécages et les lieux humides.

LIMNANTHES, *Limnanthe*

L. Douglasii, L. de Douglas; 15 à 20 centimètres; tiges couchées; feuilles en lanières; fleurs de 2 à 3 centimètres, frangées, blanches, veinées de gris, jaunes à la base.

L. alba, L. blanc. Annuel; fleurs blanches à reflets roses; mai-septembre. Multiplication de semis pour les deux espèces. Semer à l'automne ou au printemps. Semis spontané et les graines lèvent avant l'hiver.

Bordures, corbeilles, lieux rocailleux.

FAMILLE DES OXALIDÉES

Herbes à rhizomes tuberculeux, à feuilles de trèfle.

OXALIS, *Oxalide*

O. crenata, O. crénelée; peut remplacer l'oseille et est comestible. En été, fleurs jaunes en ombelles.

Culture de la pomme de terre. Les tubercules se mangent cuits.

O. corniculata. Indigène; vivace; feuilles à 3 folioles rouges; mai-août; fleurs jaunes en ombelles. Multiplication de semis au printemps ou d'éclats à la même époque.

O. tetraphylla, O. à 4 folioles. Vivace; feuilles radicales; pédoncules radicaux; fleurs violettes en juin-août. Culture de la pomme de terre.

O. Deppei, O. de Deppe. Vivace; fleurs rouges. Même culture.

O. rosea, O. rose. Annuelle; tige de 15 à 20 centimètres; mai-août; fleurs petites, rose rouge, et ne s'ouvrant que sous l'action directe du soleil. Multiplication de semis en août-septembre; mettre en pots les jeunes plants qui craignent le froid.

Cette espèce est un peu haute pour qu'on en fasse des bordures, mais elle orne bien les plates-bandes. Les quatre espèces vivaces sont des plantes de bordure par excellence, et l'on en peut orner aussi les rocailles, les plates-bandes et en former de jolies corbeilles.

Mentionnons une demi-douzaine d'espèces de serre.

FAMILLE DES ZYGOPHYLLÉES

N'empruntons à cette famille que le

MÉLIANTHUS, *Mélianthe*

M. major et M. minor, M. grand et M. petit, différant seulement par les dimensions. Le premier est la *Pimprenelle d'Afrique* ou la *Fleur de miel.* Arbrisseau de 1 m. 50 cent. à 2 mètres; grandes feuilles persistantes à 5 paires de folioles, sans pétiole, ovales et vert blanchâtre; petites fleurs en grappes, rouge brun.

Le *M. minor* a les fleurs jaune rouge. Multiplication de boutures ou de drageons. Sous le climat de Paris, il faut à cette plante l'exposition du figuier et les mêmes précautions pour l'hiver.

FAMILLE DES DIOSMÉES

Cette famille est nombreuse, mais nous nous bornerons à citer le

DICTAMUS, *Fraxinelle*

D. fraxinella, Fraxinelle, indigène. Herbe vivace; tige rigide, de 75 centimètres; feuilles semblables à celles du frêne; en juin-juillet grandes fleurs blanches en pyramide. Plates-bandes. Terrain léger, meuble, un peu frais. Multiplication d'éclats au printemps ou à l'automne, ou de semis à la maturité des graines ; repiquer en pépinière pour y laisser les jeunes plants trois ou quatre ans, puisqu'il faut au moins ce délai pour que les premières fleurs arrivent.

La Fraxinelle dégage une huile essentielle, le soir surtout et dans les jours secs et chauds. Si alors on approche une bougie de la plante, l'air s'enflamme autour de la Fraxinelle, tant est dense la vapeur résineuse qui s'en dégage.

FAMILLE DES ZANTHOXYLÉES

A cette famille appartient un arbre bien recherché aujourd'hui pour la plantation des voies publiques :

AILANTHUS, *Ailante*

L'*Ailanthus glandulosa* n'est autre que le *Vernis du Japon,* grand arbre ornemental qui porte sur un tronc très-droit une cyme splendidement étalée. Ses grandes feuilles composées comptent de 15 à 31 folioles en cœur; mai-juin, fleurs blanches d'une odeur peu agréable. L'arbre à 20 mètres. Multiplication facile de rejetons et de racines déchiquetées.

FAMILLE DES CÉLASTRINÉES

Arbrisseaux et petits arbres à feuilles simples.

EVONYMUS, *Fusain*

E. Europæus, Fusain d'Europe, Bonnet d'évêque, Bois à lardoire, Bois carré. Arbrisseau de 3 mètres et plus, indigène, dans les bois et dans les haies ; feuilles ovales allongées, en mai-juin ; fleurs blanc-verdâtre ; fruit rouge en bonnet d'évêque, à 4 ou 5 côtes. Le bois du fusain, très-léger, sert à faire des aiguilles à tricoter et des fuseaux. Brûlé, il fournit le charbon ou fusain des dessinateurs, et le charbon qui entre comme élément dans la poudre de guerre.

L'espèce est à feuilles caduques, comme un certain nombre d'autres ; mais il en est à feuilles persistantes.

Le fusain se multiplie de semis sitôt après la maturité des graines ; de rejetons ou de marcottes. Tout terrain.

FAMILLE DES ILICINÉES

ILEX, *Houx*

I. aquifolium, Houx commun, pouvant atteindre 10 mètres sur les bords de la mer ; feuilles persistantes, coriaces, à denture épineuse. Les baies rouges passent l'hiver à l'arbre.

Les espèces d'Ilex sont nombreuses. Ornement des parcs et des jardins. L'hiver, au milieu des végétaux à feuilles caduques et sur la rive des taillis dépouillés, il produit un bel effet. Multiplication de semis. Transplantation à l'automne.

Le Némopanthes est un Ilex du Canada, arbuste d'un mètre à feuilles en bouquets, entières, bordées d'épines fines et sans résistance. Baies écarlates à l'extrémité de très-longs pédoncules. Terre de bruyère. N'a pas, à beaucoup près, la rusticité de l'*Ilex europæus*.

FAMILLE DES RHAMNÉES

Arbres, arbrisseaux et herbes.

ZIZYPHUS, *Jujubier*

Arbrisseau buissonneux ; bois lisse et flexible ; fruit avec drupe charnue d'où l'on retire la pâte de jujube. La plante vient bien dans le midi de la France, au nord difficilement.

PALIURUS, *Argalou*

Diffère du jujubier par son fruit qui est ailé, rond et sec. On en fait des haies dans les lieux arides. Multiplication de semis et de rejetons.

RHAMNUS, *Nerprun*

Quelques espèces sont à feuilles persistantes; d'autres à feuilles caduques.

R. alaternus, N. alaterne; arbrisseau de 4 à 5 mètres; feuilles persistantes, ovales, avec denture; avril-juin; fleurs verdâtres ayant une vague odeur de miel. Multiplication de semis, de marcottes et de boutures.

R. frangula, N. bourdaine; Bourdaine; Bourgène; Aulne noire. Même fleur et même culture. On emploie le charbon de son bois dans la fabrication de la poudre.

R. catharticus, N. purgatif; il se dégage de cet arbrisseau une odeur nauséabonde. La médecine emploie le sirop de nerprun fait avec ses fruits. Mêmes fleurs et même culture. Le nerprun purgatif est à feuilles caduques et à rameaux épineux. Le nerprun bourdaine est aussi à feuilles caduques, mais à rameaux non épineux.

CEANOTHUS, *Céanothe*

Arbrisseau d'Amérique, 1 mètre à 1 m. 40; buisson; feuilles pointues; très-jolies fleurs blanches en grappes, de juillet à octobre. Terre franche très-légère, mêlée d'une forte partie de terre de bruyère. Multiplication de semis, de marcottes en avril ou de bouture en mars-avril. Par précaution, mettre en serre les jeunes plants un hiver ou deux.

Les différentes espèces à feuillage vert et très-épais ornent bien les pelouses. Exposition nord.

FAMILLE DES TÉRÉBINTHACÉES

Arbres et arbrisseaux à feuilles unisexuées.

PISTACIA, *Pistachier*.

Les diverses espèces sont des arbres ou des arbrisseaux dioïques, c'est-à-dire à fleurs dioïques. La fleur mâle est un chaton, les femelles sont solitaires avec un tout petit calice.

P. vera, Pistachier commun. Il donne la pistache.

P. terebenthus, P. térébinthe. Le tronc donne par incision de la résine qui est la véritable térébenthine.

RHUS, *Sumac*.

Arbustes d'ornement, mais presque toutes les espèces sont vénéneuses.

R. vernicifera, Sumac vernis. C'est cet arbre et non l'*ailante* qui donne au Japon et au Népaul le vernis du Japon.

C. suaveolens, S. odorant. Buisson de 1 mètre, fleurs jaune pâle précédant les feuilles. Celles-ci froissées répandent une odeur agréable. Espèce non vénéneuse.

R. aromatica, S. aromatique, fruits acides et mangeables, feuilles également parfumées.

FAMILLE DES LÉGUMINEUSES

Cette grande famille comprend des arbres, des arbrisseaux et des herbes annuelles; redoutant presque tous la transplantation. Pour ne pas élargir notre cadre et nous en tenir aux végétaux d'ornement, nous choisirons les plus beaux individus dans les trois sous-familles suivantes :

1° Les *mimosées,*

2° Les *césalpinées,*

3° Les *papilionacées.*

Mimosées.

Les mimosées nous fourniront seulement ici la *Sensitive* et l'*Acacia.*

MIMOSA PUDICA, *Sensitive.*

Herbe annuelle chez nous, 30 à 50 centimètres, tige rameuse, feuillage abondant, feuilles composées de folioles allongées et minces. Aout-octobre, fleurs roses, petites, en grappes. Terre de bruyère sablonneuse. Ornement des serres, des perrons, des terrasses, des balcons. On cultive généralement en pots. Cette plante aime l'eau. Multiplication de semis sur couche au printemps. Les feuilles de la Sensitive et leurs pétioles sont articulés. Quand vient la nuit, les folioles de chaque feuille se redressent et s'appliquent les unes contre les autres, puis la famille entière s'affaisse comme sous le poids du sommeil, et la plante se réveille avec le soleil du lendemain pour reprendre sa position ordinaire. Dans le jour, le moindre attouchement fait redresser les folioles et abaisser les pétioles. Ces organes sont extrêmement irritables.

ACACIA, *Acacia*

Presque toutes les espèces sont originaires de la Nouvelle-Hollande. Arbrisseaux qui ne diffèrent de la *Sensitive* que par leurs étamines qui sont en nombre infini. Culture de serre.

A. mimosa, Arbre de soie, A. de Constantinople, sans épines; feuilles composées caduques, en août-septembre ; fleurs blanc rosé, portant de longues étamines roses. On l'appelle aussi :

A. julibrissin. Cet arbre, à trois ou quatre ans, peut braver le climat de Paris et vivre en pleine terre, mais les grands froids le font périr. Dans tous les cas, il n'y a pas la vie longue. Cet *A. mimosa* ou *julibrissin* peut être cité comme un des plus beaux arbres connus.

Prévenons ceux de nos lecteurs qui l'ignoreraient,

que l'Acacia dont il est question n'est pas celui qui orne nos routes et nos coteaux. Ce dernier est le *Robinia,*

Branche d'*Acacia heterophylla.*

Césalpinées

CASSIA, *Casse.*

C. Marylandica, C. du Maryland. Herbe vivace qui produit un bel effet dans les plates-bandes ; hauteur 1 mètre; feuilles composées de 8-9 paires de folioles ovales, allongées ; fleurs jaunes, en grappes axillaires et longues. Plante très-recommandable par sa valeur ornementale. Terrain sablonneux et frais. Multiplication de semis ou d'éclats en avril.

Beaucoup d'espèces de serre.

CERCIS, *Gainier.*

C. siliquastrum, Arbre de Judée, 6 à 8 mètres, écorce lisse et d'un noir sale. On le trouve en forêts et parmi les rochers du midi de la France. Grandes feuilles simples en cœur et glabres. En mai, les fleurs rouges, réunies en faisceaux, apparaissent sur le vieux bois du tronc et des branches avant l'arrivée des feuilles. Tout terrain. Multiplication de graines.

GLEDITSCHIA, *Févier.*

Ces arbres font l'ornement des parcs non-seulement par la noblesse de leur port, mais encore par leur feuillage léger et frais comme celui de tous les grands arbres à feuilles composées. Ils sont pourvus d'épines redoutables. Trop encombrants dans les petites propriétés.

Papilionacées

Cette sous-famille des légumineuses nous offre des végétaux d'ornement dans les cinq tribus suivantes :

1º *Poladyriées :* Baptisia, Chorizema, Dillwynia, Gastrolobium ;

2º *Genistées :* Hovea, Goodia, Crotalaria, Lupinus, Ononis, Ulex, Genista, Cytisus, Medicago, Trigonella,

Trifolium, Lotus, Amorpha, Indigofera, Robinia, Caragana, Colutea, Astragalus, Vicia, Lathyrus, Orobus.

3° *Hédysarées :* Coronilla, Arachis, Desmodium, Hedysarum.

4° *Phaséolées :* Kennedia, Camptosema, Erythrina, Wistaria, Apios, Phaseolus, Lablab.

5° *Sophorées :* Sophora, Virgilia.

Examinons maintenant ces plantes en détail.

BAPTISIA, *Baptisie*

B. Australis, vivace, plante vivace d'un mètre, en larges touffes. Racine à pivot ; juin-juillet, fleurs en longues grappes, bleu-foncé, mouchetées de blanc. Exposition du midi; tout terrain léger. Multiplication de semis au printemps ou d'éclats. La B. ne fleurit que la troisième année.

CHORIZEMA, *Chorizème*

Toutes les espèces veulent la serre froide ou tempérée. Sous-arbrisseau à feuilles entières, à fleurs en grappes; fleurs jaunes maculées de rouge en mars. Ornement des serres.

DILLWYNIA, *Dillwynie*

Arbrisseaux également de serre froide ; 60 à 75.; comme le chorizème ; fleurs jaunes.

GASTROLOBIUM, *Gastrolobe*

Arbrisseaux de serre froide ou tempérée, analogue
aux précédents ; fleurs jaunes.

HOVEA, *Hovea*

Arbrisseaux de serre, variant de 60 centimètres à
2 mètres; fleurs axillaires d'un beau bleu ou violettes.

GOODIA, *Goodie*

Arbrisseaux sarmenteux de serre tempérée ; fleur
jaune pâle.

CROTALARIA, *Crotalaire*

Herbes ou arbustes de serre tempérée; fleurs
rouges ou jaunes. Dans le midi de la France, elles
réussissent à l'air libre.

LUPINUS, *Lupin*

Plantes herbacées ou sous-arbrisseaux à feuilles
composées digitées. Les fleurs sont en épis ou en
grappes. — Les folioles au nombre de 5-15 se replient sur elles-mêmes pendant la nuit, un peu à la
façon de celles des *mimosées*. On sème les espèces
annuelles dès la maturité des graines ou au printemps.
Les espèces vivaces sont semées en pots et remises

en pleine terre avec la motte. Si l'on n'a pas l'abri d'une serre à leur donner pour l'hiver, on les cultive toutes comme plantes annuelles. Terre sablonneuses ou de bruyère. Les sols froids et humides leur sont contraires.

La hauteur moyenne des espèces annuelles est de 55 à 60 centimètres ; il est d'ailleurs assez difficile d'établir une nomenclature où le lecteur puisse se reconnaître, car les livres spéciaux ont adopté des noms différents. On trouve néanmoins à peu près partout :

L. albus, L. à fleurs blanches.

L. luteus, L. à fleurs jaunes.

L. sulfureus, L. à fleurs jaune soufre.

L. bicolor, L. à fleurs de deux couleurs.

L. varius, L. varié, panaché bleu et blanc.

L. nanus, L. nain, à fleurs bleues ou blanches.

L. hirsutus, L. poilu, grandes fleurs bleu violet.

Ce sont les principales variétés annuelles. Dans les vivaces, on peut citer :

L. arboreus, L. en arbre. Arbrisseau qui peut atteindre 2 mètres ; petites fleurs jaunes odorantes.

L. macrophyllus, L. à grandes feuilles ; 1 m. 50 ; fleurs pourpres.

L. mutabilis, L. changeant ; 1 m. 50, à feuilles persistantes, grandes fleurs bleues et jaunes odorantes.

L. tristis, L. triste ; 1 m. 50, à fleurs brunes.

L. perennis, L. vivace ; 60 centimètres ; fleurs bleues.

L. laxiflora, L. laxiflore ; 50 centimètres ; tige velue et mince ; fleurs d'un beau bleu.

L. argenteus, L. argenté ; 60 centimètres ; fleurs blanches.

L. sericeus, L. soyeux ; 70 centimètres ; à fleurs rouge vif.

L. villosus, L. poilu ; 1 mètre ; feuilles simples ; fleurs roses en grappes.

ONONIS, *Bugrane*

O. rotundifolia, B. à feuilles rondes ; indigène, vivace ; tige de 50 centimètres, un peu ligneuse ; feuilles à 3 folioles, ovales, dentées ; fleurs grandes, rose vif, de mai à juillet. Terrain léger et sablonneux ; mieux, terre de bruyère ; exposition chaude. Semer au printemps en pots et repiquer six mois ou un an après. Frileuse. Ornement des talus, des pentes et des rocailles.

O. fruticosa, B. frutescente ou ligneuse, indigène, vivace ; 1 mètre ; feuilles sessiles ; au printemps, fleurs rouges en grappes terminales.

ULEX, *Ajonc*

Arbrisseau à rameaux épineux ; feuilles simples terminées par un dard ; fleurs solitaires.

U. Europæus. Ajonc d'Europe, jonc marin ; indigène ; fleurs jaunes axillaires, hiver et printemps ; feuilles persistantes.

U. nanus. A. nain, indigène ; feuilles persistantes ; fleurs d'automne.

GENISTA, *Genêt*

Plantes des terrains arides et brûlants. On les multiplie de semis, de greffes et de marcottes. Le semis en place est préférable, car les genêts n'aiment pas à être transplantés. Ceux qu'on cultive comme plantes d'ornement craignent l'hiver et demandent une bonne couverture pendant les froids.

G. alba, G. blanc. Arbuste de 2 mètres ; rameaux dénudés et longs, feuilles simples ou composées, soyeuses. En mai et juin fleurs abondantes, blanches ou roses. Cet arbuste est extrêmement joli, mais il craint les grands froids.

G. juncea. Spartium junceum, Spartianthus junceus, Genêt d'Espagne, de la même tribu que le Spartium d'où l'on tire des cordages et d'autres ouvrages appelés *sparterie ;* 2 à 3 mètres ; branches flexibles et longues employées comme le jonc et dont les fibres peuvent être filées. En juillet-août, fleurs abondantes, jaunes, odorantes. La plante peut être maintenue à la hauteur que l'on veut par la taille des branches.

G. scoparia, dit aussi Spartium scoparium, Genêt à balais ; même hauteur ; petites feuilles cotonneuses ; fleurs jaunes en mai-juin. On en a des variétés à fleurs blanches et panachées.

G. Siberica, G. de Sibérie ; rameaux cannelés ;

feuilles lisses ; fleurs blanches, terminales, en panicules.

CYTISUS, *Cytise*

Arbrisseaux très-voisins des Genêts, à feuilles
formées de trois folioles. Terrain sec. Multiplication
de semis.

Cytisus laburnum, faux Ébénier ; indigène ; 6 à
7 mètres ; arbre à feuilles composées de 4 folioles
duveteuses en dessous ; en mai, fleurs jaune d'or en
longues grappes très-nombreuses. Son bois devient
noir et remplace l'ébène vraie dans la marqueterie.
Variétés nombreuses. Terrain sec et rocailleux.

C. Alpinus. Faux Ébénier odorant ; aime la fraîcheur et l'ombre. Arbre de 8 à 10 mètres ; feuilles
très-lisses, ramassées en verticilles. En juillet-août,
fleurs jaune foncé, en grappes très-longues.

C. albus, C. blanc ; voisin du *Genista alba ;* fleurs
blanches.

C. purpureus, C. à fleurs rouges ; 30 à 40 centimètres ; tige herbacée peu rameuse ; feuilles lisses ;
fleurs panachées de rouge et de rose très-abondantes, de mai en août.

Il en existe beaucoup d'autres espèces.

MEDICAGO, *Luzerne*

M. arborea. L. en arbre, Italie méridionale. Arbrisseau de 1 m. 50 à 2 mètres ; feuilles persistantes,
duveteuses en dessous. Tout l'été fleurs nombreuses,

jaunes, en grappes. Multiplication de semis, de marcottes et d'éclats. Plante frileuse ; mais quand elle gèle, sa racine donne des rejets au printemps. Sa tenue buissonneuse lui permettrait d'aller partout si elle ne demandait une exposition chaude et abritée.

TRIGONELLA, *Trigonelle*

T. cœrulea, T. bleue ; annuelle ; 30 à 40 centimètres ; tige dressée, feuilles odorantes à 3 folioles ; petites fleurs bleues en boules, juillet-août. Multiplication de semis au printemps.

TRIFOLIUM, *Trèfle*

T. repens, T. rampant ; à feuilles pourpre ; vivace ; tige ayant l'apparence d'une racine ; feuilles ordinairement à 5 pétioles, plus décoratives que la fleur blanche en grappe ronde. Multiplication d'éclats. Jolies bordures vertes. Rocailles, lieux secs.

T. aurantiacum, Trèfle orangé. Herbe annuelle de 25 centimètres ; dressée ; feuilles à 3 folioles ; fleurs très-abondantes, jaune orangé, en petites grappes rondes. Multiplication de semis à l'automne ou au printemps. Jolies bordures.

LOTUS, *Lotier*

L. Jacobæus, L. de Saint-Jacques ; plante herbacée de 75 centimètres à 1 mètre ; touffue ; feuilles velues à 3 folioles allongées ; fleurs pourpre brun en juillet-septembre, pédonculées, en corymbes. Semis au printemps.

L. tetragonolobus, L. rouge annuel ; tige couchée de 30 centimètres ; mêmes fleurs, mais en juin-juillet. Même multiplication.

AMORPHA, *Amorphe*

A. fruticosa, faux Indigo. Arbrisseau de 4 à 5 mètres ; feuilles duveteuses en dessous, pennées, à folioles ovales ; en été fleurs pourpre foncé ; étamines rouges ; grappes longues, terminales.

A. croco-lanata, A. safrané ou duveteux. Arbrisseau d'un mètre ; rameaux et feuillescouverts d'un duvet épais et roux ; fleurs rouges, étamines vertes.

INDIGOFERA, *Indigotier*

I. dosua, I. dosua. Arbrisseau de 1 mètre à 1 m. 50 cent., vivant chez nous à l'air libre avec quelques précautions ; feuilles pennées à 8-10 folioles échancrées ; en mai fleurs rose rouge en grappes. Multiplication de semis et d'éclats ; terrain chaud et sablonneux ; couverture en hiver. Si la plante gèle, il repousse des rejets au printemps. Comme son nom l'indique, elle fournit l'indigo.

ROBINIA, *Robinier*

C'est le *Pseudacacia*, c'est-à-dire le faux Acacia,

ou ce que nous appelons vulgairement l'Acacia. Vespasien Robin, botaniste au Jardin des Plantes de Paris, a planté sous Louis XIII, en 1615, le premier *Robinia* qu'on y voit et qui a été la souche de tous nos acacias blancs actuels. Bel arbre de 15 à 20 mètres ; rameaux épineux et cassants ; feuilles d'un vert très-frais à 15-25 folioles ; en mai-juin, fleurs blanches en grappes longues et retombantes, à odeur de fleur d'oranger. De ces grappes on fait des baignets parfumés. Avec le bois du Robinia, bois lourd et serré, l'ébénisterie fabrique des meubles, des chaises surtout, moins fines que celle d'acajou ou de noyer, mais très-solides. Les vignerons s'en servent pour confectionner des échalas. Excellent bois de chauffage. Multiplication de graines et de rejetons. Tout terrain ; mais le feuillage léger craint l'action continue des grands vents.

R. viscosa, à rameaux visqueux, sans épines.

R. rosea, R. rose, sans épines.

Variétés nombreuses du Pseudacacia, et hybrides de ce type et du R. visqueux.

Les espèces ou les variétés épineuses servent souvent aujourd'hui à confectionner des clotures infranchissables. Un taillis d'Acacias devient en peu de temps un fourré très-épais dont le bas ne se dégarnit guère. La taille lui donne la hauteur et l'épaisseur voulues.

CARAGANA, *Caragane*

C. altagana, C. altagan. Arbrisseau de 3 à 4 mètres ;

feuilles à 5-6 paires de folioles ovales et lisses ; fleurs jaunes en petites grappes, mai-juin. Buisson épineux. Tout terrain, mais plus profond que pour le *Robinia*. Semis au printemps.

C. argentea, C. argentée. Arbrisseau, de 1 mètre 50 cent., rameaux épineux ; feuilles composées de 3 ou 4 paires de folioles argentées.

C. pygmæa, C. naine. Arbuste de 1 mètre, très-épineux, diffus, rameaux entièrement feuillus. Petites fleurs jaunes au printemps. Buissons, clôtures.

COLUTEA, *Baguenaudier*

C. vulgaris ou arborescens, B. commun ; indigène. Arbuste de 3 à 4 mètres ; folioles échancrées, glauques en dessous ; fleurs jaunes en grappes tout l'été ; fruits vert rougeâtre, vésiculeux, qui crèvent avec bruit sous les doigts quand on les presse. Les enfants connaissent et recherchent ces *pétards,* que font éclater aussi les gens qui *baguenaudent* dans un jardin. De cet amusement enfantin vient le verbe *baguenauder.* Multiplication de semis ou d'éclats.

C. Alepica, B. d'Alep ; 1 mètre 50 cent.; fleurs jaunes. Même culture.

C. cruenta, B. sanguin ; 1 mètre 20 cent. ; fleurs rouges. Même culture.

Avec les *Colutea,* on fait de jolis massifs ou des rideaux pour masquer soit des fosses à fumier, soit d'autres dépôts dont la vue serait désagréable.

ASTRAGALUS, *Astragale*

A. varius, A. varié ou bigarré. Herbes de 60 centimètres; feuilles pennées; en juin-juillet, fleurs bleu violacé en épis allongés. Terrain sablonneux et chaud.

A. onobrychis, A. à port de sainfoin, Esparcette; indigène, vivace; fleurs bleu azuré, en grappes, dépassant les feuilles. Même culture et même exposition. Les deux espèces vont en plates-bandes et ornent bien les endroits rocailleux.

VICIA, *Vesce*

Herbes vivaces à feuilles composées; les folioles en nombre pair se terminent par une vrille; fleurs axillaires. Semis au printemps et repiquage à l'automne. On en couvre les treillages, les berceaux, etc.; tout terrain frais et ombragé.

Un variété jaune pâle fleurit en mai-juin; une autre, rouge, en juillet-août; une troisième, violette, en même temps que la première.

LATHYRUS, *Gesse*

Herbes vivaces, grimpantes, à feuilles composées de folioles en nombre pair comme la vesce; le pétiole qui les porte se termine par une vrille. Fleurs rouges ou roses, suivant les espèces, axillaires ou groupées.

L. odoratus, Pois de senteur, indigène, annuel, velu ; tige ailée de 1 mètre à 2 mètres, à rameaux diffus et cherchant des supports ; feuilles à 4 folioles

Le Pois.

barbues sur les bords ; fleurs grandes, odorantes, violettes, blanches ou rouges de toutes nuances. Tout terrain. Semis en mars, floraison en juillet-août.

On avance la floraison d'un mois, si l'on sème en septembre pour repiquer en mars.

OROBUS, *Orobe*

O. vernus, O. de printemps. Herbe vivace, indigène de 30 centimètres ; tiges abondantes ; feuilles à 4-6 folioles pointues. Le pétiole commun se prolonge en petit dard au delà de la dernière paire de folioles, et c'est un caractère de la plante. En avril, fleurs rouges en grappes. En coupant les tiges après la première floraison, on en provoque une seconde. Tout terrain lui convient. Semis ou division des racines pour la multiplication. L'Orobe de printemps tient bien sa place dans les plates-bandes. On en fait aussi des bordures. Dans les rocailles, il trouve aussi son emploi.

Variété à fleurs bleu clair, plus grandes. On cultive encore *O. niger*, Orobe noir ; *O. aureus*, O. jaune d'or ; *O. atropurpureus*, O. pourpre foncé, etc., et, qui ne sont pas assez différents de l'*O. vernus*, pour en parler plus longuement.

CORONILLA, *Coronille*

C. emerus, Coronille vulgaire ; C. des jardins. Arbrisseau, indigène ; 1 m. 25 cent. ; feuilles composées de 7-9 folioles ; avril-juin ; fleurs jaunes maculées de rouge. Tout terrain léger ; exposition au midi. Haies et massifs. Multiplication de toutes les manières.

C. coronata, C. couronnée ; plante naine, 30 centimètres ; fleurs jaunes. Exige la serre.

C. glauca, C. glauque, veut également la serre. Tiges de 2 mètres ; feuilles de 7-11 folioles glauques ; fleurs jaunes en couronnes de 10 à 12 réunies. Graines et marcottes.

ARACHIS, *Arachide*

A. hypogæa, A. souterraine. Herbe annuelle à feuilles composées de 4 folioles ; hauteur 20 à 30 centimètres ; très-petites fleurs jaunes en mai-juin. La graine, enfermée dans des gousses ridées, donne l'*huile d'arachide* qui peut remplacer l'huile d'olive. Une particularité de cette plante, c'est que les pédoncules floraux s'abaissent d'eux-mêmes pour amener les jeunes ovaires à la surface du sol où ils s'enfoncent pour mûrir. Les graines s'appellent aussi *Pistaches de terre*.

DESMODIUM, *Desmode*

D. Canadense, Sainfoin du Canada. Herbe vivace ; 50 à 60 centimètres ; tige dressée, velue, cannelée ; feuilles ternées ; juin-juillet ; fleurs rouges en longues grappes. Sol ordinaire, ameubli, frais. Touffes, plates-bandes. Semis et éclats.

D. racemosum et **D. penduliflorum** sont de beaux

arbustes donnant une masse de fleurs pourpres qui ont le plus grand air dans les plates-bandes.

HEDYSARUM, *Sainfoin*

H. Coronarium, Sainfoin d'Espagne, S. à bouquets. Herbe bisannuelle ou vivace de 75 centimètres à 1 mètre; feuilles de 7 à 9 folioles; de mai à juillet; fleurs en épis de 25 centimètres, rouges odorantes.

Hedysarum gyrans.

Il existe une variété à fleurs blanches. Semis au printemps en terre sablonneuse ; abri en hiver.

H. Caucasicum, Sainfoin du Caucase. Herbe vivace moitié moins haute. Longs épis à fleurs violet pourpre.

KENNEDYA, *Kennedie*

C'est la Glycine des serres, volubile, grimpante. Grandes fleurs rouge violet.

CAMPTOSEMA, *Camptosème*

Arbuste grimpant à fleurs rouges en grappes axillaires; demande la serre comme la *Kennedie*.

ERYTHRINA, *Erythrine*

Autre arbrisseau de serre qu'on peut mettre en pleine terre pendant l'été. Les E. des espèces crista-galli, resupinata, herbacea, se cultivent comme les dahlias; fleurs rouges. Ce sont de très-jolis arbris-seaux qui, dans l'été, ornent richement les plates-bandes.

GLYCINE ou WISTARIA, *Glycine*

G. Sinensis, G. de Chine; très-répandue, très-ornementale, garnissant les baies de fenêtres, les murs, les berceaux, donnant avant les feuilles, de longues grappes de fleurs bleu violet, très-odorantes. C'est une liane à feuilles composées, imparipennées; à feuillage d'un vert très-doux. La Glycine est rus-tique et trouve tout sol assez bon, pourvu qu'il soit à bonne exposition chaude. On la multiplie par mar-cottes. Les boutures réussissent quelquefois.

G. frutescens, Haricot en arbre; vivace; liane de 5 à 6 mètres; fleurs violettes en épis, odorantes, tout l'été. Même culture.

APIOS, *Apios*

A. **tuberosa**, Glycine apios; vivace; fleurs en juillet-août, petites, pourpres, odorantes, en grappes

Glycine de la Chine.

épaisses. Même usage que la Glycine. On la multiplie par éclats à l'automne. On a essayé de faire un aliment de ses tubercules radicaux, mais en vain.

PHASEOLUS, *Haricot*

Herbes annuelles, volubiles ; feuilles à 3 folioles.
P. multiflorus, H. d'Espagne ; annuel, quelquefois vivace quand il a une racine charnue. Tige de 4 à 5 mètres, volubiles ; fleurs rouges ou blanches, ou blanches et rouges.
P. Caracalla, H. Caracalla; arbrisseau grimpant; fleurs lilas odorantes. Ne fleurit à Paris qu'en serre.

LABLAB, *Lablab vulgaire*

Herbe annuelle de 2 à 3 mètres ; grimpante ; fleurs blanches ou violettes en grappes lâches. Même emploi décoratif que les autres Phaséolées.

SOPHORA, *Sophora du Japon*

Arbre de 20 mètres, dont le port rappelle assez bien celui de l'*Ailante ;* fleurs blanches en panicules.

VIRGILIA, *Virgilia*

Genre très-voisin du *Sophora.* Ces deux arbres sont assez rustiques.

FAMILLE DES ROSACÉES

Cette belle famille, la plus importante de tout le règne végétal, comprend des herbes, des arbres et des arbustes à feuilles alternes, stipulées, simples ou composées. Les fleurs sont régulières, à 5 sépales, 5 pétales, à étamines ; étamines en nombre indéfini, insérées sur le calyce. Nous n'avons guère à nous occuper ici que des deux belles sous-familles: *Amygdalées* et *Pomacées* auxquelles appartiennent presque tous nos arbres fruitiers, car on recherche, dans la culture de ces arbres, l'utilité d'abord, et très-peu l'effet décoratif.

Disons néanmoins que la famille des Rosacées contient les six tribus suivantes :

Les *Pomacées,*

Les *Rosées,*

Les *Amygdalées,*

Les *Dryadées,*

Les *Sanguisorbées,*

Et les *Spirées.*

En laissant de côté les arbres, arbustes et herbes de rapport qui rentrent dans un ordre de culture différente, nous prendrons pour la culture florale :

Dans les *Pomacées :* Sorbus, Cotoneaster, Cratœgus ;

Dans les *Rosées :* Rosa ;

Dans les *Dryadées* : Rubus, Potentilla, Geum, Dryas ;

Dans les *Sanguisorbées* : Sanguisorba ;

Dans les *Spirées* : Kerria, Spiræa, Gillenia.

Ce sont, à proprement parler, tous les genres floraux de la famille des *Rosacées*.

SORBUS, *Sorbier*

S. aucuparia, S. des oiseaux ou des oiseleurs. Arbre indigène de 7 à 10 mètres, d'un très-grand effet décoratif dans les parcs ; feuilles composées de 15 folioles, lisses en dessus ; fleurs blanches en mai ; fruits en corymbes, plus jolis que la fleur, petits, ronds, d'un beau rouge de corail et très-recherchés des oiseaux.

S. pendula, Sorbier pleureur.

S. domestica, Cormier, à fruits comestibles.

Tout terrain franc, léger et frais. Multiplication de graines, ou de greffe sur l'Épine blanche.

COTONEASTER, *Cotoneaster*

C. vulgaris, C. commun ; Néflier cotonneux ; indigène ; arbrisseau tortueux, sans épines ; feuilles entières, blanches et cotonneuses à la face inférieure ; fleurs d'un blanc laiteux en avril-mai ; fruits rouges.

On a de plus les espèces à feuilles de buis, à petites feuilles, et quelques autres. Multiplication de semis, de marcottes et de greffe sur Aubépine. Dans ce dernier cas, les petites espèces peuvent être taillées en boule. Le *vulgaris* est à feuilles caduques ; d'autres espèces sont à feuilles persistantes.

CRATŒGUS, *Aubépine*

Le genre *Cratœgus* est spécialement l'*Alizier*.

C. oxyacantha, Aubépine ; Épine blanche. Arbre pouvant atteindre dix mètres ; tronc noueux ; fleurs blanches en bouquets au printemps ; fruits rouges d'un joli effet. Très-employée en clôtures ; formant des haies fourrées qu'on taille à volonté. La variété : *Épine de Mahon* ou *Rosea plena*, à fleurs roses très-doubles, est très-recherchée pour la décoration des jardins. C'est un petit arbre qui produit l'effet d'un gros bouquet pendant plusieurs mois.

C. aria, Allouchier ; 7 à 8 mètres ; fleurs blanches.

C. azarolus, Azerolier.

C. torminalis, Alisier des bois à fruit comestible.

C. racemosa, Amelanchier.

Les bois de ces divers genres est très-liant et très-fin. Celui du Cormier est surtout employé dans la mécanique et s'use parfois moins vite que la fonte dont il n'a pas le cassant.

ROSA, ROSE

Nous arrivons à la reine non-seulement de la famille, mais de toutes les plantes florales. Elle est, pour ainsi dire, aussi ancienne que le monde et elle n'est point encore détrônée.

Le Rosier.

On ne trouvera pas, dans ce Manuel, la nomen-clature des espèces et des variétés de la Rose, le nombre s'en élève à plusieurs milliers et prendrait une place trop grande ici, tout en nous détournant de notre but, qui est de mettre l'amateur à même de cultiver cette noble plante sans le secours d'un jardinier spécial.

Sol et exposition. — Tout sol un peu frais convient aux rosiers, pourvu qu'il soit convenablement fumé. Comme la racine pivote, il faut une couche végétale assez profonde, afin que l'eau ne séjourne pas à la hauteur des racines qui ne tarderaient pas à pourrir dans un excès d'humidité. Au reste, comme on n'est pas toujours libre de choisir son emplacement, on peut, au cas d'un sol qui manque de profondeur, enfoncer un peu moins sa plantation. Quelques amateurs intelligents, ayant remarqué que les rosiers gagnent à être levés de loin en loin, les arrachent tous les trois ans pour rafraîchir la racine et fumer de terreau la place qu'on leur rend ensuite. De cette façon, le pivot n'a pas le temps de s'enfoncer et de gagner le sous-sol.

Quant aux expositions à choisir, toutes sont bonnes, pourvu qu'elles reçoivent l'air et la lumière en abondance. Le voisinage des arbres ou des grands massifs est funeste au rosier.

Multiplication. — On multiplie les rosiers de semis, de greffe et de bouturage.

Le semis est naturellement le moyen le plus lent de propagation, mais il réserve plus d'une surprise à l'amateur en lui donnant des variétés nouvelles et quelquefois de haute valeur.

Voici les règles à suivre : on recueille les graines des variétés doubles les plus belles et les mieux conformées. Les graines provenant des roses semi-doubles donnent aussi, mais rarement, des doubles. Les graines ne doivent être recueillies qu'à leur parfaite maturité, c'est-à-dire après les premières gelées blanches d'octobre. On les retire du fruit avec précaution et on les sème immédiatement soit en terrines, soit en plates-bandes à bonne exposition. Ce semis veut être paillé l'hiver. Si l'on garde la graine pour ne la confier à la terre qu'au printemps, il est nécessaire alors de lui faire subir une macération de 24 heures dans l'eau froide et de la semer ensuite sans la recouvrir de plus d'un centimètre de terre légèrement foulée. On peut semer sur place, mais en ce cas on doit semer clair, ou du moins dégarnir le plant.

Les amateurs, pressés de jouir, ont surtout recours à la greffe, qui ne donne pas de nouvelles variétés, mais qui conserve bien celles auxquelles on tient. La greffe suppose des *sujets,* c'est-à-dire des églantiers. On les trouve fin octobre ou commencement de novembre soit dans les bois, soit chez les pépiniéristes. Un bon églantier doit avoir l'écorce un peu verte ou grisâtre. À ce moment, il est encore en séve. Les rosiéristes soignent particulièrement ces sujets avant de les remettre en terre; ils les *habillent,* comme on habille tous les jeunes arbres à la replantation, c'est-à-dire qu'ils nettoient les racines, et qu'ils rabattent les radicules aussi près que possible du pivot. On les met alors en jauge pour l'hiver ou tout de suite en place, en couvrant d'onguent de Saint-Fiacre ou de cire les blessures qu'on a faites à la tête du sujet par la section des rameaux. Au mois de juillet suivant, les églantiers ainsi traités ont des rameaux de belle venue qu'on dénude de leurs feuilles et de leurs épines à la partie inférieure, afin d'y déposer l'écusson.

C'est donc dans la dernière quinzaine de ce mois qu'on greffe ordinairement les rosiers. Les personnes qui n'ont jamais pratiqué cette opération l'apprendront bien vite en la voyant faire. On emploie la greffe *à œil de pousse*, la greffe *à œil dormant* ou la greffe *en fente*. Les deux premiers moyens constituent la greffe *en écusson* ou *l'écussonnage*.

Les amateurs qui collectionnent les roses ont toujours dans un coin de leur jardin une réserve d'églantiers en pépinière, afin de pouvoir saisir le moment d'écussonner une variété à laquelle ils tiennent.

Disons maintenant qu'on obtient des rosiers *sur franc* ou *francs de pied,* non par la greffe, mais par le semis et aussi par le bouturage. Ce dernier moyen, depuis un certain temps, est entré dans la pratique commune. On lève les boutures en mai *avec* ou *sans talon.* Le jeune rameau de l'année, coupé à quelques centimètres de son insertion, est *sans talon.* Le talon consiste en un ou deux centimètres de vieux bois pris à la branche mère, qu'on laisse au jeune rameau. Les deux procédés sont bons. Comme pour la vigne et pour bien d'autres plantes, nous aimons mieux qu'un talon soit laissé. Un troisième procédé, celui de déchirer les boutures en les séparant par arrachement du bois qui les porte, doit être absolument banni. En ce qui concerne les arbres fruitiers, les boutures ainsi arrachées périssent presque toujours.

On propage encore les rosiers au moyen du marcottage, ou par la séparation des touffes de plants francs de pied.

Maintenant faut-il abandonner les rosiers à eux-mêmes pendant la mauvaise saison? Distinguons. Les rosiers indigènes, *cent feuilles, quatre saisons* et quelques autres, bravent assez bien les frimats. Les *noisettes,* les *thés,* les *bengales,* etc., sont frileux, surtout sur églantier, et doivent être enveloppés de paille ou de foin pendant l'hiver.

Insectes nuisibles. — Les rosiers ont des ennemis redoutables : entre autres les pucerons verts et les chenilles. Ces dernières s'enroulent dans les feuilles qui se replient en cornet; mais elles ne sont jamais assez nombreuses pour échapper aux soins de l'amateur. Comme elles trahissent toujours leur présence par l'enroulement des feuilles où elles se cachent, il suffit de les presser avec les doigts dans leurs cachettes pour en avoir raison. Quant aux pucerons verts, dont les légions garnissent les tiges herbacées et les pétioles des feuilles, on a beaucoup vanté la fumée de tabac comme le moyen le plus efficace de les détruire; mais on peut s'assurer qu'un fumeur à la journée ne suffirait pas à la tâche, si les rosiers étaient nombreux. Le nettoyage au pinceau doux, avec de l'eau de tabac, prend moins de temps

Rose.

et fait disparaître les pucerons. Dans la culture des rosiers forcés, c'est-à-dire dans les serres, la fumée de tabac, même légère, peut suffire.

Taille des rosiers. — Nous avons gardé pour la fin ce que nous avons à dire de la taille, ce doux passe-temps des dames, cette opération si nécessaire aux rosiers. Ici nulle difficulté. Tout le monde doit savoir tailler ce précieux arbuste, puisqu'il se trouve en plus ou moins grand nombre dans les moindres jardins.

La taille des rosiers doit avoir lieu dans la première quinzaine de mars. On débarrasse d'abord la plante des brindilles mortes et des rameaux malades, puis des branchettes grèles qui encombrent soit les grosses branches, soit le milieu de la tête. La section des bois morts se fait sur le bois vif. La tête du rosier se taille en coupe ; nous voulons dire que toutes les branches du milieu doivent être abattues, Les branches qui font la coupe sont rabattues à deux ou trois yeux. Les rosiers nains, en touffes, demandent le nettoyage comme les autres, et l'on rabat les branches à quelques yeux sur la souche. S'il s'agit des rosiers grimpants et sarmenteux, qu'on cultive le long des murs ou en berceaux, on se contente d'enlever le bois mort, les brindilles inutiles, et l'on mouche seulement l'extrémité des sarments, suivant l'envergure qu'on veut laisser au sujet.

Genres. — Les roses se divisent en deux grands genres, contenant chacun un grand nombre d'espèces et de variétés :

Les roses *remontantes*,

Les roses *non remontantes*.

ROSIERS REMONTANTS

Rosiers thés (Chine),
— île de Bourbon,
— noisette (Amérique),
— du Bengale (Chine),
— hybrides,
— Portland ou perpétuels,
— — — moussus.

A ce propos, nous croyons devoir rappeler au lecteur que *moussu* se dit des choses couvertes de mousse, et *mousseux*, des liquides en effervescence où qui laissent échapper des gaz. *Mousseux* ne se confond avec *moussu* que dans le style poétique, soutenu, qui n'a rien à voir ici. Nous dirons donc roses *moussues*.

ROSIERS NON REMONTANTS

Rosiers cent feuilles; variété : Pompon de mai;
Rosiers de Provins, notre rosier indigène dont le fleurs figurent dans la matière médicale ;
Rosier blanc, indigène ;
Rosiers Banks (Chine) ;
— toujours verts, grimpants ;
— multiflores, grimpants ;
— jaunes ;
— églantiers, roses de chien.

RUBUS, *Ronce*

R. nutans, R. rampante, Orient. Espèce d'importation récente ; sans épines, à tiges nombreuses ne dépassant point 1 mètre, les jeunes tiges sont couvertes d'un fin duvet pourpre mêlé de poils blancs , feuilles trifoliolées ; grandes fleurs d'un beau blanc. Terre de bruyère ; exposition chaude et abritée. suspensions dans les appartements.

POTENTILLA, *Potentille*

P. aurea, P. dorée, indigène. Vivace ; 15 centimètres, à souche rampante ; mai-juin, fleurs jaunes. Terre sablonneuse mêlée de terre de bruyère ; rocailles, multiplication d'éclats.

SANGUISORBA, *Sanguisorbe*

Herbes à feuilles composés, 1 mètre. Vivaces ; fleurs purpurines ou blanchâtres. Plates-bandes.

GEUM, *Benoîte*

G. rivale, B. des rivages ; 20 à 30 centimètres. Vivace, rocaille ; fleurs jaunes.

G. montanum, plus grande. Vivace, rocaille ; fleurs jaunes.

DRYAS, *Dryade*

Petits sous-arbrisseaux des Alpes. Juin-juillet ; fleurs blanches ; rocaille, multiplication d'éclats.

KERRIA, *Corète*

Arbuste du Japon, 3 à 4 mètres ; tout l'été, fleurs jaunes.

SPIRÆA, *Spirée*

Ce genre nombreux, qui tient une place considérable dans les jardins d'agrément bien tenus, comprend des arbrisseaux et des herbes à feuilles simples ou décomposées, à petites fleurs en corymbes ou en panicules.

S. **aruncus**, Barbe de bouc, indigène. Vivace ; tige d'immortelles ; feuilles tripennées, à 5 folioles dentées; en juin-juillet ; petites fleurs blanches, en grappes nombreuses. Multiplication d'éclats, tout terrain. Plates-bandes.

S. **ulmarica**, Reine des prés, indigène. Vivace ; 1 mètre ; feuilles pennées blanches en dessous ; juin-juillet, fleurs blanches, odorantes, en grappes. Même culture ; rocailles, bords des pièces d'eau ; aime assez l'ombre.

S. **filipendula**, filipendule, à cause des petits tubercules suspendus aux racines comme par des fils. Indigène ; vivace ; 50 à 60 centimètres, feuilles à fines découpures; fleurs blanches terminales, formant des ombelles serrées, juillet-août. Tout terrain plutôt sec que frais, mais léger. Plates-bandes. Même culture.

Les arbrisseaux de ce genre appartiennent à de nombreuses espèces un peu plus hautes que les plantes herbacées. Les unes ont les fleurs en cimes, en corymbes ou en ombelles ; les autres en épis ; enfin d'autres en panicules. Toutes ces espèces sont étrangères et forment de jolis buissons se couvrant pendant quelques mois de l'été de fleurs blanches pour la plupart.

GILLENIA, *Gillénie*

Diffère à peine des Spirées. C'en est une espèce détachée qui forme un petit genre.

G. trifoliata, G. à 3 folioles, Amérique septentrionale. Vivace ; 70 à 1 mètre ; feuilles à 3 folioles presque sessiles. Juin-juillet, fleurs blanches avec liséré rose, en longues grappes. Même culture que les Spirées.

FAMILLE DES CALYCANTHÉES

Arbrisseaux à feuilles simples sans stipules ; fleurs solitaires, calice d'une pièce, corolle nulle.

CALYCANTHUS, *Calycanthe*

C. floridus, arbre aux Anémones, Pompadour,

3 mètres, beau buisson en pyramide; feuilles ovales, velues en-dessous; en juin-juillet, fleurs rouge brun à odeur de pomme. Voir ci-après.

CHIMONANTHUS, *Chimonanthe*

C. fragrans, C. odorant, très-bel arbrisseau de 2 m. 50 cent., à feuilles lancéolées et dures. En hiver, fleurs blanc gris, rougeâtres en dedans.

Ces deux derniers genres se multiplient d'éclats, n'aiment pas le soleil et veulent une terre très-fraîche. Avec de la précaution on peut les marcotter.

FAMILLE DES ONAGRARIÉES

FUCHSIA, *Fuchsia*

Du nom du docteur Fuchs, médecin bavarois qui vivait au commencement du dernier siècle. Cet arbrisseau lui fut dédié vers 1700 par le père Plumier, religieux minime qui découvrit la plante dans la Nouvelle-Grenade, province de l'Amérique méridionale qui touche à l'ithsme de Panama.

Les Fuchsias sont devenus tellement populaires qu'ils ont subi l'inconvénient de vivre avec ceux-mêmes qui ne savent pas respecter leur nom. Pour ceux de nos lecteurs qui, à force d'entendre écorcher le mot, ne seraient pas bien fixés, nous prenons la

liberté de dire qu'il faut prononcer *fuc-sia ;* les Alle-
mands disent : *fouc-sia.*

Rendons tout de suite à César ce qui est à César.
Quelques spécialistes ont publié sur le Fuchsia des
notions très-utiles aux amateurs; mais aucune monographie de la plante n'est aussi complète que le li

Fuchsia Venus victrix.

vre de M. Porcher, président de la société d'horticulture d'Orléans, intitulé : *Du Fuchsia, son histoire et
sa culture* (Goin, éditeur, 82, rue des Ecoles, Paris).
C'est à ce livre spécial que nous empruntons ce qu'on
peut dire de mieux du Fuchsia.

Toutes les espèces de la plante sont originaires de

l'Amérique centrale. Les deux seules F. *excoriata* et F. *procumbens* viennent de la Nouvelle-Zélande (Océan-Pacifique, au S.-E. de l'Australie).

Voici les notions indispensables pour la culture du Fuchsia.

Terrain. — Cet arbrisseau se cultive en pots et en caisses, comme toutes les plantes de serre tempérée. Il aime la grande lumière, la fraîcheur et la terre substantielle. La terre qu'il préfère est un mélange par moitié de terre franche et de terre de bruyère avec un peu d'engrais léger.

Les pots ou les caisses doivent être garnis au fond de tessons ou de morceaux de tuiles qui faciliteront l'écoulement de l'eau d'arrosage.

Exposition. — On sort généralement les Fuchsias en avril ou en mai, suivant la température. Nous avons dit qu'ils aiment la lumière, mais pas le grand soleil dont les rayons fondent les nuances et en éteignent la vivacité.

Rempotage. — Le rempotage qui permet de renouveler la terre des pots et des caisses se fait au commencement de mars. On enlève la plante avec sa motte et l'on ébarbe les radicelles qui la dépassent. Jusqu'à la venue des boutons, le soleil active la végétation, mais dès qu'ils paraissent, les pots seront mis dans une exposition à demi-ombragée.

Arrosages. — Il faut les renouveler une ou deux fois par jour et copieusement avec de l'eau de rivière ou de pluie. Chaque fois il faut laver les feuilles que la sécheresse de l'atmosphère fatigue. On arrose même le sol autour des pots. Répétons, pour qu'on ne l'oublie pas, que les Fuchsias aiment la fraîcheur et l'humidité.

Taille. — La taille consiste à supprimer les brindilles mortes et les rameaux inutiles, et à rabattre celles qui doivent rester, à quatre ou cinq centimètres de la tige, si l'on fait de petits buissons. Cette opération n'a lieu qu'après la floraison, c'est-à-dire à la fin de l'automne, alors qu'on rentre les sujets en serre. Quelques amateurs renouvellent entièrement la plante en la taillant à ras du sol. Les racines ne tardent pas à émettre des jets vigoureux. Il est facile de comprendre que la taille n'est pas uniforme pour toutes les espèces, dont quelques-unes peuvent être tenues hautes sur tige, en buisson, en quenouille, en tables étagées. La taille est rectifiée sans inconvénient au moment du rempotage.

Multiplication. — La graine qui mûrit en octobre peut être semée en pots dans la serre et donnera des plants qui fleuriront dès l'automne suivant. Comme pour les autres plantes cultivées, les semis donnent des variétés nouvelles.

Les amateurs préfèrent la bouture qu'on peut faire en toute saison, dans des pots et sous cloche en hiver, en se servant de terre de bruyère fine ou même de sable pur tamisé. En été les boutures se font en plein air. Ceux qui n'ont pas de serre bouturent et font leurs semis au printemps seulement.

Pincements. — Nous nous servons de ce mot impropre, mais admis partout pour indiquer, non pas une opération précise comme le rempotage ou la taille, mais une taille en vert journalière ou du moins souvent répétée qui permet de maintenir l'arbrisseau dans la forme voulue. Comme le pincement diminue la dépense de séve, il résulte que les fleurs restantes, un peu retardées, deviennent plus fortes et plus vives.

Ennemis du Fuchsia. — Robuste et rustique, le Fuchsia ne porte en lui aucun germe de maladie spéciale. Il ne craint bien, nous le répétons, qu'un séjour trop prolongé à l'ardeur du soleil. Mais les limaces et les pucerons recherchent cette plante qu'on protége en écrasant les unes et en chassant les autres par des bassinages à l'eau de tabac.

Classification. — On distribue les Fuchsias en variétés de différentes sortes :

1° Espèces à fleurs longues : F. éclatant, F. corynbiflora, F. à feuilles dentées, etc.

Espèces à fleurs courtes ou globuleuses : variétés très-nombreuses.

2° Calice rouge et corolle blanche double ;

Calice rouge et corolle blanche simple ;

Calice rouge ou rose, corolle double bleuâtre ;

Calice rouge ou rose, corolle simple bleuâtre ;

Calice blanchâtre ; corolle rose ou rouge.

Nous n'ajouterons rien à ces deux modes de classement adoptés par les spécialistes.

EPILOBIUM, *Épilobe*

E. hirsutum, E. velu, indigène. Vivace; herbes des ruisseaux ou des lieux humides; tige dressée de

Épilobe.

1 mètre; feuilles amplexicaules; juin-juillet, fleurs

pourpres, en grappes. Réservoirs, bassins, pièces d'eau. Multiplication d'éclats.

E. spicatum, Laurier de Saint-Antoine; Osier fleuri; 1 m. 20 cent. à 1 m. 50 cent.; indigène; vivace, traçant, feuilles sessiles, glabres; fleurs rouges en épis, juillet-septembre. Terrains frais et ombragés; bords des pièces d'eau, réservoirs. Multiplication de rejets et d'éclats.

EUCHARIDIUM, *Eucharidie*

E. grandiflorum, E. à grandes fleurs. Californie. Herbe annuelle, rameuse, dressée; 20 à 25 centimètres; en juin-juillet, fleur rose vif; on sème sur place en avril. Bordures, corbeilles, plates-bandes.

CLARKIA, *Clarkie*

Herbes annuelles; deux espèces remarquables :

C. pulchella, C. gentille, tige rameuse, dressée; 30 à 40 centimètres, Californie. Feuilles longues et étroites; juin-août, fleurs roses, blanches ou rouges, en grappes. Quelquefois roses avec liséré blanc. Bordures, corbeilles, massifs, etc. Sol léger. Semer en septembre sur couches, ou en place en avril.

C. elegans, C. élégante, Californie. Même tige, un peu plus haute que la précédente; fleurs roses en longues grappes. Même culture, même emploi.

GODETIA, ŒNOTHERA, *Onagre*

Deux genres très-voisins que l'on peut confondre; même origine, Californie; mêmes herbes annuelles, ayant chacune des espèces nombreuses. Fleurs jaunes, rouges, roses ou violettes qui ornent bien les plates-bandes. Les quelques espèces vivaces sont un peu plus hautes que les autres.

LOPEZIA, *Lopezie*

Herbes ou sous-arbrisseaux.

L. coronata, L. couronnée Mexique. Herbe annuelle; tige buissonnante d'un vert clair et doux; 50 à 60 centimètres; juin-septembre, fleurs blanc-rosé ponctuées de pourpre, en grappes. Terre légère un peu fraîche; semer sur place au printemps; plates-bandes, corbeilles, etc.

GAURA, *Gaura*

G. biennis, G. bisannuelle; tige herbacée, velue de 1 m. 50 cent.; feuilles longues; fleurs s'ouvrant le soir, calyce rouge; corolle d'abord rouge, puis blanche; épis. Semis en place au printemps.

G. Lindheimeriana, G. de Lindheimer; tiges grêles un peu moins hautes que les précédentes, très-florifères tout l'été; fleurs blanches et très-amples. Semer en place à l'automne. Espèce frileuse. Corbeilles, plates-bandes, buissons sur les pelouses.

JUSSIŒA, *Jussiée*

J. grandiflora, J. à grandes fleurs. Vivace, aquatique ; tige rampante ou flottante ; feuilles duveteuses, lancéolées, fleurs jaunes en septembre-octobre, assez semblables à celles des *Onagres*. Terre de fond de rivière ; multiplication d'éclats ; frileuse ; bassins, pièces d'eau.

FAMILLE DES SALICARIÉES

Herbes, moins souvent arbrisseaux à feuilles sans stipules, ordinairement opposées.

NESŒA, *Nésée*

Arbrisseaux du Mexique.

N. salicifolia, N. à feuille de saule ; 2 mètres ; lisse, feuilles lancéolées ; en été, fleurs jaunes axillaires ; serre tempérée.

N. myrtifolia, N. à feuille de myrte. Sous-arbrisseau de 35 à 50 centimètres ; feuilles presque sessiles ; fleurs jaunes. Serre tempérée, arrosage très-modéré.

LYTHRUM, *Salicaire*

L. salicaria, Salicaire commune, indigène. Vivace; tige droite; 1 mètre à 1 m. 30 cent.; feuilles opposées ou par rosettes de 3 centimètres; juillet-septembre, fleurs abondantes, roses, en épis serrés. Terrains submergés ou simplement très-frais. Ornement des réservoirs ou du contour des pièces d'eau. Multiplication d'éclats.

CUPHŒA, *Cuphœa*

Herbes ou sous-arbrisseaux du Mexique. Buissons épais de 40 à 60 centimètres; fleurs roses, rouges, vermillon, jaune orangé, suivant l'espèce. Les uns sont de plein air et se cultivent facilement, les autres veulent la serre tempérée.

LAGERSTRŒMIA, *Lagerstrome*

Arbrisseaux très-jolis, à fleurs en grappes; demandent la serre.

Les espèces L. indica, L. regina, L. elegans, viennent de la Chine. Elles atteignent 3 à 4 mètres; leurs fleurs pourprés ou rose pâle sont abondantes, et ces végétaux peuvent être mis au premier rang pour l'ornementation d'une grande serre. Le L. *indica* se maintient bien dans la France méridionale et on l'y rencontre partout.

FAMILLE DES TAMARISCINÉES

Arbres et arbrisseaux.

TAMARIX, *Tamaris*

T. **Africana**, T. d'Afrique ; 4 mètres ; feuilles lancéolées ; fleur rose tendre, en épis sessiles avec
bractées.

T. **Gallica**, T. de France. Arbrisseau de 6 mètres ;
très-petites feuilles, amplexicaules, s'appliquant sur
les branches ; presque persistantes ; fleurs roses en
panicules pendant l'été. Multiplication de boutures.
Culture très-facile. Très-beaux végétaux d'ornement.

FAMILLE DES PHILADELPHÉES

Arbrisseaux à feuilles simples, opposées, sans
stipules.

PHILADELPHUS, *Seringat* ou *Seringa*

P. **coronarius**, S. des jardins, indigène. Arbrisseau de 3 mètres ; feuilles ovales à pointe, velues le
long des nervures ; juin, fleurs blanches en grappes,
très-odorantes. Variétés à fleurs doubles et à feuilles

panachées. Très-rustique, tout terrain ; massifs, clôtures, buissons. Multiplication de rejetons, de marcottes et de boutures avec du bois d'un an.

Les autres espèces du genre viennent de l'Amérique du nord : *P. inodorus*, *P. latifolius*, *P. grandiflorus*, et se cultivent de la même façon.

DEUTZIA, *Deutzia*

Arbrisseaux originaires du Japon et des Indes ; à fleurs en thyrses. Ce sont les Seringas des Indes, cultivés chez nous comme notre seringa indigène.

FAMILLE DES MYRTACÉES

Arbres et arbrisseaux à feuilles simples, ponctuées, opposées non stipulées.

EUCALYPTUS, *Eucalyptus*

L'Eucalyptus globulus est le géant de la famille ; nous ne le citons qu'à titre de curiosité ; car cet arbre énorme qui atteint cent mètres de haut, a besoin de la serre au moins froide, sous le climat de Paris. Il porte des fleurs blanches, axillaires, solitaires ou en faisceaux. On finira probablement par l'acclimater en Algérie. A Paris, dans les serres de la ville, on en élève un grand nombre que l'on place comme arbustes d'ornement dans les jardins publics, mais on les renouvelle annuellement.

MYRTUS, *Myrte*

Arbrisseaux à feuilles opposées et ponctuées.

M. communis, Myrte commun, midi de l'Europe où il atteint deux mètres. Sous le climat de Paris, il veut la serre tempérée et n'est plus dans la culture vulgaire qu'un arbuste de 60 à 90 centimètres, rarement de plus d'un mètre. Feuilles ovales lancéolées ; fleurs blanches, axillaires, délicieusement odorantes. Les fruits sont des baies noires, rondelettes et aromatiques.

Cette espèce possède un grand nombre de variétés. Les autres espèces, aussi frileuses, sinon davantage, viennent de l'Orient. Notre variété se cultive en pots ou en caisses et se taille généralement en boule après la floraison ; c'est la forme à laquelle il se prête le mieux.

FAMILLE DES GRANATÉES

Genre détaché des *myrtacées*, et dont on a fait une famille. Elle ne comprend que :

PUNICA, *Grenadier*

Son habitat primitif paraît avoir été Carthage ;

d'où le nom de *Punica*. Les Grenadiers, en Afrique, atteignent 5 à 7 mètres, et produisent tous ces beaux fruits, les *grenades*, objet d'un commerce considérable. On les cultive en pleine terre dans le midi de la France. Nous en parlons surtout comme d'une plante ornementale qu'on cultive maintenant un peu partout aux environs de Paris. Exposition chaude et abritée, couverture pendant l'hiver, et les autres soins semblables à ceux qu'on prodigue aux figuiers. Multiplication de marcottes, et surtout de drageons qui naissent en abondance de la racine de l'arbuste.

Arbuste à rameaux carrés, grêles, épineux ; feuilles caduques, luisantes. En automne, fleurs terminales au bout des ramifications de l'année, et formant un joli pompon écarlate. Cette manière d'être indique naturellement la taille de la plante ornementale, puisque les jeunes pousses, fleurissant toujours, permettent de couper le vieux bois.

FAMILLE DES CUCURBITACÉES

Plantes herbacées, grimpantes ou rampantes, dioïques ou monoïques, portant des vrilles opposées aux feuilles.

MOMORDICA, *Momordique*

Les trois espèces, Mixta, Charantia, Balsamina, dont la dernière est la *Pomme de merveille*, sont grimpantes et portent de grandes fleurs jaunes campanulées. Elles font de jolis berceaux et couvrent bien les retraites ménagées dans les jardins. Provenant de l'Inde, elles aiment la chaleur.

FAMILLE DES BÉGONIACÉES

Herbes à rhizome charnu, rameaux cylindriques ; feuilles excentriques sur le pétiole et inégalement partagées par la nervure principale ; fleurs monoïques ou unisexuées, en boules ou en cimes, blanches, rouges ou roses.

Des quelques genres qui composent la famille et qui n'ont d'affinités qu'avec les Cucurbitacées, nous ne prendrons que le genre

BÉGONIA, *Bégonia*

Le P. Plumier, qui devait plus tard rapporter le Fuchsia, dédia le Bégonia à Michel Bégon, intendant de la marine et gouverneur de Saint-Domingue qui, probablement, lui avait procuré le moyen de visiter les Antilles.

Cette plante est aujourd'hui classique. Elle compte plus de trente espèces, et quelques espèces ont un grand nombre de variétés. La diffusion du Bégonia tient à ce que la culture en est très-facile et que la plante, tant par son feuillage que par ses fleurs, est souverainement ornementale. Le P. Plumier avait dû la découvrir soit dans les fentes des rochers, à l'ombre, soit même sur les arbres où du terreau de feuilles mortes s'était accumulé dans les bifurcations. Venue des pays chauds et des lieux humides, elle n'a pu vivre chez nous en hiver sans exiger impérieusement l'abri d'une serre tempérée. Cependant quelques espèces, pendant le repos surtout, résistent à la température descendue au-dessous de zéro. Les Bégonias ne conservent pas tous leurs tiges. Quelques espèces les perdent à l'automne et ont des tubercules vivants d'où sortent de nouvelles pousses au printemps. Jamais de grands soleils continus. Arroser directement avec réserve ; mieux vaut placer le pot dans une soucoupe remplie d'eau ; ce qui ne doit pas empêcher de laver les feuilles de temps en temps. Terre de bruyère.

Disposés sur des tertres ou en gradins, les Bégonias offrent un coup d'œil unique.

Dans l'appartement, ils sont d'un entretien facile et s'accommodent fort bien de cette domesticité.

FAMILLE DES PASSIFLORÉES

Sous-arbrisseaux, très-rarement plantes herbacées, à tige grimpante, avec des vrilles à l'aisselle des feuilles.

PASSIFLORA, *Passiflore*

P. cœrulea, P. à fleur bleue ; Fleur de la Passion ;
Grenadille, Pérou. Vivace, grimpante, 10, 12, 15,
20 mètres ; feuilles à cinq divisions obtuses, pétiole
couleur rouge brun ; fleur blanc, bleuâtre et bleue à
l'extrémité, larges comme la main, de juin à octobre ;
fruits comestibles, jaune-orangé, de la grosseur d'un
œuf. Multiplication de semis, de boutures et de marcottes. Sol léger, bonne exposition découverte au
midi. Culture pour ainsi dire sans soins.

P. incarnata, P. incarnate ; grimpante, moins que
la précédente ; feuilles à 3 lobes au lieu de 5 ; fleurs
de même taille, panachées diversement ; fruit plus
gros. Même culture facile. La gelée peut tuer la tige,
mais la racine en émet une autre qui fleurit la même
année.

Mentionnons pour mémoire une trentaine d'espèces
de serre qui veulent la terre de bruyère, et dont la
principale culture consiste à rabattre les tiges une
ou deux fois l'an afin de provoquer la floraison.

FAMILLE DES LOASÉES.

Plantes herbacées, parfois grimpantes, pourvues
de poils rudes à piqûre brûlante comme celle des
orties.

BARTONIA, *Bartonie*

Herbe à tiges dressées.

B. aurea, B. dorée, Californie. Annuelle, hérissée de poils ; 50 à 60 centimètres ; feuilles découpées peu profondément ; grandes fleurs jaunes avec étamines de même couleur. Corbeilles, massifs, etc. Terre meuble et saine.

FAMILLE DES PORTULACÉES

Herbes à feuilles charnues, ou sous arbrisseaux.

PORTULACA, *Pourpier*

P. grandiflora. P. à grandes fleurs, Brésil. Annuel, quelquefois vivace ; 10 à 15 centimètres ; rameux, rougeâtre ; juin-septembre, grandes fleurs rouge violet, en bouquet à l'extrémité des rameaux.

Variétés de couleur variées à fleurs doubles ou pleines. Multiplication de semis au printemps. Les graines doivent être jetées simplement sur terre. Exposition au soleil. Bordures, corbeilles, massifs. Terre légère, plutôt sablonneuse que forte.

CALANDRINIA, *Calandrinie*

C. umbellata, Amérique du Sud. Annuelle ; tige de

15 à 20 centimètres ; feuilles linéaires ; fleur rose
violacée, en ombelles, juillet-septembre ; culture et
emploi du pourpier.

Même culture aussi pour les espèces : *C. speciosa*,
C. elegans, *C. grandiflora*. Cette dernière à fleurs
roses est très-jolie.

FAMILLE DES CRASSULACÉES

Herbes et sous-arbrisseaux à feuilles grasses,
comme les Portulacées.

Sedum.

11.

SEDUM, *Orpin*

Herbes vivaces, quelques-unes annuelles. Les espèces indigènes suivantes sont vivaces.

S. dasyphillum, à feuilles épaisses. Tige grêle,

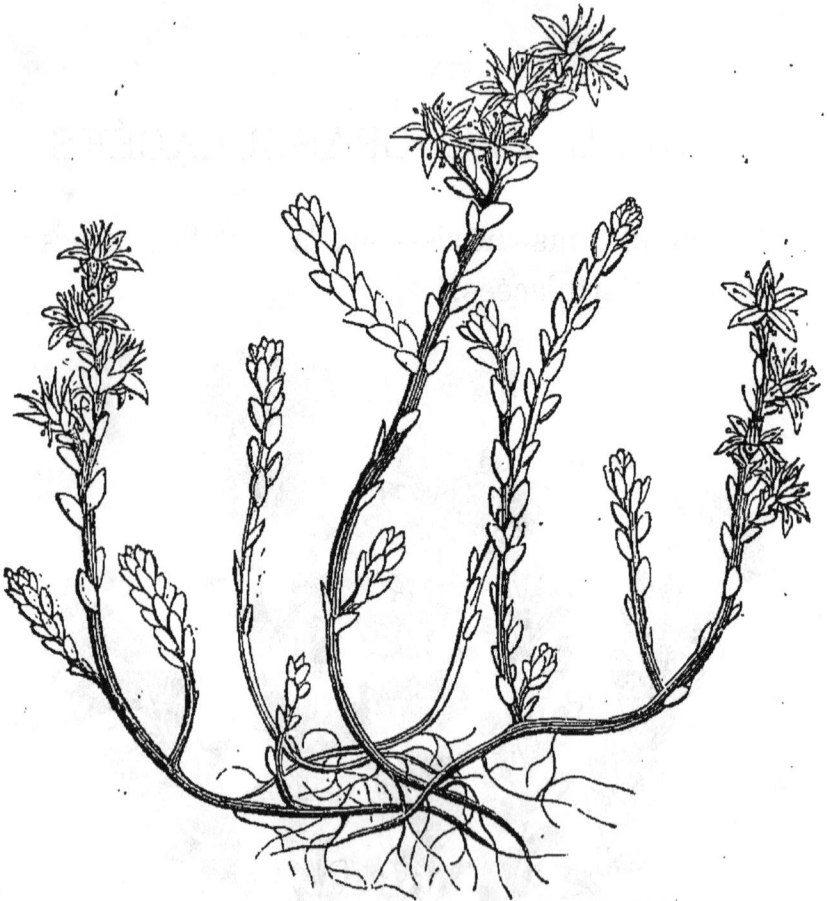

¡Le Sedum à fleurs jaunes.

feuilles ovales; juin-août, fleurs blanches. Sur les murs
et les toits.

S. album, Orpin blanc; 10 à 15 centimètres; même
floraison, murs et toits.

S. acre, O. brûlant, plus bas; murs et toits; fleurs jaune d'or.

S. reflexum., O réfléchi, murs et toits, fleurs jaunes.

Il existe un grand nombre d'autres variétés indigènes, d'Afrique, du Caucase et du Japon dont on fait de jolies bordures, des corbeilles et des massifs.

SEMPERVIVUM, *Joubarbe*.

Herbes vivant plusieurs années; feuilles charnues

Joubarbe tabulaire.

persistantes, en rosette du milieu de laquelle monte une hampe portant une grappe de fleurs. Plantes rustiques qui font l'ornement des murailles, des toits, des rocailles. Dans beaucoup de villages elles croissent spontanément sur les couvertures en chaume des murs et des bâtiments.

S. tectorum, J. des toits, artichaut sauvage ; fleurs grandes, abondantes, d'un rose pâle, étoilées.

Toutes les espèces à fleurs étoilées, purpurines ou roses sont des Alpes, conséquemment indigènes. Ont la même origine, les espèces à fleurs jaunes en clochettes, et les espèces à fleurs étoilées jaunes.

Les espèces originaires de Madère ou des Canaries veulent la serre.

Nos espèces indigènes se multiplient par la séparation des rejets qui poussent à la base ou à l'aisselle des feuilles. Quelques amateurs font le plus grand cas des Joubarbes. Si elles se prodiguent naturellement partout, sur les murs, dans les endroits pierreux, au bas des sentiers, sur les talus des chemins, il n'en est pas moins vrai que sous la main d'un amateur habile, elles forment des groupes charmants soit dans les plates-bandes, soit en corbeilles, etc.

FAMILLE
DES MÉSEMBRIANTHÉMÉES

Les deux familles précédentes et celle-ci forment, dans la série des familles végétales, une transition naturelle entre les plantes à feuilles minces et les *Cactées* qui viennent à la suite des Mésembrianthémées.

Ces dernières sont des herbes ou des sous-arbrisseaux à feuilles consistantes, grasses et charnues, de forme très-variées et non stipulées.

MESEMBRIANTHEMUM. *Ficoïde.*

M. tricolor, Ficoïde tricolore, Cap ; 8 à 10 centimètres, feuilles charnues, linéaires, amplexicaules ; grandes fleurs blanches à la base et roses au sommet, de juillet à novembre.

M. pomeridianum, F. de l'après-midi, dont les fleurs jaunes et grandes ne s'ouvrent qu'après-midi.

Presque toutes les Ficoïdes sont originaires du Cap. Toutes veulent la serre tempérée en hiver. Multiplication de semis sur couches. Sous la main des gens de goût, ces plantes demi-grasses, ornementales au moins autant par le feuillage que par la fleur, peuvent faire des bordures, des corbeilles, des massifs, ou servir d'éléments à d'autres décors. On en possède dans la culture courante une trentaine d'espèces. Plantes d'appartement.

FAMILLE DES CACTÉES

Les Cactées, originaires du Brésil et du Mexique, sont des plantes généralement sans feuilles, à tiges épaisses, charnues, d'une floraison splendide, qui se trouvent maintenant partout. Il est donc utile de donner quelques conseils relatifs à leur culture.

Les Cactées peuvent rester l'hiver dans les appartements avec 5 ou 6 degrés de chaleur, quelquefois moins. La bonne moyenne est de 8 à 10 degrés. Mais il leur faut de la lumière, le plus de lumière possible. Pendant la belle saison, jusqu'aux derniers beaux jours de l'automne, ils peuvent vivre en plein air. L'été on les garantit un peu de l'action directe prolongée du soleil. Un préjugé, que nous ne saurions trop combattre, veut que les Cactées n'aient besoin ni d'air ni d'eau. Le contraire est la vérité. Seulement, il faut ajouter que l'eau froide qui tomberait en hiver sur les feuilles soit d'une toiture de serre, soit d'un arrosoir, est mortelle aux plantes grasses. Au reste, dans les saisons froides, il faut peu ou point d'eau. En mai, juin, juillet et août, on arrose journellement avec la pomme de l'arrosoir qui lave les feuilles, et cette opération doit avoir lieu le matin. Vers la fin d'août on cesse d'arroser jusqu'à leur rentrée en octobre, et jusqu'au printemps on ne leur donne de l'eau que quand la terre est absolument trop sèche.

A la rigueur, la terre de jardin un peu sableuse suffit aux Cactées, mais on peut leur préparer un compost fait de terre de bruyère, d'un peu de sable, de charbon concassé assez fin et de bouse de vache sèche et pulvérisée.

La multiplication par la greffe demande une certaine habitude ; mais elle est très-facile par le bouturage. Le premier venu peut bouturer avec succès un Cactus. Vous cassez une partie de plante et vous laissez ce fragment sur une tablette jusqu'à ce que la plaie soit bien cicatrisée, c'est-à-dire à peu près sèche. Vous enfoncez en partie votre bouture qui reprendra facilement, pourvu que vous arrosiez très-peu. La cicatrisation préalable de la bouture l'empêchera de pourrir.

On ne pratique guère le semis que dans les grands établissements ou dans les cultures spéciales.

Le cadre de ce Manuel ne nous permet pas de donner ici les quelques centaines d'espèces de Cactées. Il nous paraît suffisant d'indiquer les tribus et d'en donner les principaux caractères. Ces tribus ou sections peuvent se résumer dans les dix suivantes qui vont s'écartant de plus en plus de la forme des végétaux ordinaires :

1° *Phyllocactus,* Cactus à semblants de feuilles ;

2° *Pilocereus,* Cierge à poils ;

3° *Cereus,* Cierge ;

4° *Cereus flagelliformis,* Cierge serpentin ;

5° *Opuntia,* Raquette;

6° *Epiphyllum,* Épiphylle ;

7° *Mamillaria,* Mamillaire ;

8° *Echinopsis,* Echinops ;

9° *Melocactus,* Mélocacte ;

10° *Echinocactus,* Echinocacte.

PHYLLOCACTUS, *Phyllocacte*

Cactus à rameaux aplatis, longs, largement dentés ou crénelés sur les bords. Ces rameaux ont l'air de feuilles découpées sur les bords, mais charnues et plus consistantes que les feuilles ordinaires. Les fleurs, qui viennent assez facilement, naissent dans les découpures en mai-juin. Fleurs roses ordinairement blanches et nocturnes, très-odorantes dans quelques espèces. Mexique.

Cierge.

PILOCEREUS, *Cierge à poils*

On l'appelle aussi *Tête de vieillard*. Ce Cactus est une colonne toute d'une pièce d'abord, émettant en- suite quelques rameaux quand il vieillit. Il est du haut en bas couvert de poils ou crins laineux blancs. Au Mexique il atteint une hauteur de 8 à 10 mètres ; 28 à 32 côtes longitudinales, fleurs abondantes, rouge violacé.

CEREUS, *Cierge*

Tiges sans feuilles, avec ou sans rameaux, les unes droites, les autres diffuses. Fleurs tubuleuses, roses, verdâtres, d'environ 15 centimètres de diamètre. Le cierge porte 3 ou 5 cannelures longitudinales.

CEREUS FLAGELLIFORMIS, *Cierge serpertin*

Tiges grosses comme le doigt, flexibles, nom- breuses, pouvant former des girandoles ou garnir un vase suspendu dans un appartement dont l'air sec est, d'ailleurs, un excellent milieu pour ce Cactus. Fleurs abondantes, rouge carmin, au printemps. Les tiges retombantes fleurissent plus abondamment que les autres.

OPUNTIA NOPAL, *Raquette*

Ces plantes, originaires du Mexique, sont nom- breuses en Grèce et même sur nos côtes de la Médi-

terranée où elles atteignent 2 et 3 mètres. Fruit comestible qu'on fait sécher en Sicile pour l'alimentation
d'hiver. Tiges et rameaux articulés et plats, ressem-

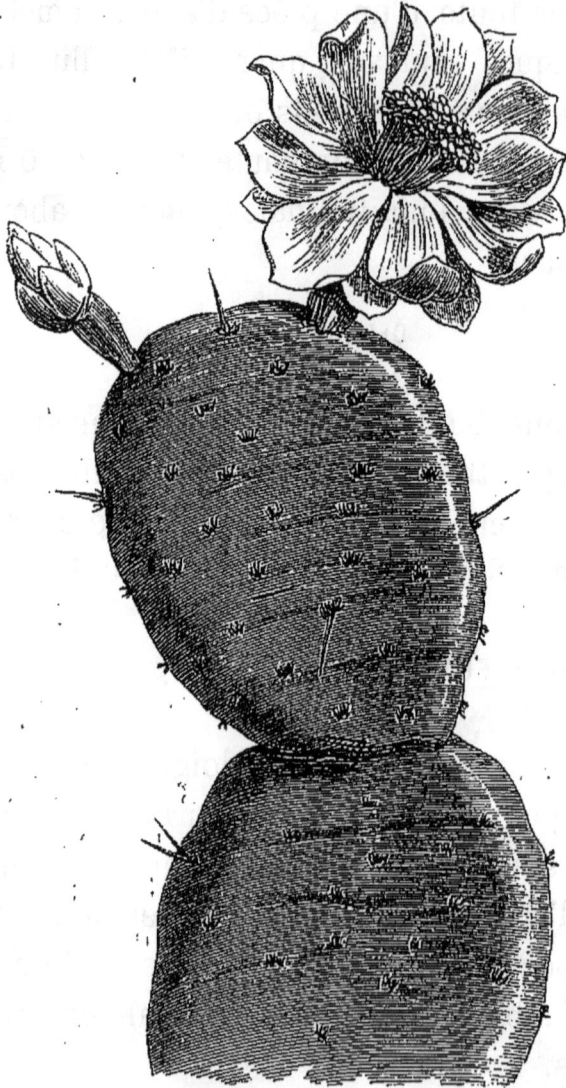

Opuntia.

blant à une ligne de pièces de monnaies un peu
ovales et mises bout à bout sur une table. Fleurs
jaune soufre très-belles ; fruits rouges. La coche-

nille, aux Antilles, vit et est cultivée sur l'espèce
Opuntia coccinellifera.

EPIPHYLLUM, *Epiphylle*

L'Épiphylle vit au Brésil sur les arbres sans leur
emprunter sa nourriture. C'est un faux parasite ou
épiphyte. Il a les tiges diffuses et rampantes du

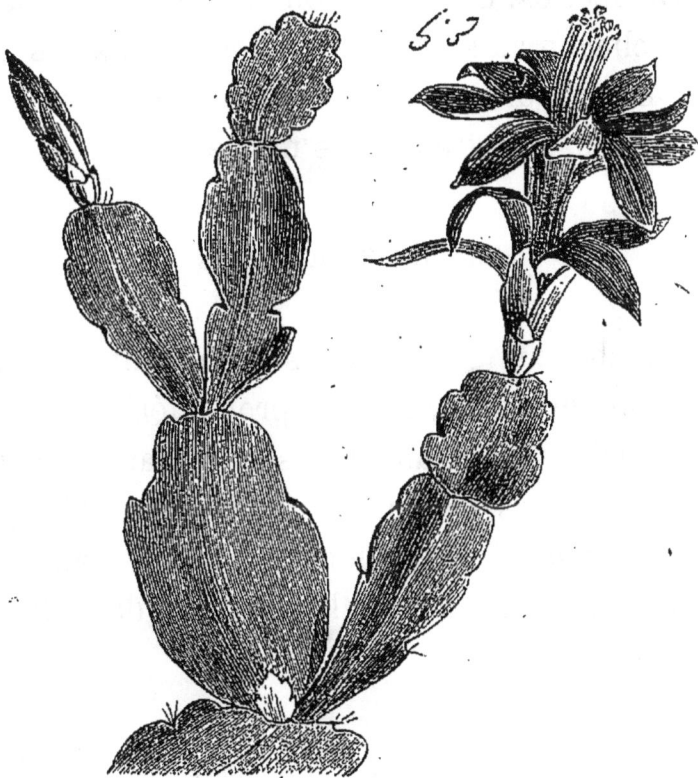

Épiphylle.

Cereus, mais aplaties, comprimées et articulées,
chaque articulation se terminant par une sorte de
section droite d'où part l'articulation suivante. Jolies
et grandes fleurs roses, rouges ou violacées de no-

vembre en mars. L'Épiphylle est très-frileux et veut la serre chaude.

MAMILLARIA, *Mamillaire*

Cactus de forme arrondie ou obovale, couvert de mamelons en cônes ou ronds, ou grossièrement taillés à facettes. Ces mamelons forment la spirale et portent chacun au sommet une touffe de soies et de dards. Les fleurs, petites, durant quelques jours seulement, naissent entre les mamelons.

ECHINOPSIS, *Echinops*

Cactus charnu, globuleux, s'allongeant à la vieillesse, d'un vert foncé, cannelé profondément, portant sur les arêtes des cannelures des mamelons d'où sortent des fleurs solitaires, nombreuses, d'un beau blanc. On rencontre fréquemment cette plante dans le midi de la France, entre les roches, dans les endroits secs et arides.

MELOCACTUS, *Mélocacte*

Melon épineux, Cactus en forme de melon, profondément cannelé, surmonté d'une espèce de mamelon laineux qui se couronne de fleurs petites et rouge foncé. Ces Cactus sont délicats et se conservent difficilement en serre.

ECHINOCACTUS, *Echinocacte*

Cactus déprimé, globuleux, allongé ou cylindrique, a des côtes en nombre variable, de 5 à 24, et épineuses ; les fleurs disposées en rosaces ont de 7 à 8 centimètres de diamètre et sont d'un beau jaune

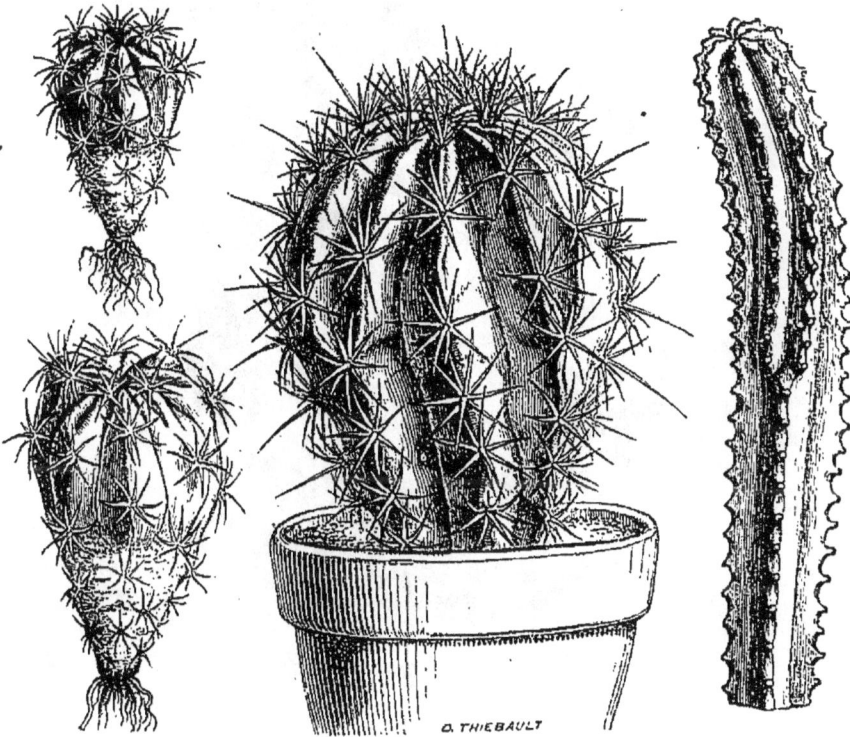

Echinocactus spiralis à divers âges.

d'or. C'est par l'absence du manchon et par la largeur et la teinte de ses fleurs qu'on distingue ce Cactus du précédent.

Les types que nous venons de passer en revue suffiront pour qu'on se reconnaisse dans les centaines d'espèces qui se rencontrent aujourd'hui dans les cultures privées ou publiques et dans les appartements.

Echinocactus Ottonis.

FAMILLE DES SAXIFRAGÉES

Les plantes de cette famille tirent leur nom de la prétendue propriété qu'elles auraient de diviser les rochers en poussant dans les interstices. Elles sont herbes ou sous-arbrisseaux.

SAXIFRAGA, *Saxifrage*

Plantes herbacées, croissant au milieu des rochers, à feuilles radicales, en rosette ; fleurs en cimes ou en panicules, régulières, à 10 étamines.

Une quarantaine d'espèces de plein air.

S. oppositifolia, S. à feuilles opposées, indigène. Vivace, dans les fentes des rochers calcaires ; tige très-basse, traînante, très-rameuse ; feuilles petites et opposées ; en février-mars, fleurs grandes, solitaires, d'un beau rose-rouge.

S. crassifolia, S. à feuilles épaisses, Sibérie. Vivace ; très-répandue aujourd'hui ; grandes feuilles épaisses et persistantes ; en mars-avril, bouquet de fleurs roses en haut d'une hampe de 25 à 30 centimètres.

S. sarmentosa, S. sarmenteuse, Chine. Vivace ; très-jolie espèce ayant des feuilles épaisses, en rosettes, dentées, panachées de blanc et de vert à la face supérieure ; fleurs en juin-août, à 5 pétales dont 3 roses en haut avec taches jaunes, et deux en bas, blancs et pendants. Très-propre à décorer les appartements. Un peu frileuse en hiver.

S. hypnoïdes, S. hypnoïde, gazon turc, Alpes. Vivace ; tiges grêles, formant un gazon touffu ; feuilles petites ; fleurs blanches, très-menues, en mai. On en fait des bordures épaisses qu'on est forcé de couvrir pour les garantir du soleil. Ces bordures se dégarnissent vite, mais elles se comportent bien à l'ombre. Rocailles, lieux frais; tombes ombragées.

S. umbrosa, S. ombreuse, Alpes. Mignonnette, Amourette, Désespoir des peintres. Vivace, radicante; feuilles dressées, en rosettes, tiges de 15 à 25 centimètres au bout desquelles se montrent des fleurs blanches ponctuées de jaune ou de rouge, en corymbe paniculé. Bordures, rocailles. Multiplié par division des touffes.

Les Saxifrages sont très-nombreuses; la plupart des espèces servent à établir des bordures.

HOTEIA, *Hoteia*

H. Japonica, H. du Japon. Vivace; 20 à 30 centimètres; jolies feuilles divisées et dentées. En mai-juillet, petites fleurs blanches très-abondantes, en grappes. Aime l'ombre et la terre légère, sablonneuse. Bordures, rocailles, jardinières d'appartement. Il lui faut de la chaleur en hiver.

Les Saxifrages sont d'une culture facile. Pourvu que la terre soit légère et poreuse, terre de bruyère surtout, et que cette terre soit renouvelée au moins tous les deux ans, on obtient d'excellents résultats, en le mettant à demi-ombre. On multiplie d'éclats au printemps et à l'automne. En mêlant au sol de la limaille de fer ou des ardoises concassées, on transforme en fleurs *bleues* les fleurs ordinaires des Saxifrages.

Une plante d'ornement, la plus remarquable de la famille, c'est

HYDRANGEA, *Hortensia*

Les H. sont des plantes originaires des États-Unis pour quelques espèces; du Japon, de la Chine et du Népaul pour un plus grand nombre. Sous-arbrisseaux à feuilles simples, opposées, non stipulées, du plus beau vert; fleurs en boules terminales, d'abord vertes, puis prenant leur couleur blanche, rose ou rouge; enfin, après trois à quatre mois, ces énormes corymbes perdent peu à peu leur teinte de la saison, qui se dégrade jusqu'au blanc sale.

H. arborescens, H. en arbre, H. cordata, H. en cœur; H. nivea, H. neigeux, H. quercifolia, H. à feuilles de chêne, sont des espèces américaines. Le *nivea* porte des fleurs d'un blanc pur.

H. altissima, H. très-haut (2 m.), et une douzaine d'espèces acclimatées viennent du Japon.

Hydrangea Hortensia, notre Hortensia des jardins vient de la Chine. Son importation, vers la fin du siècle dernier, est due à Commerson, et cette belle plante a été dédiée à madame Hortense Lepaute, femme de Henri Lepaute, le célèbre horloger.

L'Hortensia est une fleur de luxe qu'on rencontre aujourd'hui partout, qu'on cultive en caisse ou dont on fait de splendides massifs. Feuilles ovales, larges, dentées, très-lisses; fleurs en gros corymbes, roses, de juin à l'hiver.

Culture. — Les espèces de provenance améri-
caine sont rustiques, et les autres bravent le climat
de Paris en hiver, ou du moins ne demandent que
peu de soins. Une simple poupée en paille suffit pour
les abriter.

On peut obtenir des fleurs bleues en mélangeant
de la limaille de fer à la terre de la caisse. Des ardoises concassées produisent la même teinte.

L'Hortensia veut la terre de bruyère, au moins en
grande partie. Cette terre doit être renouvelée tous
les deux ou trois ans. Si le dépotage ne peut avoir
lieu complétement, on enlève aussi profondément
que possible la terre du dessus des caisses et l'on
remplace par de la terre de bruyère neuve.

A défaut de terre de bruyère, on peut préparer une
terre faite de terre de jardin et de marc de café ou
de terreau de feuilles. Nous avons nous-même obtenu des résultats très-beaux avec du marc de café.

Si le sol est mauvais et que vos Hortensias jaunissent, arrosez-les avec de l'eau (10 litres) dans laquelle vous aurez fait dissoudre du sulfate de fer du
volume d'un petit œuf de poule, et le feuillage rede-
viendra du vert le plus vif et le plus luisant après
deux ou trois arrosages. Ce procédé ne nous a jamais trompé. Le sulfate de fer coûte peu de chose et
se trouve chez tous les pharmaciens.

Comme les pousses se présentent le long des rameaux et sur toute leur longueur, on peut rabattre
la plante sur les pousses les plus basses ; mais n'oubliez pas que les fleurs ne viennent qu'au bout des

rameaux de deux ans, ce qui doit vous apprendre que tout rameau pincé ne fleurit plus.

Ces plantes aiment les expositions un peu fraîches et à demi-ombragées. Arrosages fréquents et copieux.

Multiplication d'éclats, printemps ou automne.

Complétons cette petite étude en disant qu'aucune plante sous-ligneuse ne peut être plus facilement tenue basse et près du sol, et conséquemment être rajeunie à volonté. Mais, comme nous l'avons dit, il faudra attendre les fleurs pendant deux ans à l'extrémité des pousses nouvelles. Nous conseillerons donc d'opérer la taille totale ou le rajeunissement en deux années. La première, vous taillerez la moitié des vieux rameaux; la seconde vous taillerez le reste; de cette façon, vous aurez des fleurs à chaque saison.

FAMILLE DES OMBELLIFÈRES

DIDISCUS, *Didisque*

D. cœruleus, D. bleu, Australie. Herbe annuelle, velue, droite; 60 à 80 centimètres; juillet-septembre, fleurs bleues, en pommes, comme l'Hortensia. Multiplication de semis sur place en avril. Plates-bandes, massifs Terre-légère où l'eau ne séjourne pas.

ASTRANTIA, *Astrance*

A. major, A. grande, indigène. Vivace; 50 à
70 centimètres; tige rameuse; fleurs blanches, en
juin-juillet, soutenues par 15 ou 20 bractées roses ou
rouges. Multiplication d'éclats. Plates-bandes; rocailles, lieux ombragés. Terre de bruyère.

A. minor, A. petite, indigène. Vivace; moins
grande que la précédente; même culture et même
emploi.

ERYNGIUM, *Panicaut*

E. amethystinum, P. améthyste; le principal du
genre, Adriatique. Vivace; tige de 50 à 60 centimètres, rameuse, dressée; feuilles à long pétiole, en
cœur; en juillet-août, fleurs en capitules, bleu
améthyste. Multiplication d'éclats en mars, ou de
semis après maturité des graines. Terre sablonneuse
et chaude exposition.

Même culture pour les espèces: *P. des Alpes*,
P. à feuilles planes, *P. maritime*, qui toutes ont des
fleurs bleues en ombelles.

BUPLEVRUM, *Buplèvre*

B. fruticosum, B. frutescent, Oreille de lièvre.
Arbrisseau de 1 m. 50 cent.; indigène: tiges rameuses;
feuilles persistantes; en août, petites fleurs jaunes
en ombelles. Multiplication de semis, de marcottes

et de boutures. Terre franche, humide et légère ;
exposition à mi-soleil. Quelques amateurs, peu de
temps après la floraison, coupent les fleurs beaucoup
moins ornementales que le feuillage.

FAMILLE DES ARALIACÉES

Arbres et sous-arbrisseaux ; quelquefois, mais
rarement, herbes.

HEDERA, *Lierre*

Arbrisseaux droits ou grimpants, et se maintenant
le long des murs à l'aide de petites racines adventices
venues le long des tiges sarmenteuses et tendues ;
feuilles persistantes, luisantes, coriaces ; en automne,
petites fleurs verdâtres ; baies noires.

Le lierre prospère partout et dans tout terrain,
pourvu qu'il n'ait pas une exposition trop ensoleillée.
On le multiplie de semis, de marcottes et de boutures.

L. *Hedera Helix* est le Lierre indigène.

ARALIA, *Aralie*

Ce genre est remarquable surtout par son feuillage ornemental.

A. spinosa, A. épineuse, États-Unis ; tige de 2 à
3 mètres, arborescente, épineuse comme les pétioles.

La moelle est abondante. Très-grandes feuilles. A
l'automne, fleurs blanches en vastes panicules ramifiées. Rustique; tout terrain, même aride. Multiplication de rejet ou par racines bouturées. Les ama-

Aralia.

teurs qui cultivent cette plante feront bien de la renouveler dès qu'elle aura atteint sa croissance, car le
feuillage cesse d'être aussi beau.

A. Sinensis, A. de Chine, ou papyrifère. La tige
ressemble beaucoup à celle du sureau. La moelle qui

en occupe une grande partie sert à faire le vrai
papier de Chine. Arbrisseaux de 2 mètres ; étalant sa
cyme en une sorte de boule de 5 à 6 mètres de circonférence. Très-grandes feuilles à long pétiole ; ressemblant aux feuilles de vigne, ayant en dessous un duvet blanc épais, et se tenant en éventail comme des
feuilles de palmier. Très-petites fleurs insignifiantes
en panicule. Multiplications par tronçons de racines
de quelques centimètres en terrines et entouré de
bruyère. Tout terrain. Frileuse. Il existe un grand
nombre d'espèces, toutes à feuillage ornemental.

FAMILLE DES HAMAMÉLIDÉES

Arbrisseaux et arbres.

HAMAMELIS, *Hamamélide*

H. Virginica, H. de Virginie (États-Unis). Petit
arbre de 4 à 5 mètres ; feuilles alternes stipulées ;
fleurs axillaires en faisceaux. Végétal de peu d'intérêt.
Décore bien les pelouses.

FAMILLE DES CORNÉES

Arbrisseaux, arbustes, quelquefois herbes.

BENTHAMIA, *Benthamie*

B. fragifera, B. porte-fraises, Népaul. Arbrisseaux de 2 mètres, souvent plus haut, toujours vert ; feuilles lisses en dessus, soyeuses et blanches en dessous ; fleurs blanc de lait ; fruit à chair blanche et sans saveur. Terre légère, mélangée par moitié de terre de bruyère. Orangerie l'hiver ; s'il est possible de le couvrir, on peut la laisser à l'air libre. Multiplication de greffes, de boutures et de marcottes.

B. Japonica, B. du Japon ; feuilles lancéolées ; fleurs jaunes en mai-juin ; fruits rouges, mangeables, gros comme une noisette. Même culture.

CORNUS, *Cornouiller*

Ce genre comprend un grand nombre d'espèces, comptant à leur tour des variétés nombreuses.

Cet arbrisseau, dans les jardins bourgeois, a son utilité. Outre qu'il donne des fruits mangeables, on peut s'en servir pour masquer des angles, ou des parties qu'on ne veut pas laisser voir. Une particularité de l'espèce *Cornouiller sanguin*, c'est que ses branches, en touchant à terre, s'enracinent.

AUCUBA, *Aucuba*

A. Japonica, A. du Japon. Arbrisseau de 2 à 3 mètres ; feuilles pointues, à dents larges, d'un vert sombre et reluisant, fruits rouges, abondants, passant l'hiver à l'arbre.

MONOPÉTALES

Les plantes monopétales sont celles dont la fleur porte une corolle d'une seule pièce, quelles qu'en soient les découpures.

FAMILLE DES CAPRIFOLIACÉES

Arbrisseaux à feuilles opposées, entières ou découpées.

SYMPHORICARPOS, *Symphorine*

S. racemosa, S. à grappes ; Arbre aux perles, Canada. Arbuste de 2 mètres ; feuilles lancéolées ; en août fleurs rouges et petites ; fruit blanc, persistant tout l'hiver, mangeable, de la grosseur d'une cerise.

S. Mexicanus ou montanus, S. du Mexique. Moins haut que le précédent ; feuilles ovales, lisses ; fleurs rosées ; fruits rouges. La floraison dure tout l'été.

S. parviflora, S. à petites fleurs, Etats-Unis. Arbrisseaux de 1 mètre ; à feuilles plus rondes et lisses ; en août, fleurs blanches très-petites ; baies rouges, persistantes. Tout terrain pour les trois espèces, et multiplication par drageons.

DIERVILLA, *Dierville*, *Weigelia*

D. Canadensis, D. du Canada. Arbrisseau de 80 centimètres à 1 mètre ; très-rameuse ; feuilles ovales en pointe ; fleurs jaunes en juin.

D. Japonica, D. du Japon. Arbuste un peu plus haut ; feuilles opposées, ovales ; fleurs abondantes, roses, au début du printemps. Terrain riche et léger. Multiplication de semis, de boutures et de marcottes.

Variétés nombreuses parmi lesquelles la *D. amabilis*.

LONICERA, *Chèvrefeuille*

On distingue trois espèces différentes : les Chèvrefeuilles *volubiles ;* les Chèvrefeuilles *non volubiles* ou *Chamécerisiers*, et les Chèvrefeuilles de serre.

Culture. — En raison de l'emploi fréquent du chèvrefeuille pour tapisser des murs, encadrer des portes, couvrir des kiosques, etc., nous avons un mot à dire de la culture de cette plante grimpante, si jolie malgré sa vulgarité, et surtout si odorante.

Quand on plante une tige de chèvrefeuille, il faut la coucher dans presque toute sa longueur. Le pied ne sera bien vigoureux qu'à cette condition. Le terrain doit être léger et chaud. Outre le couchage, on peut multiplier la plante de semis, de boutures et de drageons. Les expositions mi-ombragées sont les meilleures.

Espèces grimpantes ou *volubiles*

L. caprifolium, Ch. des jardins, Ch. vulgaire. Arbrisseaux de 5 à 6 mètres, à rameaux sarmenteux et flexibles ; feuilles allongées, luisantes en dessus, pâles en dessous ; fleur jaune pâle, en mai ; fruit rouge. Variété à fleurs presque rouges.

L. periclymenum, Ch. des bois, indigène. Tiges grimpantes moins fortes ; tout l'été et l'automne, fleurs jaunâtres à l'extrémité des rameaux. Très-odorant.

L. flava, Ch. jaune, Amérique ; tout l'été gros bouquets de fleurs à l'extrémité des rameaux. Très-belle espèce, mais peu grimpante, — 3 mètres au plus.

L. sempervirens, à feuilles persistantes. États-Unis ; 3 à 4 mètres ; gros bouquets de fleurs rouges au bout des rameaux.

Espèces non grimpantes, ou *Chamécerisiers*

L. Pyrenaica, C. des Pyrénées. Arbuste d'un mètre, à feuilles longues et entières ; en juin, fleurs roses lavées de jaune.

S. fragrantissima, C. très-odorant ; 1 m. 50 cent. ; fleurs blanches, odorantes, délicates, janvier-mars.

L. xylosteum, C. des haies, indigène ; 2 à 3 mètres, en touffes, en broussailles ; fleurs d'un jaune pâle.

Nous laissons de côté un grand nombre d'espèces et de variétés.

Espèces de serres froides

.L. occidentalis et L. hispidula sont deux espèces originaires de l'Amérique du Nord, la première à fleurs jaune rougeâtre, la seconde à fleurs rose-lilas, toutes les deux, fleurissant en été, demandent en hiver au moins la serre froide.

LEYCESTERIA, *Leycestérie*

L. formosa, L. élégante, Népaul. Arbuste de 1 mètre, à fleurs en épis, blanc rosé ; fruits rouges. Variété à feuilles panachées.

LINNÆA, *Linnée*

L. borealis, L. boréale, Europe australe, Suisse. Vivace ; tige longue et rampante ; feuilles dentées ; de juin à août, fleurs roses, odorantes, en grappes. Terre de bruyère. Rocailles, lieux ombragés.

SAMBUCUS, *Sureau*

S. nigra, S. commun, indigène. Arbuste de 4 à 6 mètres ; feuilles à 5 folioles ; en juin, fleurs blanches très-odorantes. Baies pourpre noirâtre. Variétés très-nombreuses. Multiplication très-facile de boutures. Tout terrain ; mais un peu de fraîcheur. On fait avec le sureau des haies que la taille rend épaisses et infranchissables.

Le Sureau.

S. Canadensis, S. du Canada; 2 mètres, mêmes fleurs et mêmes fruits, aux mêmes époques que ci-dessus.

S. racemosa, S. à grappes. Europe, 3 à 4 mètres; en avril-mai, fleurs blanc verdâtre ; fruits rouges.

VIBURNUM, *Viorne*

Arbustes et arbrisseaux.

V. tinus, Viorne Laurier-Tin, indigène. Arbuste de 2 à 3 mètres ; feuilles entières, d'un beau vert luisant, persistantes ; fleurs en hiver, rosées puis blanches. — Variétés et sous-variétés. Tout terrain un peu frais. Multiplication de semis, de marcottes et de boutures. Il est plus prudent de le pailler en hiver

V. lantana, Viorne des bois ; Viorne commune ; Viorne-Mansienne. Arbrisseau de 4 à 6 mètres ; à tiges grêles et duveteuses ou feutrées ; feuilles ovales, rougissant à la chute ; fleurs blanches en mai-juin.

V. opulus, V. Obier, Boule de neige, Rose de Gueldre. Arbuste indigène, de 4 à 5 mètres ; tiges s'enchevêtrant en buisson ; feuilles devenant rouges avant la fin de la saison ; fleurs semblables à celles des Hortensias.

ABELIA, *Abélie*

Arbrisseau peu répandu chez les amateurs, mais pourtant bien joli. Superbe feuillage et belles fleurs odorantes.

Les deux espèces suivantes, originaires de la Chine, sont de plein air :

A. Sinensis, A. de Chine ; fleurs roses par trois.

A. uniflora, A. uniflore, Chine ; fleurs roses solitaires.

Les deux espèces qui suivent veulent la serre froide.

A. rupestris, A. des rochers, Chine. Arbrisseau buissonneux ; en août, fleurs en bouquets, rose-lilas.

A. floribunda, à fleurs nombreuses, Mexique.

Abelia triflora.

Buissons à rameaux retombants ; feuilles persistantes ; en octobre, fleurs rouges, terminales, en bouquets retombants.

Terre de bruyère pour les quatre espèces ; multiplication de boutures en serre. Les boutures reprennent facilement.

FAMILLE DES RUBIACÉES

Arbres, arbrisseaux et herbes à feuilles simples.

GARDENIA, *Gardenia*

Plantes aujourd'hui très-cultivées dans les serres commerciales aux environs de Paris. Elles demandent la serre chaude et exigent au moins autant de soins que le Camellia. Toutes les espèces sont à fleurs blanches et odorantes.

Pour ne pas nous répéter, nous renverrons, pour les soins à donner, pour la culture et pour le sol, à ce que nous avons dit à l'article du Camellia ; mais le Gardenia paraît être un peu plus frileux. On multiplie très-bien par boutures, ou par greffes sur l'espèce *G. radicans*.

G. **florida**, Jasmin du Cap, Chine ; arbrisseau d'un mètre à 1 m. 50 cent.; feuilles ovales, lancéolées, persistantes, lisses, d'un beau vert ; en juin-juillet, fleurs simples ou doubles, blanches, à odeur de girofle.

G. **radicans**, G. radicant; Chine; plus petit que le précédent ; mêmes feuilles ; mêmes fleurs blanches, presque pleines et odorantes, dans les mêmes mois.

G. **amœna**, G. agréable; Chine, 60 à 70 centimètres ; feuillage persistant ; tout l'été, fleurs roses à l'intérieur, mi-parties rouges et blanches à l'extérieur.

G. **citriodora**, G. à odeur de fleur d'oranger, Port-Natal. Arbrisseau de 50 à 60 centimètres ; toujours vert ; fleur blanches, axillaires, ayant l'aspect et les senteurs de la fleur d'oranger.

COFFEA, *Caféier*

C. Arabica, C. d'Arabie. Arbrisseau d'un joli aspect, à feuillage persistant; de 2 à 5 mètres; feuilles opposées, lancéolées, d'un vert sombre, lisses; fleurs blanches, suaves, assez semblables à celles du Jasmin; baies rouges à 2 graines. Serre chaude; arrosages copieux au printemps; terre comme pour l'oranger; multiplication de semis sur couche tiède dès la maturité de la graine.

CEPHALANTHUS, *Céphalanthe*

C. occidentalis, C. occidentale, Bois-Bouton. Arbrisseaux rameux de 1 m. 50 cent. à 2 mètres; grandes feuilles aiguës; en août, petites fleurs d'un blanc laiteux, en têtes rondes. — Exposition ombragée; terre forte et fraîche; multiplication de semis, de marcottes ou de boutures de racine.

ASPERULA, *Aspérule*

A. odorata, A. odorante; Petit Muguet, indigène. Vivace; tige dressée de 15 à 20 centimètres; feuilles en rosettes par 8; petites fleurs blanches, odorantes, en corymbes terminaux, en mai. Rocailles, lieux ombragés; joli gazon pour bordures. Multiplication d'éclats.

CRUCIANELLA, *Crucianelle*

C. stylosa, à long style, Perse. Herbe vivace,
couverte de poils rudes ; tiges très-rameuses, diffuses ; feuilles en rosettes par 8 ou 9. Juin-juillet,
fleurs roses en cimes arrondies ; et ce qui a donné
le nom à la plante, styles très-longs. Rochers, talus,
rocailles. Tout terrain un peu sec. Multiplication d'é-
clats.

FAMILLE DES VALÉRIANÉES

Plantes herbacées, à feuilles opposées, non stipulées.

VALERIANA, *Valériane*

Herbes à fleurs bossues, ayant 3 étamines ; indigènes, vivaces.

V. Phu, grande Valériane, 1 m. 40 cent. ; souche
épaisse ; feuilles entières par en bas, lobées en haut ;
juin-juillet, fleurs blanches en corymbes. Terrain
meuble et frais ; exposition mi-soleil ; plates-bandes,
rocailles. Multiplication d'éclats.

V. Pyrenaica, V. des Pyrénées ; tige, 1 mètre ;
grandes feuilles en cœur, dentées ; juin-juillet, fleurs
purpurines en corymbes. Même culture.

V. rubra, V. rouge, V. des jardiniers ; tige de

80 à 90 centimètres ; feuilles entières ; de mai à juillet, petites fleurs à éperon, abondantes, rouges ou
blanches, en vastes panicules. Terrain sec ; plante

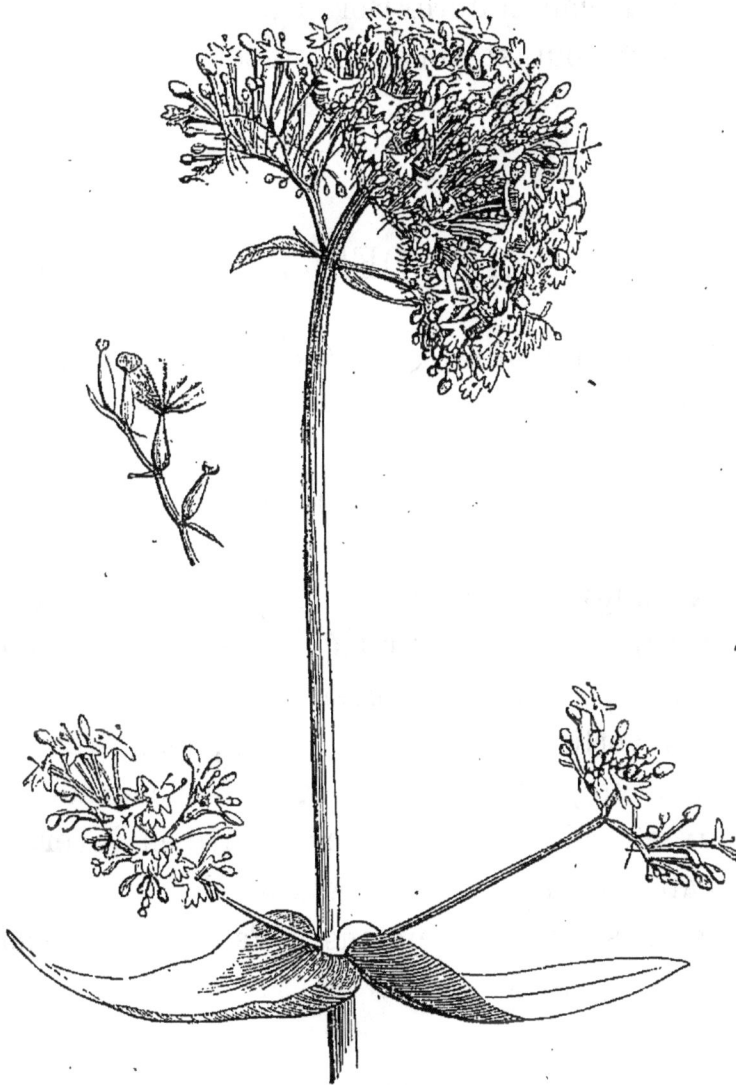

La Valériane rouge.

des ruines, des vieux toits, des murs crevassés.
même culture.

V. montana, V. des montagnes; partie rocailleuse des montagnes; traçante, 15 à 20 centimètres au plus. En juin-juillet, fleurs en corymbes, rose-tendre. Même culture. Bordures, plates-bandes, rocailles surtout, et ruines pittoresques.

FAMILLE DES DIPSACÉES

Herbes à feuilles opposées, non stipulées; fleurs à 4 ou 5 étamines.

MORINA, *Morine*

M. longifolia, M. à longues feuilles, Népaul. Vivace; tige dressée de 60 à 80 centimètres; racines épaisses; feuilles épineuses; en juillet-septembre, fleurs verticillées en longs épis, blanc-rosé. Cette jolie plante, amie de l'ombre, demande un sol sablonneux et frais. Frileuse. Couverture en hiver. Multiplication de semis à la maturité des graines ou par la séparation des rejetons à l'automne. Rocailles, massifs, plates-bandes.

SCABIOSA, *Scabieuse*

S. atropurpurea, S. des jardins. Fleur des veuves; 70 à 90 centimètres; bisannuelle; tiges rameuses, diffuses; feuilles du bas ovales, dentées;

celles du haut à nervation pennée ; de juillet à octobre, fleurs pourpre foncé et velouté, en capitules ovales. Multiplication de semis printemps ou

La Scabieuse.

automne. Terrain bien exposé. Plates-bandes et massifs. La scabieuse est très-rustique et n'exige aucun soin spécial.

S. alpina, S. des Alpes. Vivace; 1 m. 50 cent. à 2 mètres; feuilles velues; fleur jaune pâle en juin-juillet. Massifs et pelouses. Très-rustique; même culture. Multiplication d'éclats.

S. graminifolia, S. à feuilles de Graminée, Alpes. Vivace; 30 à 40 centimètres; feuilles fines et longues, d'un blanc d'argent; fleurs en juillet, terminales, solitaires, bleu-azur. Même culture. Ornement des rocailles.

S. Tatarica, S. de Tartarie. Vivace, 2 mètres; fleur blanc jaune.

S. Caucasica, S. du Caucase; 60 centimètres; feuilles vert déteint; de juin à octobre, grandes fleurs bleu tendre. Même culture. Massifs, plates-bandes. Ces espèces étrangères sont également très-rustiques.

FAMILLE DES COMPOSÉES

Cette vaste famille comprend des herbes et quelques arbrisseaux, dont les étamines portent des anthères soudées en tubes. Les fleurs sont disposées en capitules soutenus par un involucre commun; ce qui fait d'un grand nombre de fleurs rapprochées une fleur unique. De là le nom de *Composées* donné aux plantes de cette famille. Nous allons trouver des genres intéressants dans les trois sous-familles suivantes :

Chicoracées,

Carduacées,

Radiées ou *Corymbifères.*

1° La sous-famille des *Chicoracées* va nous donner : *Catananche, Sonchus, Hieracium.*

2° Celle des *Carduacées : Echinops, Xeranthemum, Centaurea, Carthamus, Silybum.*

3° Enfin celle des *Radiées : Vernonia, Ageratum, Stevia, Liatris, Eupatorium, Hebeclinium, Nardosmia, Tussilago, Aster, Felicia, Erigeron, Boltonia, Bellium, Bellis, Brachycome, Solidago, Chrysocoma, Baccharis, Inula, Dahlia, Silphium, Polymnia, Zinnia, Echinacea, Rudbeckia, Obeliscaria, Coreopsis, Elianthus, Cosmos, Xymenesia, Tagetes, Gaillardia, Helenium, Sphenogyne, Anthemise, Achillea, Santolina, Matricaria, Chrysanthemum, Pyrethrum, Athanasia, Artemisia, Tanacetum, Ammobium, Humea, Rhodanthe, Podolepis, Helichrysum, Helipterum, Antennaria, Ligularia, Doronicum, Cacalia, Kleinia, Senecio, Calendula, Gazania.*

Il suffira maintenant de les donner sans autre désignation de sous-famille, dans l'ordre ci-dessus, pour que le lecteur puisse se reconnaître.

CATANANCHE, *Cupidone*

C. cœrulea, Cupidone bleue, indigène. Herbe vivace ou bisannuelle; feuilles radicales en rosette; fleur bleu azur; involucre blanc d'argent, disque noir; juillet à septembre, se ferme au milieu du jour.

Plante poilue. Les tiges ne dépassent guère 60 centimètres, elles sont uniflores. Variété à fleurs blanches. Terrain sec et léger. Multiplication de semis qu'on refait chaque année à cause de l'humidité de l'hiver, mortelle à la plante. Plates-bandes et rocailles.

SONCHUS, *Laitron*

S. **Plumieri**, L. de Plumier. Herbe indigène, laiteuse ; tige d'un mètre ; grandes feuilles à larges dents dirigées vers la base, ou roncinées ; fleurs en larges panicules terminales d'un bleu violet. Été. Terrain léger, mais frais. Pelouses. Multiplication de semis ou d'éclats.

S. **Alpinus**, L. des Alpes ; à fleurs bleues, indigènes ; vivace. La fleur est une grappe dressée.

Trois ou quatre espèces viennent de Ténériffe.

S. **Jacquini**, L. de Jacquin, 1 mètre, fleurs en capitules jaunes.

S. **congestus**, L. à fleurs compactes ; 1 mètre ; feuilles larges ; fleurs jaunes.

S. **pinnatus**, L. pinné ; 1 m. 50 cent. Capitules jaunes.

Tous sont vivaces. Même sol et même culture.

HIERACIUM, *Epervière*

H. **aurantiacum**, E. orangée. Herbe vivace, indigène ; 25 à 30 centimètres ; feuilles radicales en rosette ; tiges pourvues de feuilles très-étroites ; en juin-août, fleurs en capitules rouge safran. Multiplication par la section des rejets, printemps ou automne. Terre ordinaire mêlée à de la terre de bruyère ; mi-ombre ; plates-bandes rocailles.

ECHINOPS, *Echinops* ou *Boulette*

E. sphærocephalus, B. à tête ronde. Herbe épineuse, Europe du Nord, vivace ; tiges de 2 mètres ; larges feuilles ; fleurs en boules, bleu clair, juin-juillet ; tout terrain. Multiplication d'éclats. Plates-bandes, lieux pittoresques.

E. ritro, E. du midi ou Boulette azurée. Vivace, 1 mètre ; mêmes fleurs et même culture.

XERANTHEMUM, *Xéranthène*

X. radiatum, X. radié ; immortelle de Belleville. Herbe annuelle, velue, tige touffue de 50 centimètres ; feuilles rares, blanchâtres ; fleurs en capitules solitaires, blanc d'argent ; disque de couleur pareille. On en fait des bordures, corbeilles, plates-bandes, terrain sec et sablonneux. Semis à l'automne ou au printemps.

CENTAUREA, *Centaurée*

C. montana, C. des montagnes, Jacée de montagne, Barbeau vivace. Herbe touffue de 40 centimètres, feuilles entières, lanceolées, d'un blanc d'argent ; de juin à août, fleurs bleues, disque pourpre, involucre à écailles noirâtres. Toute terre forte. Exposition à mi-ombre. Multiplication d'éclats, automne ou prin-

Le Bleuet.

temps ; ornement des massifs, des corbeilles et des plates-bandes.

C. cineraria, C. cinéraire, Adriatique. Herbe vivace, à duvet blanc, qu'il ne faut pas confondre avec les Cinéraires de serre (*senecio cruentus*) dont les jardiniers fleuristes des environs de Paris font un grand commerce en hiver. Nous retrouverons ces derniers ci-après, dans cette même famille des *Composées*. La Centaurée cinéraire a les feuilles pennées et fleurit en juillet-août : capitules grands e t d'un beau jaune. Multiplication de semis et d'éclats.

C. cyanus, Bleuet ; annuel ou bisannuel. Tout le monde connaît cette plante des moissons, à capitules bleus portés sur de longs pédoncules dressés. Dans les cultures d'ornement on a les variétés blanches, roses, lilas, violettes, panachées. Plates-bandes, massifs. Les semis qui se suivent de mois en mois donnent des fleurs de mai en octobre. Rustique.

CARTHAMUS, *Carthame*

C. tinctorius, C. des teinturiers ou Safran bâtard, Égypte. Annuel; tige de 60 à 75 centimètres; feuilles longues, à denture épineuse, sans pétiole ; de juin en août, capitules couleur de safran. Dans l'industrie, il entre dans les teintures rose et dans le *fard*.

SILYBUM, *Silybe*

S. marianum, Chardon-Marie ; indigène. Bisannuel, haut de 1 m. 40 cent. à 1 m. 50 cent.; très-belle plante à grandes feuilles épineuses, d'un vert brillant et marbré de blanc ; gros capitules

pourpres qui complètent l'effet décoratif du feuillage. Semis en avril. Aucune plante ne décore
mieux une pelouse.

VERNONIA, *Vernonie*

V. Noveboracensis, V. de New-York. Herbe vivace; tige de 2 mètres; feuilles lancéolées et dentées;
août-septembre, capitules rouge-pourpre, formant
des corymbes terminaux. Tout terrain. Multiplication
d'éclats.

AGERATUM, *Ageratum*

A. cœruleum, A. bleu, Antilles. Herbe annuelle,
rameuse, à feuilles en cœur, haute de 35 à 45 centimètres; petits capitules de fleurs bleues aux corymbes serrés. Variétés à fleurs blanches. Variété naine.
Cette plante est aujourd'hui très-commune. On la
rencontre dans les jardinières, aux fenêtres, sur les
balcons. Les fleurs se succèdent de juin à novembre.

STEVIA, *Stevie*

S. purpurea, S. pourpre. Antilles. Herbe vivace
de 50 centimètres; feuilles lancéolées ; corymbes en
pomme d'arrosoir, formées de capitules purpurins.
Frileuse. Multiplication d'éclats à l'automne ou au
rintemps, ou de semis sous-chassis ; serre l'hiver.

LIATRIS, *Liatride*

L. spicata, L. à épis, Amérique du Nord. Herbe vivace ; souche tubéreuse ; feuilles longuement linéaires, lisses ; fleurs rouges en capitules formant longs épis. Multiplication d'éclats.

EUPATORIUM, *Eupatoire*

E. purpureum, E. pourpre, Amérique du Nord. Vivace ; tiges de 70 à 90 centimètres ; rougeâtres tachetées de brun ; feuilles lancéolées en rosettes de 4 ou 5 centimètres; septembre et octobre, fleurs purpurines. Plates-bandes et massifs. Multiplication de semis aux printemps ou par éclats des pieds. Tout terrain. Exposition ensoleillée. Arrosage quotidien.

E. glechonophyllum, E. à feuilles de menthe, Chili ; fleurs blanches.

E. ageratoïdes, E. à fleurs d'ageratum, Amérique du Nord ; fleurs blanches. Même culture et même emploi.

HEBECLINIUM, *Hébécline*

H. ianthinum, H. à fleurs violettes, Mexique. Plante sous-ligneuse de 60 centimètres à grandes feuilles velues ; chacun des nombreux rameaux porte un capitule terminal violet, sans rayons, et les capitules sont disposés en un gros corymbe.

H. atrorubens, H. à tiges rouge-noir. Mexique.

Toutes les parties de la plante sont couvertes de poils serrés en brosse mais inégaux, d'un rouge noir; les fleurs sont lilas, odorantes et disposées en un corymbe de 30 centimètres de diamètre.

Ces deux belles plantes de serre tempérée se multiplient de boutures à chaud, et restent en fleurs de mars en septembre. En dehors de la floraison, on les distingue l'une de l'autre par les poils rouge sombre de la dernière et par ses feuilles dont les deux faces portent de larges nervures rougeâtres. La terre ordinaire, mais riche en terreau, leur suffit.

NARDOSMIA, *Nardosmie*

M. fragrans, Tussilago suaveolens, Nardosmie odorante, Héliotrope d'hiver, indigène. Vivace; tiges de 20 à 30 centimètres; feuilles arrondies en cœur, à long pétiole, ne paraissant qu'après la floraison; fleurs en hiver, en capitules, blanc rosé. Terrain frais; exposition ombragée. Multiplication d'éclats après la chute des feuilles. Rocailles, plates-bandes; en pots dans les appartements.

TUSSILAGO, *Tussilage, Pas-d'âne*

T. nivea, T. blanc. Herbe vivace, indigène, 20 à 30 centimètres; grandes feuilles cotonneuses paraissant après la floraison; fleurs blanches ou blanc rosé, pendant tout l'été. Multiplication d'éclats.

T. farfara, Pas-d'âne. Herbe vivace, indigène ; à feuilles panachées de jaune, à fleurs jaunes.

T. parasites, T. indigène, à racines traçantes, à grandes feuilles et à fleurs lilas, donnant une vague odeur de vanille.

ASTER, *Aster*

Plantes herbacées, rarement sous-ligneuses, formant dans la famille des Composées, un genre très-nombreux et d'une grande importance décorative. Les capitules portent des fleurs hermaphrodites au centre, et des fleurs femelles sur le contour. Les différentes espèces varient de 30 centimètres à 2 mètres, au feuillage terne et touffu, et se couvrent abondamment de fleurs à l'automne. Tout terrain, toute exposition. Multiplication par la division des touffes ou de semis au printemps. On a dans la culture trois principales espèces européennes. Les autres, de beaucoup plus nombreuses, nous viennent de l'Amérique du Nord.

A. Pyrenæus, A. des Pyrénées. Vivace ; 50 à 60 centimètres ; juillet-août, grandes fleurs violettes.

A. Alpinus, A. des Alpes. Vivace ; 20 centimètres ; fleurs violettes ou blanches.

A. Amellus, A. Amelle ; 50 à 70 centimètres ; grandes fleurs violettes.

Espèces américaines et par ordre de taille :

A. Riversii, A. de Rivers. Vivace ; 30 centimètres ;

petites fleurs blanc rosé. Jolies bordures. Septembre-octobre.

A. incisus, A. incisé. Vivace; 60 centimètres; grandes fleurs lilas clair. Plates-bandes et massifs.

A. horizontalis, A. horizontal. Vivace ; 65 centimètres ; tiges diffuses, horizontales, très-florifères ; fleurs gorge de pigeon.

A. hyssopifolius, A. à feuilles d'hysope ; 65 centimètres ; fleurs bleu clair.

A. grandiflorus, A. à grandes fleurs. Vivace; 1 mètre ; fleurs bleu rouge.

A. patulus, A. touffu, en buisson. Vivace ; fleurs pourpres, disque violet.

A. rubricaulis, A. à tige rouge. Vivace ; 1 mètre; fleurs bleu azur.

A. thyrsiflorus, A. à fleurs en thyrse ; fleurs bleues.

A. versicolor, A. à couleur changeante; 1 m. 50 cent. fleurs passant du blanc au violet. Vivace.

A. Novæ-Angliæ, A. de la Nouvelle-Angleterre. Vivace; fleurs grandes et bleues.

A. roseus, A. rose. Vivace ; la même à fleurs roses.

FELICIA, *Félicie*

F. tenella, F. délicate, Cap. Herbe annuelle, 15 à 20 centimètres; fleurs bleues en capitules. Jolies bordures.

CALLISTEPHUS

Démembrement du genre Aster, dont il diffère surtout par la largeur de ses capitules.

C. Sinensis ; Reine-marguerite. Herbe annuelle, rude au toucher et poilue. Une de nos plantes d'automne les plus classiques. La culture en a fait une merveille et lui a donné toutes les couleurs, le jaune excepté. Si l'on sème de mois en mois, à partir de la mi-mars, on a des Reines-marguerites en fleurs pendant tout l'été et l'automne. On ne repique en place que lorsque le bouton montre la couleur qu'aura la fleur, ce qui permet de marier les couleurs dans les plates-bandes et dans les corbeilles. Plante rustique, elle demande peu de soins ; mais elle vient infiniment mieux dans une terre riche et légère. Elle aime l'eau tous les jours. Recueillez la graine vous-même et vérifiez le dire d'un grand nombre de fleuristes et d'amateurs qui prétendent que la graine récoltée sur les rameaux d'en bas donnent des marguerites doubles plus souvent que la graine recueillie sur les rameaux supérieurs.

On divise les Reines-marguerites en différentes catégories assez tranchées. La division la plus courante aujourd'hui est celle qui suit :

Les *Pyramidales*, à rameaux droits, allongés et portant bien leurs capitules ;

Les *Tuyautées*, ayant les fleurons tubuleux et les rayons de la même couleur ;

Les *Naines*, à tiges basses, diffuses, florifères, donnant des fleurs avant les autres espèces. Une bordure de marguerites naines est un vrai luxe dans un parterre et une fête pour les yeux.

Ne pas oublier que toutes ces espèces accomplissent en quatre mois et demi toutes les phases de leur végétation, du semis à la maturité des graines, ce qui permet d'échelonner les semis de l'année pour avoir des fleurs pendant trois ou quatre mois, de la mi-juillet à fin octobre.

ERIGERON, *Vergerole*

E. quercifolius, V. à feuilles de chêne. Annuel, quelquefois vivace ; tiges touffues de 20 à 25 centimètres ; feuilles de chêne ; de mai à novembre, fleurs blanches passant au rosé, assez semblables aux capitules de la marguerite des prés. Bordures, rocailles, plates-bandes. Terrain sablonneux et frais. L'hiver du climat de Paris la tue.

BOLTONIA, *Boltonie*

L'Amérique du Nord nous a fourni les deux espèces vivaces qui suivent :

B. asteroides, B. à fleurs d'Aster ; tige de 80 centimètres à 1 mètre ; feuilles linéaires ; capitules blanc-rosé. Multiplication d'éclats.

B. glastifolia, B. à feuilles de Pastel, tiges rameuses de 2 mètres ; mêmes fleurs et même culture. Terrain riche, meuble et frais. Bouquets à la main.

Grands massifs extrêmement beaux sur le vert des pelouses.

BELLIUM, BELLIS, *Pâquerolle, Pâquerette et Petite Marguerite.*

Bellium crassifolium, à feuilles épaisses, île de Sardaigne. Vivace; feuilles entières; capitules blancs, à disque jaune, longuement pédonculés.

Bellis perennis, Pâquerette des jardins; Petite Marguerite; herbe vivace, indigène; à feuilles velues et dentées; capitules blancs ou rosés avec disque jaune.

La *Mère de famille* en est une variété. Multiplication d'éclats. Les pelouses piquetées de pâquerettes ont un aspect très-gai. La floraison dure de février-mars à octobre. Avec ces petites plantes, on fait aussi de jolies bordures.

BRACHYCOME, *Brachicome*

B. Iberidifolia, B. à feuilles d'Iberis, Nouvelle-Hollande. Gentille et gracieuse petite herbe annuelle à tiges rameuses et touffues; 25 à 30 centimètres; feuilles finement lobées; capitules bleu vif ou pâle. Jolies bordures fleuries. Bonne terre fraîche. Comme pour toutes les plantes annuelles, semis à l'automne ou au printemps.

SOLIDAGO, *Verge d'or, Gerbe d'or*

C'est encore l'Amérique septentrionale qui nous a fourni toutes ces espèces. Ce sont des herbes attei-

gnant 1 mètre, vivaces, quelques-unes toujours
vertes, donnant de nombreuses fleurs en capitules
jaunes. Elles sont rustiques et se multiplient d'éclats.
Plates-bandes, massifs.

CHRYSOCOMA, *Chrysocome*

C. aurea, à capitule doré, Cap. Plante sous-
ligneuse, en buisson, vivace, de 40 à 50 centimètres;
en juin-juillet, capitules jaunes. Demande l'hiver un
bon abri.

BACCHARIS, *Baccharide*

B. halimifolia, Seneçon en arbre, États-Unis.
Arbrisseaux de 2 à 4 mètres ; feuilles persistantes,
linéaires ; septembre-octobre, fleurs blanches. On
met cet arbrisseau en haies. Marcottes ; boutures.

INULA, *Inula*

I. ensifolia, I. à feuilles en épée, Autriche.
Herbe vivace à feuilles lancéolées, sessiles ; tout
l'été, capitules entièrement jaunes et formant de
très-larges corymbes. Multiplication d'éclats.

DAHLIA, *Dahlia*

Le Dahlia a reçu son nom d'André Dahl, botaniste
suédois. Plante d'ornement aujourd'hui dans tous les
jardins, même les plus modestes, le dahlia est origi-

naire du Mexique, et l'espèce type est le *D. varia-*
bilis, D. changeant. Ce nom lui convient surtout à

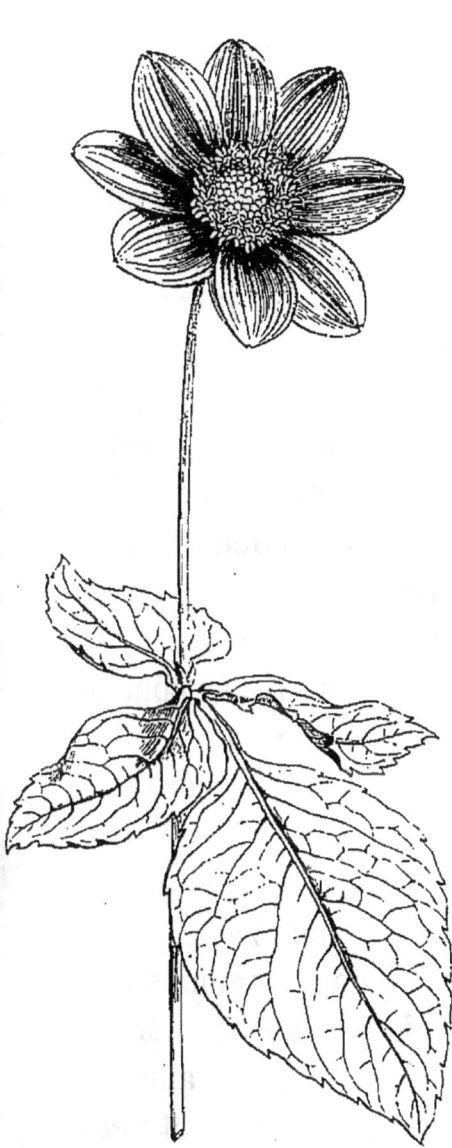

Dahlia simple.   Dahlia double.

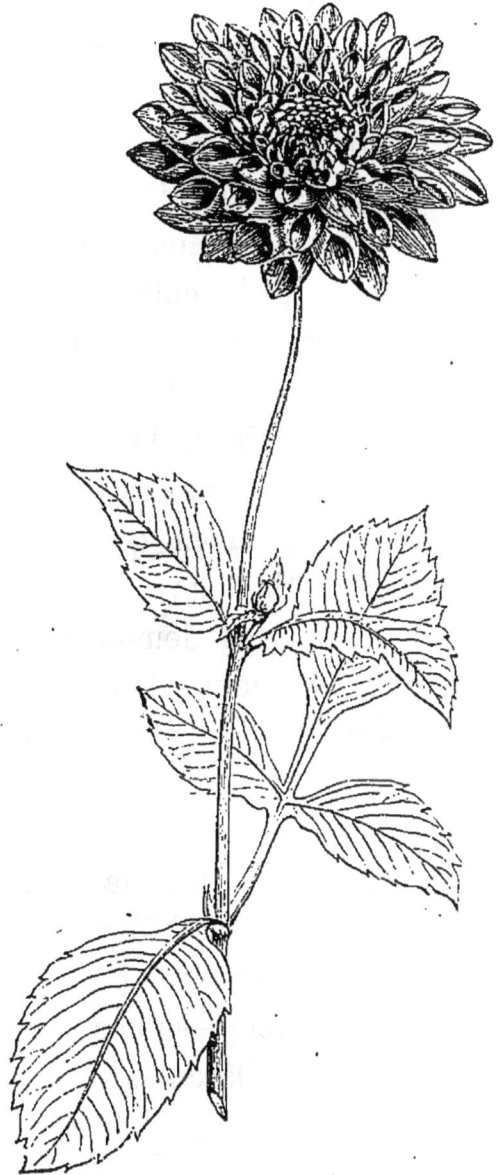

cause de la forme diverse et des différentes couleurs
de la fleur. La culture a obtenu à peu près toutes les

couleurs, excepté le bleu qui semble lui avoir été
refusé, comme à la rose. Le blanc, le jaune et le
rouge sont les couleurs maîtresses du Dahlia, mais
elles se présentent dans toutes leurs nuances, dans
leur mélange et dans leurs agencements divers.

Primitivement, le Dahlia était une fleur simple
ayant le disque jaune et les rayons rouge velouté.
Les rameaux nombreux se terminent par des fleurs
à longs pédoncules. Peu de plantes ont donné autant
d'espèces et de variétés par suite de la culture. Aujourd'hui, depuis le commencement de juillet jusqu'aux gelées, le Dahlia occupe dans nos plates-
bandes la première place, et avec raison. Tous les
amateurs savent qu'il se présente sous deux formes
bien distinctes : *tuyauté* ou *imbriqué*. Dans le premier cas, les demi-fleurons sont roulés en cornets ;
dans le second, ils sont à plat et superposés comme
les tuiles d'une toiture. On préfère généralement le
Dahlia tuyauté dont la fleur forme une véritable
boule.

On devine tout de suite que cette plante venue du
Mexique, c'est-à-dire d'un habitat plus chaud que le
climat de Paris, a dû, tout en gagnant comme fleur,
perdre quelques-unes de ses qualités natives. Au Mexique, les tubercules du Dahlia entrent dans l'alimentation publique, comme ici la pomme de terre ; et c'est
comme plante alimentaire qu'il a d'abord été importé
en Europe vers la fin du siècle dernier. Mais, quand
il se répandit en France vers 1800, on s'aperçut que
les tubercules, mangeables au Mexique, ne l'étaient

chez nous ni pour les hommes ni pour les animaux. A défaut d'autre chose, on en fit exclusivement une plante d'ornement.

Culture. — Le Dahlia demande une terre ordinaire, mais assez profonde et très-meuble, avec le grand air et une exposition ensoleillée. Il est bon de donner un tuteur à la plante de sa nature herbacée et cassante. Les amateurs enlèvent les premières fleurs toujours minimes, afin de donner plus d'am-

Dahlia.

pleur et d'éclat à celles qui se montrent au commencement de septembre. De plus, ils suppriment les tiges latérales et ne laissent que la principale qui reçoit toute la séve et en profite. Fille d'un pays chaud, la plante périt sous l'action des premières gelées blanches, et il est bien rare qu'elle puisse achever chez nous son évolution complète. A l'heure où elle succombe sous les premiers froids, les tubercules ne sont pas encore arrivés à leur maturité. On coupe alors la tige à la hauteur de 10 centimètres au-dessus du sol, et les tubercules achèvent de mûrir dans le sol. Vers la mi-novembre, par un temps bien sec, on les lève avec précaution, car ils sont fragiles; on les nettoie autant que possible et on les place soit dans une serre, soit dans une cave.

Reproduction par les tubercules. — En mars, quand les tubercules commencent à pousser, on les divise avec un instrument bien tranchant, ayant soin de laisser au moins un œil à chaque fragment. On plante sur couche et l'on protége les jeunes plants contre les gelées de fin de saison. Quelques amateurs préfèrent ne diviser la masse tuberculeuse qu'après l'avoir laissée en terre et sur couche pendant plusieurs semaines. On est plus sûr alors d'avoir un œil bien marqué sur chaque fragment.

Semis. — On sait que le semis ne donne pas de produits semblables à la plante porte-graine, mais il n'en faut pas moins récolter la graine sur des sujets de choix. On sème en mars ou même en février sur couche ou en pots, dans une terre légère et riche; on repique sous châssis en ayant soin de donner aux jeunes plants autant d'air que possible, condition essentielle pour la réussite. Quelques amateurs, sachant que le Dahlia ne fait que gagner aux transplantations, repiquent une seconde fois en avril en attendant la mi-mai, époque à laquelle on met les plants en place définitive. On sait que le Dahlia, quelquefois insignifiant la première année, gagne en coloris les années suivantes.

Boutures. — Pour avoir des boutures, on place les tubercules en serre chaude et sur couche où elles émettent bien vite des pousses nouvelles. On coupe les extrémités de ces pousses et on les plante dans des godets remplis d'une terre tamisée qu'on met sous cloche. Les boutures doivent être faites, pour le mieux, en avril ou en mai; car en juin ou plus tard, les boutures n'ont pas le temps d'accomplir leur évolution. Les tubercules attardés ne mûrissent pas avant l'hiver.

Greffes. — La greffe consiste à insérer dans les aisselles de la plante en mai-juin des greffons ou petites boutures qui viennent facilement et permettent d'implanter ainsi diverses variétés sur le même sujet. Si l'on greffe en fente sur le tubercule même, la greffe donne elle-même des tubercules de son espèce; mais il faut de la chaleur, une bonne couche et l'abri d'une cloche.

SILPHIUM, *Silphium*

Herbes de l'Amérique du Nord, à feuilles variables; à capitules jaunes, et toutes vivaces. Elles varient de 2 à 3 mètres selon les espèces. Ce sont des plantes qui aiment les lieux frais.

POLYMNIA, *Polymnie*

Les espèces de cette plante herbacée, haute de 2 mètres, sont cultivées surtout à cause de leur feuillage ornemental. Leurs capitules jaunes n'ont rien de remarquable. L'espèce *pyramidalis* atteint une hauteur de 6 à 8 mètres.

ZINNIA, *Zinnia*

Plantes annuelles, aujourd'hui très-répandues et méritant de l'être. Ces herbes viennent du Mexique, ou des mêmes latitudes en Amérique. Dédiées à Zinn, botaniste allemand.

Z. elegans, Z. élégant; 70 centimètres; feuilles sans pétiole, ovales, allongées; grandes fleurs de juin à octobre; disque pourpre foncé, rayons plus éclatants, dans tous les tons du rouge. Cette espèce a détrôné toutes les autres. Ornement des plates-bandes et des massifs. Semis au printemps sur couche et repiquage avec la motte, même à la veille de la floraison.

Z. multiflora, Z. multiflore; moins haut que l'élégant, le seul qui soit admis à côté de lui. Grandes fleurs à disque jaune et à rayons rouges très-longs.

ECHINACEA, *Échinacée*

E. purpurea, E. à fleurs pourpres, Amérique du

Nord. Herbe vivace de 1 mètre; tige dressée; feuilles radicales; à long pétiole; grandes fleurs à disque brun, à rayon pourpre violacé, plantées en plumes de volant. Multiplié de semis ou mieux d'éclats à l'automne.

RUDBECKIA, *Rudbeckia*

Presque la même plante; feuillage ornemental.

Rudbeckia.

OBELISCARIA, *Obéliscaire*

Herbes vivaces, moins hautes que les précédentes, Mexique; fleurs à capitule jaune.

COREOPSIS, *Coréopsis*

De ces plantes, les unes sont annuelles ; les autres vivaces ; les praticiens appellent *Coréopsides* les premières, et *Coréopsis* les dernières. Elles ont acquis, depuis quelques années, une importance considéra-

Coréopsis.

ble, comme en acquerront toujours les fleurs qui viennent à la fin de la saison embellir nos jardins.

C. diversifolia, C. hétérophylle, Amérique du Nord. Vivace ; 40 à 50 centimètres ; tige velue ; feuilles lisses ; fleurs longuement pédonculées, très-grandes, à

disque pourpre et rayons jaunes. Multiplication d'é-
clats ou de semis. Terrain meuble et frais.

C. auriculata, C. auriculé; un peu plus haut que
le précédent; même habitat; capitules à disque jaune.
Même culture.

Les coréopsides annuelles.sont aussi de jolies
plantes dont la culture est très-facile.

HELIANTHUS, *Soleil*

Tout le monde connaît cette plante.

H. annuus, grand Soleil commun, Pérou. Annuel;
poilu, tige robuste, rameuse par le haut, atteignant
2 mètres et plus dans les bons terrains. Le disque
s'incline du côté du soleil pendant le jour. Un pied
de Soleil peut donner jusqu'à 10,000 graines. Multiplication de semis au printemps. L'espèce ordinaire
a le disque d'un brun très-foncé et les rayons jaunes.
On a les variétés à fleurs jaune soufre, naines, doubles, uniflores.

Les variétés vivaces, venant presque toutes de
l'Amérique du Nord, sont très-rustiques et peuvent
former de grands massifs dans les jardins paysagers.
Les fleurs sont uniformément jaunes, mais le feuillage varie quelque peu.

Les Soleils n'obtiennent leur parfait développement que dans les sols riches et frais, à une exposition bien aérée au soleil. Autrement les tiges s'allongent et restent grêles avec des fleurs petites et
insignifiantes.

COSMOS, *Cosmos*

C. bipennatus, C. bipenné, Mexique. Herbe annuelle très-jolie, lisse, à tige dressée de 1 mètre;
capitules longuement pédonculés, à disque jaune, à
rayons rouge violet. Le feuillage très-finement dé-

Cosmos.

coupé du Cosmos fait de cette plante un ornement
recherché des plates-bandes et des pelouses. Sa floraison tardive est un mérite de plus. Semis en avril
et repiquage en place en mai ou juin.

VERBESINA, *Verbésine*

V. pennatifida, V. pennatifide, Mexique. Plante vivace, sous-ligneuse en bas; 1 m. 50 cent.; recherchée surtout pour son feuillage d'une rare beauté. En automne jusqu'à l'hiver, capitules jaunes, petits, mais nombreux et radiés. Multiplication de boutures soit avec les jeunes pousses prises sur les racines, soit avec les rameaux herbacés de la plante en été.

TAGETES, *Tagète*

T. lucida, T. luisante, Caroline; 35 centimètres; tige rameuse, feuilles simples et longues, sans pétiole; petites fleurs jaune d'or; on peut la cultiver comme annuelle en faisant mûrir la graine en serre; autrement on multiplie d'éclats.

T. patula, T. étalée, Mexique. Petit Œillet d'Inde; ou Petite rose d'Inde. Annuelle; 40 à 50 centimètres, tige très-rameuse; feuilles linéaires d'un gros vert; fleurs jaune d'or.

T. erecta, T. élevée, Mexique. Rose d'Inde, 1 mètre, tige buissonnante, feuilles pennées; juillet à octobre, fleurs grandes et jaune orangé. Ces Tagètes annuelles répandent une odeur assez désagréable. Multiplication de semis en mars.

GAILLARDIA, *Gaillarde*

Les Gaillardes, États-Unis du sud ou du Mexique,

sont toutes vivaces et assez répandues. Elles veulent un sol sablonneux et léger avec une bonne proportion de terreau. On les multiplie de semis, de boutures ou par la division des souches avant la plantation ou la pousse. L'hiver elles craignent assez le froid pour demander une assez épaisse couverture de feuilles ou de paille menue. Les Gaillardes font un gracieux effet dans les plates-bandes, en massifs et partout où elles se trouvent. On en fait même des bordures.

G. picta, G. peinte ; 50 centimètres ; tige buissonnante ; feuilles de la tige découpées, celles des rameaux entières ; fleurs toute la belle saison, grandes, rouge cramoisi, jaunes à la pointe des rayons.

G. lancéolata, G. lancéolée, ou vivace ; 50 centimètres ; feuilles entières toute la saison ; fleurs à disque brun, à rayons jaune d'or, lavés de pourpre à l'insertion.

HELENIUM, *Hélénium*

H. autumnale, H. d'automne, Amérique du Nord. Herbe vivace de 1 m. 50 cent.; tige touffue par en haut, feuilles lancéolées, fin de la saison fleurs à capitules jaunes. Multiplication d'éclats. Tout sol.

SPHENOGYNE, *Sphénogyne*

S. speciosa, S. élégante, Cap. Herbe annuelle, très-basse ; 20 centimètres, rameuse, cannelée ; feuilles pennées et dentées; fleurs en capitules grands et jaune d'or, à disque rouge. On en fait de jolies bordures très-floribondes ou des corbeilles. On sème en pépinière à la maturité des graines, on met en place au printemps. Les semis d'automne ont besoin d'être protégés.

ANTHEMIS, *Camomille*

A. nobilis, C. noble, Camomille romaine, à tige basse de 12 à 15 centimètres, tiges grêles, éparses ; feuilles découpées ; fleurs grandes, blanches, à disque jaune, odorantes, trois à quatre mois de l'été; bordures; tout terrain. Cette petite plante est vivace et se multiplie par la division des touffes en avril.

. **A. tinctoria**, C. des teinturiers, indigène. Vivace, rigide, buissonnante ; 70 à 90 centimètres ; feuilles finement découpées et lobées, velues et vert-blanchâtre en-dessous ; plein été, fleurs solitaires à l'extrémité d'un long pédoncule, à disque jaune très-pâle et à rayons jaunes. Son nom dit assez que c'est une plante tinctoriale. Tout terrain un peu léger; multiplication de semis en été, repiquage en septembre et mise en place après l'hiver. Ornement des plates-bandes et des massifs. Très-longue floraison.

La plus grande espèce est l'*Anthemis comtesse de Chambord*, arbuste de 3 mètres, qu'on cultive en caisse et qui devient superbe de cime. A huit ans, ces arbustes se vendent de trois à quatre cents francs.

ACHILLEA, *Achillée*

A. millefolium, Millefeuille, Herbe aux charpentiers. Plante vivace, indigène; tige velue de 80 à 90 centimètres, feuilles très-découpées ; en juillet capitules roses en corymbes. Tout terrain ; multiplication d'éclats, plates-bandes, massifs.

A. filipendula, A. filipendule; Orient, 1 mètre ; plante vivace couverte de duvet blanchâtre; feuilles très-découpées, à lobes allongés, fleurs en capitules jaunes réunis en un grand corymbe. Même sol et même culture.

A. tomentosa, A. cotonneuse, indigène. Vivace, cotonneuse; 10 à 15 centimètres ; tige gazonnante ; plein été capitules jaune en corymbe. Bordures. Même culture. Ne vit pas longtemps dans les terrains humides.

A. Clavennæ, A. de Clavenne, indigène. Vivace, 30 centimètres, duveteuse et blanchâtre ; feuilles radicales découpées ; en été capitules blancs. Terre de bruyère fraîche ; exposition à mi-soleil. Multiplication d'éclats, rochers, rocailles, lieux pittoresques.

A. ptarmica, A. vulgaris; Bouton d'argent, Herbe à éternuer; 50 à 75 centimètres, quelquefois 1 mètre, indigène, vivace; feuilles luisantes, lancéolées, dentées ; fleurs blanches, capitules en corymbe. Terrain frais. Même culture. Fleurit en plein été.

SANTOLINA, *Santoline*

S. Chamæcyparissus, S. petit cyprès. Sous-arbrisseau indigène, cotonneux, blanchâtre; tige de 75 centimètres, formant buisson, feuilles acuminées, un peu grasses, dentées ; fleurs jaunes en capitules, plein été. On doit le tailler en avril et le renouveler au moins tous les cinq ans. Ornement des pelouses. Multiplication très-facile de marcottes et de boutures.

MATRICARIA, *Matricaire*

La *Matricaire commune* et le *Pyrethrum Parthenium* et la M. *inodora* est le *Pyr. inodorum.* (*Voir* ce qui suit.)

PYRETHRUM, *Pyrèthre*

P. Parthenium, Pyrèthre Parthenium, indigène. Vivace, 60 centimètres, tige en buisson, feuilles divisées et dentées ; tout l'été fleurs à disque jaune et à rayons blancs. On ne cultive guère, comme plante d'agrément, que la variété double à fleurs blanc soufré. Tout terrain. Multiplication de semis en mai, ou d'éclats à l'automne. N'aime pas l'humidité.

P. inodorum, Pyr. inodore, indigène. Vivace ; 30 centimètres ; tiges couchées en touffes ; feuilles très-découpées ; en septembre, fleurs blanches et doubles. Multiplication d'éclats et de boutures. Jolie plante de bordure.

P. serotinum, P. tardif ; même plante de 1 mètre à 1 m. 40 cent. Plates-bandes et massifs.

P. roseum, P. rose, Caucase. C'est l'espèce dont on fait la poudre insecticide, objet aujourd'hui d'un commerce considérable. Dans le jardinage, on a tenté, mais sans succès bien constaté, d'employer la poudre de Pyrèthre pour la destruction des insectes qui vivent sur les arbres et sur les plantes ; trop grosse elle n'adhère pas assez bien ni assez long-temps aux bois et aux parties herbacées ; trop fine, elle obstrue les stomates respiratoires des feuilles. Pante vivace de 60 centimètres, feuilles très-fine-

Chrysanthème.

ment découpées en lanières étroites, en mai-juin fleurs d'au moins 5 centimètres, à disque jaune et à rayons roses. Multiplication de semis en mars ou d'éclats au printemps et en automne. Tout terrain. Plates-bandes et massifs touffus.

Les *Mamillaires* et les *Pyrèthres* sont des genres détachés du genre *Chrysanthemum* ci-après. Le type de tous ces genres est chez nous la *grande Marguerite* des prés.

CHRYSANTHEMUM, *Chrysanthème*

C. leucanthemum, grande Marguerite des prés, .

La grande Marguerite.

indigène. Vivace; 50 à 60 centimètres; susceptible
d'une prompte et notable amélioration par la culture:

feuilles amplexicautes; fleurs à disque jaune et à rayons blancs pendant toute la belle saison. Sol frais. Multiplication de graine ou d'éclats.

C. indicum, Chrysanthème pompon, Chine et Japon.

Chrysanthème couronné.

C. Sinense, Chrysanthème à grandes fleurs, Chine.

Le premier est moins haut, a les feuilles moins grandes, les rameaux presque ronds, les capitules moindres, composés de fleurs tuyautées ou en demi-fleurons avec les nuances soit seules, soit combinées du blanc, du rouge, du rose et du jaune.

Le second est beaucoup plus développé dans

toutes ses parties : tiges, feuilles, capitules. Les rameaux sont presque triangulaires.

La culture des Chrysanthèmes est des plus faciles. Tout terrain leur convient. Pour avoir des variétés naines, il suffit de faire des boutures en mars ou avril dans du sable très-fin; ces boutures reprennent vite et on les pince jusqu'à fin juin. La plante ainsi mutilée devient très-floribonde et peut orner les appartements sans tenir une grande place.

Les Chrysanthèmes que la culture a variés sont des fleurs d'automne qui ont pris dans nos jardins d'agrément une importance bien méritée, tant à cause de leur joli feuillage découpé que de leurs fleurs aux nuances éclatantes. Le midi de la France nous en fournit en abondance la graine qui mûrit rarement sous le climat de Paris.

Les deux espèces suivantes sont annuelles :

C. coronarium, Chrysanthème des jardins, midi de l'Europe. Lisse et luisant; tige buissonnante de 1 mètre; joli feuillage finement découpé; fleur à disque jaune-soufre, à rayons jaunes ou blancs. Terre riche et fraîche. Multiplication de semis au printemps, ou de boutures pour les variétés doubles. Par le pincement on obtient de jolis sujets nains pour les appartements.

C. carinatum, C. à carène, Barbarie; cotonneux; tige de 50 centimètres; feuilles deux fois pennées, grands capitules solitaires à disque rouge-noir, à rayons blanc-rosé. Même culture. Plates-bandes, corbeilles, massifs.

ATHANASIA, *Anathasie*

A. annua, A. annuelle, Europe méridionale. Tige de 30 centimètres, en buisson ; feuilles découpées ; juillet-septembre, fleurs jaunes. Pour obtenir des bordures serrées et touffues, on sème à la pincée et dru. En pinçant les tiges, on a une jolie verdure florifère de 20 centimètres.

ARTEMISIA, *Armoise*

L'Armoise est connue dans le Midi sous le nom de *Citronnelle* ou d'*Armoise aurone*. Arbuste de 80 centimètres ; fleurs sans valeur décorative, jaunes, insérées le long des rameaux. Le nom de Citronnelle lui vient d'une odeur de citron très-marquée que répand la plante. Terre sablonneuse ; bonne exposition au soleil, avec de fréquents arrosages en été. Multiplication par la division des pieds au printemps. Plante pharmaceutique dont on a quelque peu exagéré la valeur.

TANACETUM, *Tanacète*

T. vulgare, T. vulgaire. Herbe indigène, vivace ; tige droite et touffue d'un mètre ; feuilles bipennées ; en été, capitules jaunes très-abondants, sans rayons. Talus, rocailles. C'est la grande *Athanasie*. Même culture.

AMMOBIUM, *Ammobium*

H. alatum, A. ailé, Nouv. Hollande. Herbe vivace, cotonneuse, argentée ; tige touffue de 50 centimètres ; feuilles radicales à long pétiole ; celles de la tige moins larges ; en automne fleurs à disque jaune. Sol sec et pierreux. Plates-bandes, rocailles, lieux pittoresques. On sème en automne ou au printemps. Abri d'une serre en hiver. Plante d'appartement.

HUMEA, *Humée*

H. elegans, H. élégante, Nouvelle - Hollande. Herbe bisannuelle d'une rare élégance par son port pyramidal et par ses fleurs en panicules rosés. Tige rameuse de 1 m. 30 cent. à 1 m. 50 cent. Chaque fleur des panicules est un petit capitule. Les feuilles sont odorantes. Même usage que le précédent. Terre ordinaire mêlée à la terre de bruyère par parties égales. La serre en hiver. Multiplication de semis.

RHODANTHE, *Rhodanthe*

Herbe annuelle de la Nouvelle-Hollande, d'une hauteur de 20 à 30 centimètres ; capitules formés de fleurons tubulés, rouges ou jaunes d'or, et portés dans un involucre rose. Plante de fenêtre, d'appartement, d'un effet charmant. Arrosages modérés.

PODOLEPIS, *Podolépide*

Autre herbe annuelle de la Nouvelle-Hollande, à capitules avec rayons. Même culture et même emploi. On en fait surtout, comme des *Rhodanthes*, de belles touffes dans des pots.

HELICHRYSUM, *Immortelle*

Distinguons les deux espèces suivantes :

H. bracteatum, I. à bractées, Nouvelle-Hollande. Herbe annuelle d'environ 1 mètre ; de juin à fin de l'automne, fleurs en panicules, jaune vif, ou blanc-argent. Semis soit au printemps, soit à maturité des graines. Dans ce dernier cas, abriter les jeunes plantes en hiver. Plates-bandes, massifs, rocailles.

H. orientale, Immortelle d'Orient, Afrique. Immortelle jaune qu'on cultive en grand dans le midi de la France, pour la confection des couronnes funéraires. Plante vivace de 30 centimètres ; couverte d'un duvet blanc ; sous-ligneuse au pied, à rameaux nombreux et diffus ; feuilles fines et longues ; capitules jaunes disposés en corymbes ; floraison en juillet-août. Multiplication de boutures faites en avril dans le sable. Avec quelques précautions, les Hélichryses résistent à l'hiver dans le Midi.

HELIPTERUM, *Héliptère*

H. humilis, petite Immortelle, Cap. Plante

d'un joli effet, vivace et se cultivant comme l'Immortelle.

ANTENNARIA, *Antennaire*

A. margaritacea, Immortelle blanche de Virginie; même tige cotonneuse, haute de 40 à 50 centimètres; fleurs à fleurons jaunes coquettement enfermés dans un involucre d'un blanc brillant; floraison de juillet à septembre. Terrain sec et bien exposé. Multiplication d'éclats au printemps. Plates-bandes, corbeilles. Couronnes funéraires blanches. Cultivée autrefois en grand à Montreuil-aux-Pêches, l'Immortelle blanche tend à disparaître de nos jardins où elle payait à peine sa place.

LIGULARIA, *Ligulaire*

L. macrophylla, L. à grandes feuilles, Caucase. Tige de 80 centimètres; feuilles du bas entières; celles du haut dentées; en juin-juillet, capitules jaunes en grappes épaisses et longues. Sol frais et ombragé. Multiplication de semis au printemps ou par la division de la touffe en avril ou en septembre. Cette plante vivace est très-belle.

DORONICUM, *Doronique*

D. caucasicum, D. du Caucase. Herbe vivace de 30 centimètres; en touffe basse d'un vert vif; fleurs jaunes au printemps; multiplication d'éclats après la floraison. Associé aux autres fleurs printanières, ces plantes font un gracieux effet.

CACALIA, *Cacalie*

C. atriplicifolia, C. à feuilles d'Arroche, Amérique du Nord. Plante vivace et lisse ; tige robuste et simple de plus de 2 mètres ; feuilles profondément dentées ; juillet-août, capitules blancs, en corymbes. Multiplications d'éclats. Terrain frais.

C. coccinea, C. écarlate. Tige de 40 centimètres ; feuilles amplexicaules ; fleurs d'un rouge vif, de juillet à septembre. Terrain sablonneux et chaud. Semer en mars sur couche. Cette espèce est annuelle.

KLEINIA, *Kleinie*

Les Kleinies sont un genre qu'on pourrait confondre avec les Cacalies. Elles sont plus frileuses et se cultivent comme les Ficoïdes.

SENEGIO, *Séneçon*

Herbes et arbrisseaux de formes diverses. On cultive surtout *S. elegans* en plein air, et *S. cruentus* en serre.

S. elegans, S. élégant, Indes. C'est notre Séneçon vulgaire, annuel comme lui, mais haut de 50 centimètres ; à feuilles plus grandes, à fleurs plus volumineuses, doubles, ayant le disque jaune et des rayons blancs, roses, rouges ou cramoisis. Dans la serre, il vit deux ou trois ans. Les variétés simples se multiplient de semis, et les doubles de boutures. Belle plante pour les plates-bandes et les massifs.

S. cruentus, Cinéraire, Seneçon cinéraire, Ténériffe. L'espèce précédente a varié ses couleurs par la culture ; celle-ci, qui est vivace et qui veut la serre tempérée en hiver, est devenue plus classique encore. Elle a en moyenne de 60 à 75 centimètres ; elle fleurit de février en mai, offrant des nuances très-variées. Ressource précieuse pour l'ornement des appartements dans une saison où les fleurs sont très-rares. Les feuilles sont découpées en cœur, vertes ou rougeâtres, cotonneuses à la face inférieure. Multiplication de semis au printemps en terre de bruyère fraîche, ou d'éclats en automne. Les serres marchandes de Paris en cultivent des quantités considérables pour l'approvisionnement des marchés de la capitale.

CALENDULA, *Souci*

C. officinalis, Souci des jardins, indigène. Annuel ; 30 à 35 centimètres ; tige très-rameuse ; feuilles ovales, allongées, presque toutes entières ; tout l'été capitules, grands, solitaires, d'un jaune safrané ; sol léger ; bonne exposition. Semer en avril-mai, ou en septembre, mais dans ce dernier cas, protéger les jeunes plants en hiver. Plates-bandes, corbeilles, massifs.

Variété : Souci Mère de famille, très-florifère.

S. pluvialis, Souci pluvial; Souci hygrométrique, Cap. Herbe annuelle de même grandeur, à fleurs blanches en dedans, et violettes en dessous. Floraison en juillet-août. Ce Souci doit son nom à la singulière propriété qu'ont les rayons de se replier à l'approche de la pluie. Même culture.

GAZANIA, *Gazanie*

Herbes du Cap, vivaces, très-décoratives par leur feuillage et par leurs capitules. Elles sont, comme plantes du Cap, extrêmement frileuses et demandent la serre en hiver.

FAMILLE DES LOBÉLIACÉES

Herbes et sous-arbrisseaux à suc laiteux.

CENTROPOGON, *Centropogon*

Toutes les espèces sont des sous-arbrisseaux vigoureux de l'Amérique du Sud, auxquels il faut la serre chaude en hiver. Grandes feuilles et fleurs rouges ou roses.

CLINTONIA, *Clintonie*

Plantes annuelles de la Californie.

C. **pulchella**, C. gentille ; 30 centimètres ; tige couchée, rameuse ; feuilles lisses, linéaires ; juillet-octobre, fleurs d'un joli bleu, en grappe lâche, à gorge blanche pointillée de jaune.

C. **elegans**, C. élégante ; moins haute et moins recherchée. On fait des deux espèces de jolies bordures longtemps fleuries. Semis en octobre sur terre de bruyère ou en place en avril.

LOBELIA, *Lobélie*

Ces jolies plantes sont en grande faveur aujourd'hui. Les unes sont annuelles, les autres vivaces.

Espèces vivaces :

L. **ramosa**, L. rameuse, Nouvelle-Hollande. Tige rameuse de 25 à 35 centimètres ; feuilles pennées ; fleurs grandes, bleu azur, avec bordure blanche à l'extérieur.

L. **erinus**, L. érine, Cap. Fleurs axillaires, bleu vif, blanches et semées de pourpre à la gorge.

L. **heterophylla**, L. hétérophylle, Nouvelle-Hollande ; 45 centimètres ; feuilles finement découpées ; fleur bleu céleste.

De ces trois variétés on fait des bordures très-brillantes ou l'ornement des rocailles pittoresques.

Espèces vivaces :

L. **cardinalis**, L. cardinale, Amérique du Nord. Tige de 55 centimètres, simple ; feuilles lancéolées, dentées ; en juillet-octobre, fleurs ponceau en longues grappes.

L. fulgens, L. éclatante. Mexique. Tige simple et dressée ; 1 mètre ; feuilles sessiles, lancéolées, rougeâtres à la face inférieure ; de juin en septembre, grandes fleurs d'un beau rouge.

Lobélie à fleur bleue.

L. syphilitica, L. syphilitique, Caroline. Tige simple, de 60 à 70 centimètres ; feuilles lancéolées ; grandes fleurs bleues à petit pédoncule, en grappes serrées.

Culture. — Ces Lobélies vivaces demandent un

sol riche, bien divisé et très-frais, par conséquent une exposition quelque peu ombragée. On les multiplie d'éclats à l'automne ou au printemps, et de semis à la maturité des graines en pots et dans la terre de bruyère; puis on met en place au printemps. Ces plantes font un bel effet sur les plates-bandes ou dans les massifs ombreux, surtout si l'on marie les couleurs.

L. bicolor, L. à deux couleurs, Cap. Plante de serre de petite taille, à tiges rameuses, à fleurs d'un bleu vif, blanches au centre. Multiplication d'éclats ou de boutures. Cultivée en pots, cette Lobélie vivace est une jolie plante d'appartement. Il lui faut de l'air, de la lumière et de la terre de bruyère. Floraison été et hiver.

FAMILLE DES CAMPANULACÉES

Herbes à feuilles alternes et à fleurs régulières.

PLATYCODON, *Platycodon*

P. autumnale, P. d'automne, Japon. Herbe vivace, duveteuse, tige effilée et rameuse, de 30 à 40 centimètres; feuilles ovales; fleurs bleu-violet en septembre-octobre.

P. grandiflorum, P. à grandes fleurs, Sibérie; à peu près la même herbe que la précédente, mais plus grande dans toutes ses parties. Semis en terre de bruyère au printemps; mettre en place à l'automne ou au printemps suivant.

CAMPANULA, *Campanule*

C. medium, C. carillon, Violette marine, midi de l'Europe. Herbe bisannuelle; tige de 60 à 70 centimètres; longues feuilles en rosettes; juin et juillet, fleurs en clochettes, nombreuses, bleu violet, blanches ou roses, selon les variétés, simples ou doubles. On sème au printemps et l'on repique à l'automne pour avoir des touffes vigoureuses. Tout terrain.

C. pyramidalis, C. pyramidale, dite aussi Violette marine, Vénétie. Bisannuelle et très-rustique; tige droite, flexible, se couvrant de fleurs bleues d'un bout à l'autre et successivement de juillet aux premières gelées. Tout terrain; mi-soleil; arrosages quotidiens. Avec trois ou quatre tiges, dans un pot de moyenne grandeur, on peut dessiner des formes diverses et originales auxquelles la plante se prête facilement.

C. speculum, C. spéculaire. Herbe indigène, annuelle; 30 à 35 centimètres; feuilles ovales; suivant l'espèce, fleurs violettes, blanches, bleues ou roses pendant toute la saison.

Comme les précédentes, ornement des balcons, des fenêtres, des corbeilles. Avec cette dernière, on établit des bordures.

MICHAUXIA, *Michauxie*

M. campanuloides, fausse Campanule, Orient.

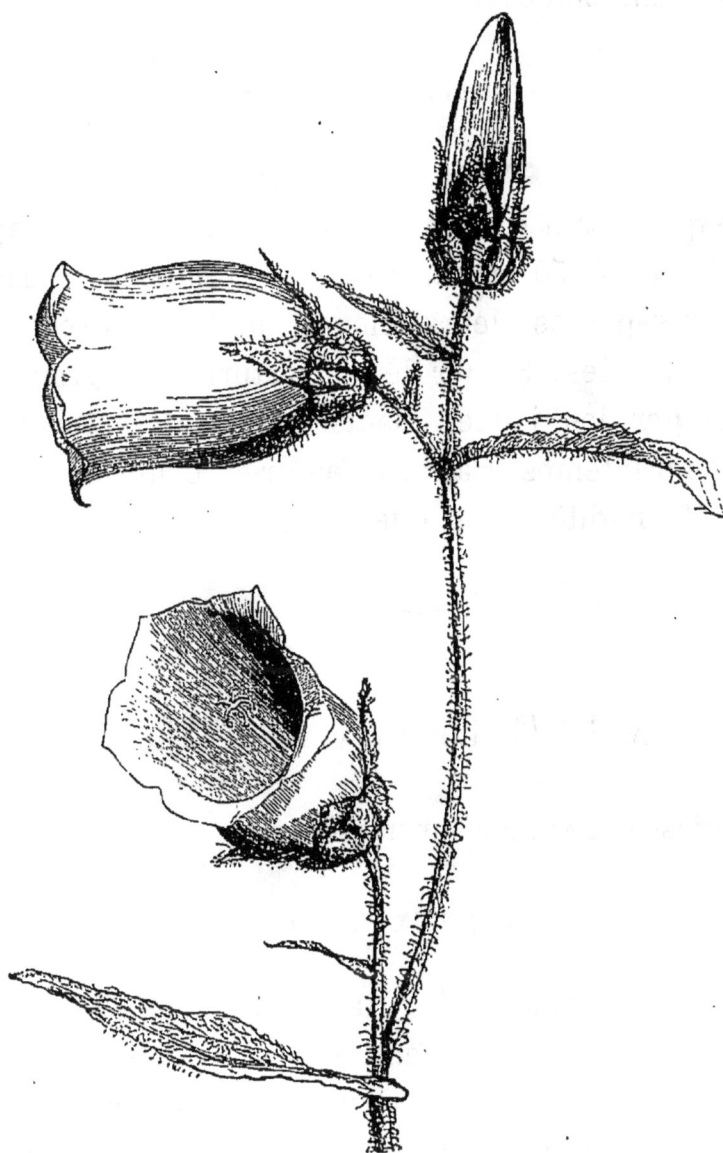

La Campanule-Carillon.

Herbe bisannuelle, hérissée de poils rigides ; 1 mètre

25 cent. à 1 mètre 50 cent.; feuilles radicales lancéolées; feuilles de la tige presque amplexicaules; tout l'été, fleurs blanches ou rosées, axillaires. Tout terrain bien exposé. Semis de printemps.

TRACHELIUM, *Trachélie*

T. cœruleum, T. bleue, Algérie. Herbe bisannuelle qu'on peut cultiver en serre comme vivace; tige de 40 à 50 centimètres, très-rameuse; tout l'été, très-petites fleurs bleues ou blanchâtres en longs panicules. Semer dès la maturité des graines et protéger les jeunes plants en hiver; mettre en place au printemps. Balcons, fenêtres, plates-bandes. Craint l'humidité autant que le froid.

FAMILLE DES VACCINIÉES

Arbrisseaux et sous-arbrisseaux.

VACCINIUM, *Airelle*

V. myrtillus, Myrtille; Raisin des bois. Arbuste indigène, de 25 à 50 centimètres; feuilles ovales dentées, lisses; mai-juin, fleurs roses ou verdâtres; baies violettes et lisses, assez agréables au goût. La variété à baies blanches est plus vigoureuse.

L'Amérique a fourni un grand nombre d'espèces

de plein air, et l'extrême Orient d'autres variétés de serre.

FAMILLE DES ÉRICACÉES

Arbrisseaux et sous-arbrisseaux.

ARBUTUS, *Arbousier*

A. unedo, A. unédo, Pyrénées. Arbre aux fraises; 4 à 5 mètres; feuilles persistantes; bois jaune à écorce rougeâtre; fleurs diverses, suivant les variétés, simples ou doubles, blanches, roses ou rouges; floraison de septembre à fin décembre; fruits assez semblables aux fraises, d'un goût fade, dont on retire de l'eau-de-vie par la distillation. Tout terrain franc et léger, mais couverture en hiver, surtout pendant les premières années. Cependant l'arbre reste frileux. Multiplication de semis sur couche dès la maturité des graines, ou de marcottes.

A. uva ursi, A. Raisin d'ours. Arbuste indigène; tiges touffues et couchées, de 60 à 75 centimètres; feuilles persistantes, luisantes, ressemblant de loin à celles du buis; en mai, fleurs blanches; baies rouge vif, réunies en grappes et comestibles. Terre de bruyère de préférence. Multiplication de graines et de marcottes.

CLETHRA, *Cléthra*

C. alnifolia, C. à feuilles d'aulne, Amérique septentrionale. Arbuste de 1 à 2 mètres; feuilles ovales, alternes; petites fleurs blanches, odorantes, en grappes serrées. Sol constamment humide, terre de bruyère tourbeuse et compacte. Exposition ombragée. Multiplication d'éclats à racine et de boutures sous cloche.

ANDROMEDA, *Andromède*

A. polifolia, A. à feuilles de Pouliot, bois marécageux des Alpes et d'Amérique. Arbuste de 35 à 40 centimètres, en touffe ronde, feuilles persistantes; tout l'été, fleurs blanches ou rouges, en grappes. Terre de bruyère, exposition fraîche et ombragée, la meilleure est le nord. Multiplication au printemps par éclats de rejetons ou de pieds, ou par marcottes qu'on ne sèvre qu'après un an.

Le genre comprend un grand nombre d'espèces, depuis l'*A. arborea* qui atteint 50 mètres et plus dans l'Amérique septentrionale, son habitat, jusqu'au plus humble arbrisseau.

ERICA, *Bruyère*

Voici une plante cultivée en grand dans les serres marchandes des environs de Paris. Elle est l'objet d'un commerce considérable. Une douzaine d'espèces appartiennent à l'Europe et sont comptées pour peu de chose dans la culture parisienne. Ce sont les espèces étrangères, presque toutes du cap de Bonne-Espérance, au nombre de six à sept cents, qui garnissent les serres des jardiniers marchands.

Les Bruyères sont des sous-arbrisseaux très-ra-

Bruyère cendrée.

meux, à tiges très-fragiles, à feuilles très-petites et à peine larges de 2 millimètres. Dans les espèces indigènes, conséquemment de plein air, les fleurs sont blanches, verdâtres, ou le plus souvent rose clair ou rose foncé.

Voici les principales de ces bruyères indigènes :

E. carnea, B. carnée, buisson touffu de 20 à 30 centimètres, rose clair.

E. cinerea, B. cendrée ; 40 à 50 centimètres, rose.

E. ciliaris, B. ciliée ; buisson de 50 centimètres, rose, belle espèce.

E. Mediterranea, B. de la Méditerranée ; 2 mètres, rose, frileuse.

E. multiflora, B. multiflore ; 75 centimètres à 1 mètre, rose, blanche, pourpre.

E. arborea, B. en arbre ; buisson de 2 à 3 mètres ; blanche.

E. scoparia, B. à balais ; fleurs verdâtres.

Les bruyères qui croissent spontanément dans des localités diverses, sont assez rebelles à la culture ; mais on les acclimate néanmoins dans nos jardins, dans des expositions mi-ensoleillées et surtout dans la terre dite de bruyère, faite de sable, de tourbe et de végétaux décomposés, dont elles ne peuvent se passer. Le meilleur mode de culture est de choisir un emplacement à mi-ombre, d'y réunir les espèces qu'on veut avoir dans un sol drainé en dessous par une couche de 8 à 10 centimètres de cailloux ou de gros sable, supportant une couche de 25 centimètres de bonne terre de bruyère un peu tourbeuse. Une fois les bruyères plantées, on recouvre la terre d'un tapis de mousse qui entretient la fraîcheur et tamise l'eau des arrosages.

Pour les multiplier, on sépare les pieds et l'on marcotte les jeunes rameaux.

Quant aux bruyères du Cap, il leur faut une serre froide où il ne gèle jamais, beaucoup de lumière, de l'air et de la terre de bruyère renouvelée tous les ans. On les taille et on les pince à volonté. Ces plantes exigent de grands soins qu'elles payent à l'amateur par des floraisons splendides et par un feuillage extrêmement joli.

MENZIEZIA, *Menziézie*

M. globularis, M. globulaire, États-Unis d'Amérique. Arbuste de 75 centimètres ; feuilles lancéolées ; en juin-août ; fleurs rondes d'un beau blanc lavé de violet. Cet arbuste est très-rustique et se cultive à peu près comme l'*Andromède* auquel nous renvoyons.

AZALEA, *Azalée*

Les Azalées sont aujourd'hui des plantes classiques aussi bien dans les jardins d'amateurs que chez les jardiniers marchands. On en distingue deux sortes bien tranchées : les Azalées à feuilles caduques, et les Azalées à feuilles persistantes. Les premières sont des arbrisseaux dont les grandes fleurs sont disposées en corymbes, comme celles de nos poiriers ; la corolle en entonnoir porte cinq découpures inégales et les étamines sont au nombre de cinq.

Les secondes, très-reconnaissables à leur feuillage persistant, ont de plus, dix étamines comme caractère spécial.

Enfin les Azalées à feuilles caduques sont de plein

air, et les autres, sauf de très-rares et un peu dou-
teuses exceptions, sont des plantes de serre. Dans
les deux sortes, les fleurs paraissent avant les
feuilles.

1° *Azalées de plein air, à feuilles caduques.*

A. pontica, A. du Caucase. Arbrisseau de 2 ou
3 mètres ; feuilles lancéolées et garnies de cils sur
les bords ; en mai-juin, fleurs en corymbes, jaunes
ou rouges, visqueuses, munies de bractées caduques,
ayant une vague senteur de chèvrefeuille.

Cette espèce a des variétés à l'infini, et c'est sur
elle que s'exerce la curiosité des amateurs par les
semis répétés.

Les quatre espèces suivantes viennent de l'Amérique du Nord.

A. glauca, A. glauque ; 1 m. 50 cent. ; feuilles
lisses et blanchâtres en dessous ; fleurs blanches
et visqueuses, accompagnées de feuilles.

A. viscosa, A. visqueuse ; 1 m. 50 cent. ; feuilles
lisses sur les deux faces ; fleurs en corymbes, rouges
ou blanches, accompagnées de feuilles visqueuses
odorantes.

A. nudiflora, A. à fleurs nues ; un peu moins
hautes que les précédentes ; feuilles lisses, vertes ;
fleurs en corymbes non accompagnées de feuilles ;
fleurs blanches, roses, rouge cramoisi.

A. calendulacea, A. Souci ; 1 m. 50 cent. ; feuilles

cotonneuses en dessus et en dessous ; fleurs poilues, non visqueuses, jaune de souci ou écarlates.

Toutes ces espèces se cultivent en pleine terre de bruyère et toujours dans des expositions mi-ombragées. La terre a besoin d'être renouvelée tous les deux ou trois ans. La multiplication s'opère par le semis, par les rejetons, par les marcottes en plein été, mais la greffe prime tous ces moyens. C'est par la greffe qu'on peut surtout conserver les belles variétés dans tout leur éclat. Quant au semis, nous avons dit plus haut qu'il exerçait la curiosité des amateurs, toujours désireux et fiers d'obtenir des variétés nouvelles. Il faut pour les semis des précautions assez sérieuses, sans lesquelles il n'y a pas de réussite assurée. On sème en automne dans des terrines remplies de terre de bruyère, et les jeunes plants doivent être rentrés à l'hiver dans la serre ou du moins dans l'appartement, mais sous cloche et garantis par des paillassons ou même par un lit de feuilles sèches. Naturellement on aère les plants quand la température le permet. On met en place en mai.

2° Azalées de serre ou à feuillage persistant.

Les Azalées de serre sont originaires de la Chine, bien que l'on ait pris l'habitude de les appeler *Azalées de l'Inde*. Il ne nous est pas possible de donner ici la nomenclature des nombreuses espèces et des variétés plus nombreuses. Nous nous contenterons de rappeler qu'on les a divisées en *fleurs à fond blanc*, et en *fleurs à fond rouge, rose, saumoné* ou *violacé*. Il nous paraît plus utile de donner par le détail les principes de la culture de ces plantes, devenues l'ornement des salons dans les maisons bourgeoises et même des habitations plus modestes.

La serre. — Ces plantes dont les fleurs ont un éclat sans pareil sont de temps immémorial cultivées dans la Chine et au Japon. On les en a donc rapportées toutes faites et la culture européenne n'a eu d'autre souci que de leur conserver la splendeur qu'elles y ont acquise. Elles aiment l'humidité du sol et la chaleur. Au lieu de les placer sur des gradins comme beaucoup de plantes de serre, on les place tout empotées dans des coffres en briques ou bâches dont on garnit le fond de sable de rivière, et par surcroît de précaution, on étend sur ce sable une épaisse couche de terre de bruyère dans laquelle on enfonce les pots.

Semis. — On tient en réserve une de ces bâches, plus ou moins grande selon l'extension de la culture, afin d'y faire les semis soit au printemps, soit à l'automne. Nous préférons de beaucoup la première de ces deux saisons. Dans cette bâche, préalablement disposée comme il est dit ci-dessus, on enterre des vases, pots ou terrines remplies d'une terre de bruyère bien tamisée. Les vases ont été troués au fond et garnis de tessons ou d'escarbilles pour faciliter l'écoulement de l'eau d'arrosage. On tasse un peu la terre, puis on en gratte un peu la surface sur laquelle on sème la graine sans la recouvrir. Seulement on foule avec le plat de la main pour faire adhérer la semence au sol. Généralement on met les terrines sous cloche ; mais quand les jeunes plants commencent à se montrer, on leur donne de l'air.

Les spécialistes se contentent de maintenir la serre à une température de 12 degrés au-dessus de zéro. Ils reviennent à cette température dès que la germination s'est produite, s'ils ont cru devoir l'élever au moment du semis. Les arrosages des jeunes pousses par le haut ont le double inconvénient de former une croûte à la surface et de provoquer des végétations nuisibles. Aussi les meilleurs praticiens ont-ils l'habitude de n'arroser que par absorption, c'est-à-dire de placer les terrines dans d'autres vases où il y a de l'eau.

On tient prêts des godets pleins d'une terre de bruyère ordinaire pour y repiquer les jeunes plants quand ils ont de 4 à 6 feuilles. On remet sous cloche jusqu'à parfaite reprise. Puis on découvre les sujets bien repris.

Terre des pots. — La chaux est une ennemie mortelle des Azalées. On lavera donc les pots avec soin avant de s'en servir ; et dans la terre de bruyère ordinaire et grossièrement divisée qu'on y mettra, qu'on se garde bien surtout, sous aucun prétexte, d'ajouter la moindre quantité de terre franche, où il se trouve toujours de la chaux en proportion quelconque.

Nature de l'eau employée. — Soit pour le lavage

des pots, soit pour les fréquents arrosages et les seringages sur les feuilles, on n'emploiera que des eaux de pluie, ou, à défaut, des eaux aussi douces qu'on pourra les avoir.

Rempotages.—Nous avons dit qu'il faut changer assez souvent la terre des pots. Dans l'opération du rempotage, on peut rafraîchir hardiment les racines des Azalées. Ces plantes ne craignent guère d'être tenues à l'étroit par le pied.

Sortie de la serre.—Dès que la belle saison n'a plus rien à voir avec les gelées blanches ou même les retours des nuits froides, c'est à dire du 15 au 30 mai, les Azalées doivent être mises à l'air libre, mais dans des endroits frais et quelque peu ombragés. On enterre les pots, et les précieuses plantes n'auront jamais besoin d'arrosages incessants, si l'on mouille profondément le sol autour des pots qui les contiennent.

Pincement et taille.—Les Azalées ne sont pas seulement des fleurs splendides; ce sont aussi des arbrisseaux auxquels on doit donner une forme convenable. Elles s'emportent facilement dans la jeunesse, mais on les contient au moyen du pincement et de la taille qu'elles supportent volontiers; comme chez la plupart des végétaux, la courbure des branches provoque la naissance de bourgeons dans les endroits insuffisamment fournis.

Bouturage.—On bouture au printemps avec des rameaux herbacées sur couche tiède, ou sous cloche à l'automne avec du bois fait; mais on a soin d'enle-

ver la buée du verre et l'on donne de l'air aux boutures tous les jours, ce qui permet de les débarrasser des feuilles qui jaunissent au bas du pied.

Marcottage. — La multiplication par le marcottage
est très-facile. Les marcottes reprennent en peu de
temps, et quand on s'aperçoit qu'elles peuvent se suffire, on les sèvre.

Greffage. — C'est de tous les moyens le plus employé pour multiplier les Azalées. La greffe en fente
se pratique au printemps; à l'automne on greffe en
approche. Pour mieux dire, il n'est pas une sorte de
greffage qu'on ne puisse appliquer utilement à ces
plantes. Pourvu qu'on les tienne en vigueur et en
bonne santé, elles supportent bien toutes les opéra-
tions.

Rentrée en serre. — Nous compléterons ces notions indispensables en appelant la sollicitude de l'a-
mateur sur le danger qu'il y a de se trop fier aux
derniers beaux jours d'automne et de prolonger le
séjour des Azalées à l'air libre. Ces plantes ne sont
pas précisément frileuses à l'excès, mais la différen-
ce entre la température des journées tièdes et celle
des nuits fraîches est trop grande pour ne pas être
pernicieuse. Donc, en moyenne, c'est à la mi-sep-
tembre qu'il faut rentrer les Azalées en serre.

Température de la serre. — Nous avons dit qu'une
température de 10 à 12 degrés est nécessaire pour
la germination des graines ; mais si l'on n'a point de
semis en bâches, on peut dire en thèse générale que
la température de la serre ne doit pas dépasser 5 à

6 degrés. Le chauffage au thermosiphon est de beaucoup le meilleur.

Et nous ajoutons pour finir : de l'air, toujours de
l'air, encore de l'air, tant que le permettra la température du dehors. C'est la première condition pour la
parfaite conservation des Azalées.

Les appartements. — Puisque les azalées, grâce à
une floraison sans pareille et durable envahissent nos
appartements, il faut tenir compte, pour les y maintenir, des préceptes donnés ci-dessus. De l'air, de la
lumière, pas de courants d'air continus et froids, pas
d'exposition prolongée au soleil. Des arrosages jour-
naliers et une température suivie. Puis, si la plante
souffre, on la rend au jardin.

Et maintenant, quant aux espèces, on trouvera
chez les jardiniers fleuristes celles qu'on veut possé-
der de préférence.

RHODORA, *Rhodora*

R. Canadensis, R. du Canada, marécages du Canada. Arbuste de 60 centimètres; feuilles persistantes,
vertes, luisantes, blanchâtres en dessous, très-en-
tières ; fleurs pourpres gorge de pigeon avant l'arrivée des feuilles au printemps, et en beaux bouquets
au bout des rameaux.

RHODODENDRON, *Rosage*

Arbrisseaux et arbres à feuilles persistantes.
Les Rhododendrons tiennent le premier rang dans

nos jardins parmi les arbrisseaux d'ornement. Aucun autre ne saurait leur être comparé ; fleurs et feuillages, ils ont tout pour eux. Les feuilles sont persistantes et les fleurs offrent les couleurs les plus variées et les plus éclatantes. Ils ont cette autre qualité bien précieuse pour nous d'être en partie très-rustiques.

Comme les Azalées, leurs proches parentes, les Rhododendrons sont de plein air ou de serre. Les espèces de plein air, quoique rustiques, comme nous venons de le dire, exigent cependant des soins particuliers. A défaut de terre de bruyère qu'il est toujours mieux de leur donner, on peut mêler à la terre franche du sable et des feuilles consommées. Le sol ou les eaux qui leur fournissent une certaine dose de chaux leur serait nuisible, mais pourtant moins qu'aux Azalées. Comme à ces dernières, l'humidité est une condition indispensable de bonne tenue, et les jardiniers soigneux couvrent de mousse ou de paillis le sol où sont plantés ces arbrisseaux.

Quand le pied est bien formé, les rejets ou drageons doivent être soigneusement enlevés à leur apparition. Une chose essentielle à retenir, c'est qu'on ne doit jamais ni pincer ni rabattre les rameaux, car la plante supporte avec peine les moindres mutilations de ce genre.

La greffe et le marcottage sont les procédés les plus communément employés pour multiplier les Rhododendrons. Le bouturage ne réussit qu'à la condition d'être fait comme pour les Azalées de serre.

Les espèces courantes de pleine terre sont :

R. maximum, R. à grandes fleurs, États-Unis d'Amérique. Arbuste de 3 à 5 mètres, feuilles vert tendre en dessus, blanchâtres en dessous, roulées sur les bords; juin-août, grandes fleurs blanches ou roses.

R. ferrugineum, Rose des Alpes, Laurier rosage, arbuste des Alpes et des Pyrénées; 60 à 80 centimètres; feuilles ferrugineuses en dessous; en mai-juin fleurs rouges disposées en ombelles. On trouve cette espèce dans les endroits humides des Alpes jusqu'à 2,000 mètres d'altitude.

R. Catowbiense, R. de Catawba, Caroline (Amérique). A peine 2 mètres, feuillage du *R. maximum;* en mai-juillet, fleurs roses tendres ou violacées.

R. ponticum, R. du Caucase, ou Pontique, grande espèce de l'Asie Mineure. 2 m. 50 cent. à 3 mètres et plus; feuilles lisses en dessus, ferrugineuses en dessous; mai-juin, fleurs ordinairement d'un pourpre violet très-brillant, mais la couleur varie suivant les variétés qui sont nombreuses. On sait que c'est avec le miel malsain recueilli par les abeilles sur l'espèce *ponticum* que les dix mille Grecs de Xénophon, battant en retraite à travers l'Asie Mineure, furent empoisonnés.

Espèces de serre. — Nous nous dispenserons d'indiquer les moyens de cultiver les Rhododendrons de serre, attendu que ce serait nous répéter. Qu'il nous suffise de renvoyer les lecteurs à ce que nous avons dit de la culture des Azalées de l'Inde.

Ajoutons pourtant que les espèces de serre sont

encore plus brillantes, plus splendides peut-être que
les espèces de plein air, et que la reine d'entre elles,
le *R. arboreum*, atteint parfois 5 mètres de hauteur.

LEDUM, *Ledum*

L. palustre, L. des marais, Europe septentrionale.
Arbrisseau de 50 à 60 centimètres ; feuilles linéaires,
retroussées sur les bords, ferrugineuses en dessous ;
fleurs blanches en avril-mai.

L. latifolium, L. à larges feuilles, nord de l'Amérique. Arbuste plus haut que le précédent ; feuillage
et fleurs à peu près semblables.

Culture des Rosages de plein air.

KALMIA, *Kalmie*

K. latifolia, K. à larges feuillles, Caroline (Amérique). Arbrisseau de 2 à 3 mètres ; feuillage persistant, lisse ; en mai-juin, fleurs terminales en corymbes, blanches ou carminées.

Culture des Rosages de plein air. Les boutures et
les marcottes qui sont les meilleurs moyens de les
multiplier, ne reprennent quelquefois qu'en deux
ans. Le nord de l'Amérique donne aussi les deux
espèces : *K. glauca* et K. *angustifolia*. Même culture.

FAMILLE DES PRIMULACÉES

Plantes herbacées.

PRIMULA, *Primevère*

Ce genre contient une dizaine d'espèces d'origine européenne, vivaces, dont nous ne donnerons que les principales.

P. officinalis, P. officinale, Coucou ; herbe à feuilles ovales dentées, cotonneuses à la face inférieure ; hampe de 10 à 12 centimètres ; portant une ombelle de fleurs jaunes, un peu odorantes, fin mars-avril. Plante très-commune dans nos prairies et bien connue des enfants qui en font des boules ou des guirlandes. Quoique cette fleur ne soit pas distinguée, on en a obtenu des variétés de couleur variée rouge, orangée, etc. ; malgré son nom, elle ne compte plus dans la matière médicale. Multiplication par la division des touffes en septembre, ou par des semis de printemps.

P. elatior, P. élevée ; à peu près la même, plus élevée que la précédente ; hampe de 20 à 25 centimètres ; les variétés simples ou doubles sont extrêmement nombreuses. Même culture.

P. grandiflora, P. à grandes fleurs, ou sans tige ; feuilles rudes, dentées, cotonneuses en dessous ; hampe de 8 à 10 centimètres ; surmontée d'une fleur unique, grande, rose, blanche, jaune, etc. Même culture..

P. cortusoides, P. à port de Cortuse. Feuilles radicales ; hampe de 15 à 25 centimètres ; portant un bouquet de fleurs en ombelle, rouges. Double floraison : printemps et automne. De ce que cette primevère est très-floribonde et que les fleurs odorantes et d'un beau rouge pourpre reviennent deux fois dans la saison, on en fait une fleur d'appartement très-convenable. Il la faut cultiver en terre de bruyère et ne point laisser l'eau des arrosages séjourner dans le sol au pied de la plante. Multiplication d'éclats.

P. auricula, auricule ; Primevère oreille d'ours. Vieille plante classique, toujours recherchée. On divise les auricules en quatre groupes :

1º Les *pures*,

2º Les *ombrées* ou *liégeoises*,

3º Les *poudrées* ou *anglaises*,

4º Les *semis-doubles*, *doubles* ou *pleines*.

Les *pures* sont unicolores ; les *ombrées* sont à plusieurs couleurs ; les *poudrées* sont reconnaissables à la poussière qui les recouvre dans toutes leurs parties ; on sait ce que doivent être les dernières, plantes délicates qu'on ne conserve qu'avec des soins extrêmes.

En général, la floraison des Auricules a lieu en avril-mai. Elles supportent bravement le froid, sauf quelques variétés délicates parmi les doubles qu'il faut protéger d'un abri en hiver. Mais aucune plante ne redoute davantage l'humidité. Tout terrain substan-

tiel leur convient, à la double condition d'être meuble
et frais, et de se trouver à mi-ombre. La culture en
pots donnera donc des résultats qu'on n'obtiendra
jamais en pleine terre, puisque dans les jours de
pluie ou de brune, il sera possible d'abriter les sujets.

La multiplication se fait par à peu près tous les
moyens : par semis, par éclats, par boutures. Ces
dernières ne réussissent bien qu'en serre et sous
cloche.

Primevère du Japon.

P. Sinensis, P. de Chine. Espèce de serre, vivace,
velue ; feuilles longuement pétiolées , hampe de 20 à
25 centimètres ; fleurs blanches ou roses dès le mois
de février. Multiplication de semis, de boutures ou

d'éclats. Terre franche mêlée de terre de bruyère par moitié au moins. — La P. de Chine est une des plus jolies plantes d'agrément qu'on puisse cultiver; seulement elle est délicate et les feuilles ne résistent pas à l'humidité, sous l'action de laquelle elles pourrissent vite.

CYCLAMEN, *Cyclamen*

C. **Europæum**, C. d'Europe. Pain de pourceau. Herbe indigène, vivace; racine grosse, tuberculeuse, aplatie; feuilles radicales, en cœur ou arrondie, rayées de blanc en dessus et de rouge en dessous, en juillet-octobre, fleurs abondantes, inclinées, rouges ou blanches, d'une odeur agréable; double floraison, printemps et automne. Plante assez frileuse qu'on met en pots dans la terre de bruyère, et qu'on recouvre en hiver. En été, exposition à mi-ombre. Multiplication de semis en terre de bruyère et ne mettre en place qu'après trois ans. Fleurit seulement la quatrième année. On multiplie plus rapidement par la division des racines.

Les cyclamens se mettent en bordure, ou bien on en fait de jolis massifs à l'ombre.

On cultive encore :

C. **Neapolitanum**, C. de Naples, à fleurs roses.

C. **Persicum**, C. d'Alep ; fleurs blanches, roses ou rouges.

SOLDANELLA, *Soldanelle*

S. Alpina, S. des Alpes. Plante indigène, vivace ; feuilles radicales ; hampe de 15 à 20 centimètres ; en mai-juin, fleurs en clochettes, rouges ou blanches ou bleues, finement frangées. Rocailles ombragées. Terre de bruyère. Multiplication d'éclats.

LYSIMACHIA, *Lysimaque*

L. ephemerum, L. éphémère. Herbe indigène, vivace ; 1 mètre à 1 m. 40 cent. ; feuilles lisse et sessiles ; juillet à septembre, fleurs blanches en longues grappes terminales. Tout terrain léger, frais et bien exposé. Multiplication de semis ou d'éclats.

L. punctata, L. ponctuée. Vivace, indigène ; 30 à 40 centimètres ; feuilles en verticilles, ponctuées de noir, d'où lui vient son nom ; en juin-juillet, fleurs jaunes, en grappes rameuses. Même culture.

ANAGALLIS, *Mouron*

A. collina, M. à grandes fleurs. Plante buissonnante, bisannuelle ; tige sous-ligneuse à la base ; 20 à 30 centimètres ; feuilles lancéolées ; de mai à septembre, fleurs passant du bleu au rouge brique, en grappes feuillées. Plante délicate dont on fait des corbeilles et des bordures fleuries toute la saison. Terre ordinaire, meuble et fraîche. Multiplication par semis en avril en place, ou en septembre en pépinière. Les jeunes plants veulent être protégés. On multiplie de boutures en plein été.

———

FAMILLE DES JASMINÉES

Arbrisseaux à fleurs opposées ou alternes.

JASMINUM, *Jasmin*

Arbrisseau de 1 mètre à 6 mètres, suivant l'espèce.

J. officinale, Jasmin blanc, Orient. Arbrisseau naturalisé en Europe depuis longtemps, à rameaux sarmenteux; fleurs blanches d'une odeur exquise pendant toute la saison. Tout terrain; exposition chaude; couverture de feuilles l'hiver. Multiplication de marcottes et de boutures sur couche. On en tapisse les murs en le palissant; ornement de berceaux, de tonnelles, etc. Par les pincements successifs et par la taille, on donne au Jasmin la forme sphérique, ou toute autre. On rencontre cette plante un peu partout, grâce à son parfum délicieux et à sa longue floraison.

J. fruticans, J. à fleurs de cytise; arbrisseau indigène, 1 m. 50 cent. buissonnant; de mai à septembre, petites et nombreuses fleurs jaunes.

J. nudiflorum. J. à fleurs nues, Chine; 1 mètre. Buisson très-rustique, à rameaux sarmenteux; fleurs grandes, jaunes, inodores, arrivant en mars-avril, c'est-à-dire avant les feuilles.

J. grandiflorum, Jasmin d'Espagne, originaire de l'Inde. Tige de 1 m. 50 cent. à 2 mètres; rameaux grêles

Jasmin de Virginie.

et feuilles persistantes; de juillet à l'hiver, grandes fleurs blanches, violacées, d'une odeur très-fine et très-pénétrante. Serre froide. A défaut de serre, bon abri sans lequel gèlerait la plante.

FAMILLE DES OLÉACÉES

Famille très-voisine des Jasminées.

SYRINGA, *Lilas*

Arbrisseaux à feuilles opposées.

S. vulgaris, L. commun, probablement de l'Asie Mineure. Arbuste de 4 mètres; feuilles cordiformes, lisses; en mai, fleurs en thyrses, odorantes, couleur *lilas.*

Variétés à fleurs blanches, à fleurs pourpres (lilas Marly); à fleurs pourpre foncé (lilas royal); à feuilles panachées et à fleurs gorge de pigeon (S. Liberti).

S. dubia, L. de Chine, L. de Rouen, L. Varin; les fleurs sont plus grandes et d'un coloris plus vif.

S. Persica, L. de Perse; moins haut que le Lilas commun; branches retombantes; feuilles arrondies à la base; fleurs rouge clair, en panicules. Variété à fleurs blanches. Tout terrain, préférablement sec et chaud. Multiplication par les rejets à racine; par le marcottage et par le greffage. Si l'on fait des semis, la graine met parfois plus d'un an à germer.

FORSYTHIA, *Forsythie*

Arbrisseaux à feuillage ne paraissant qu'après les feuilles.

F. viridissima, F. Très-vert, Chine du nord. Dès février, nombreuses fleurs jaunes sur le vieux bois. On les palisse généralement et on les taille immédiatement après la fleur.

LIGUSTRUM, *Troène*

L. vulgare. Troène commun. Arbrisseau indigène de 3 mètres à 3 m. 50 cent.; à rameaux assez grêles pour servir de liens, à petites fleurs blanches et à baies noires. Variétés à fleurs blanches. Dans certaines localités autour de Paris on en fait des haies que la taille rend très-épaisses.

L. Japonicum, T. du Japon. Plus grand que le *vulgare*, et demandant une exposition plus chaude.

La Californie en a fourni une espèce :

L. ovalifolium, T. à feuilles ovales, très-rustique, à bois très-glabre et à fleurs blanches.

CHIONANTHES, *Chionanthe*

C. Virginica, C. de Virginie, Arbre à franges, Arbre de neige ; Amérique. 3 à 5 mètres ; feuilles, grandes et en pointe ; en juin, fleurs d'un beau blanc. Tout terrain humide. On le greffe sur le frène commun ; on le multiplie encore de marcottes, de boutures et de semis ; mais la graine ne lève que la seconde année.

VINCA, *Pervenche*

Herbes et sous-arbrisseaux.

V. rosea, P. rose, Antilles. Herbe annuelle (vivace en serre) ; tige sous-ligneuse de 30 centimètres ; feuilles luisantes et persistantes ; de juillet à octobre, fleurs roses ; variété à fleurs blanches. Corbeilles et massifs. Plante d'appartement : elle devient vivace en pots. Multiplication de semis. Dans les corbeilles le mélange des blanches et des roses produit un bel effet.

V. minor, petit Pervenche. Herbe indigène vi-

Pervenche.

vace ; fleurs bleues au mois de juin. Multiplication d'éclats.

V. major, grande Pervenche ; grandes fleurs bleues et solitaires. Multiplication d'éclats.

FAMILLE DES APOCYNÉES

Herbes et arbrisseaux.

NERIUM, *Laurier-rose, Nérion*

Midi de la France ; endroits marécageux et bord des eaux ; feuilles persistantes, opposées ou en verticilles par trois, entières, lisses. Grandes fleurs rouges, roses ou blanches ; en bouquets au bout des rameaux ; on les cultive en caisse, dans de la terre franche ordinaire ; on arrose fréquemment et pour empêcher la terre de se dessécher, on en couvre la surface d'un lit de fumier de cheval. Rentrer les caisses en hiver, car le Nérion craint le froid. On doit tous les trois ou quatre ans, quelquefois tous les deux ans, le tailler jusque sur le vieux bois, car les insectes s'attaquent aux feuilles anciennes. Ce rabattage, du reste, donne à l'arbuste une nouvelle vigueur et provoque des floraisons splendides. Tout en demandant de copieux arrosages, le Nérion veut une exposition bien ensoleillée. Au frais et à l'ombre, les fleurs ne parviennent pas à s'ouvrir. Bien cultivé, il atteint une hauteur de 3 à 4 mètres ; c'est-à-dire la moitié de sa taille normale dans les contrées où il est indigène. Ne pas oublier que cet arbuste, buissonnant chez nous et d'une grande beauté par son port et sa floraison, est vénéneux dans toutes ses parties, moins sans doute chez nous que dans les pays chauds, mais encore assez pour occasionner des accidents mortels. Donc, ne jamais porter à sa bouche ni fleur, ni feuille, ni bois de Nérion.

On multiplie le Laurier-rose de boutures qui reprennent très-facilement à l'air libre. On peut activer la reprise en les plaçant dans des bouteilles d'eau.

APOCYNUM, *Apocyn*

A. androsæmifolium, A. gobe-mouches, Amérique septentrionale. Feuilles ovales et lisses; de juillet à septembre, petites fleurs roses très-nombreuses ayant en abondance un miel qui attire les mouches. Le nom lui vient de ce que la mouche qui a sucé la liqueur sucrée est retenue prisonnière par les anthères d'où sa trompe ne peut se dégager. Terre de bruyère meilleure que toute autre. Multiplication de semis, ou d'éclats aux racines. Il n'aime ni les grands soleils, ni les coups de vent.

A. venetum, A. denté, îles Ioniennes. 1 mètre à 1 mètre 25 centimètres; tige herbacée; feuilles de saule; fleurs blanches ou rosées. Se cultive comme le précédent, mais ne craint pas autant le grand soleil.

FAMILLE DES ASCLÉPIADÉES

Très-voisines des Apocynées.

PERIPLOCA, *Périploca*

P. græca, P. grecque, Europe méridionale. Tige vivace, sarmenteuse de 8 à 10 mètres; à feuilles ovales ; pointues; plein été, fleurs rouge brun, répandant une odeur nauséabonde. Tout terrain, bien exposé et bien aéré. Multiplication d'éclats.

ASCLEPIAS, *Asclépiade*

As. Cornuti, A. de Cornuti, Herbe à la ouate, Herbe à coton ; 1 m. 50 cent. à 2 mètres ; racines traçantes à l'excès ; feuilles très-larges et cotonneuses ; de juillet à septembre, fleurs blanches, teintées de rose, en gros bouquets, odorantes. Tout terrain ; multiplication par la division des racines, en mars. La graine de cette espèce fournit de l'huile assez estimée. Le coton ou ouate qui accompagne la graine dans la coque n'a pu être utilisé. Assez encombrante dans les plates-bandes à cause de ses racines traçantes.

A. incarnata, A. incarnée, Amérique du Nord. Vivace, moins traçante, moins cotonneuse que la précédente; tige dressée, rougeâtre, 1 mètre à 1 m. 30 cent.; feuilles lancéolées; fleurs rose rouge, d'une odeur agréable, en juillet-septembre. Fait bon effet dans les plates-bandes. Tout terrain un peu frais; multiplication par la division des racines ou par semis à la maturité des graines.

A. tuberosa, A. tubéreuse, Amérique du Nord. Vivace, cotonneuse, poilue, 60 centimètres; en août-septembre, fleurs jaune safran. Terre de bruyère un peu forte et fraîche. Très-jolie plante de plates-bandes. Multiplication des autres Asclépiades.

FAMILLE DES GENTIANÉES

Herbes à fleurs terminales.

GENTIANA, *Gentiane.*

G. lutea, G. jaune ; grande Gentiane ; 1 mètre 50 centimètres ; feuilles sessiles ; en juin-juillet, fleurs jaunes, verticillées ; terre ordinaire mêlée par moitié de terre de bruyère. Exposition à mi-ombre ; multiplication par la division de la racine. Les semis donnent de jeunes plants qui ne fleurissent que la quatrième année.

G. acaulis, G. sans tige, Alpes. Gentiane à grandes fleurs ; venue des pâturages alpins de 600 à 2,000 mètres d'altitude, cette plante ne réussit pas toujours dans nos cultures florales. Vivace, gazonnante, très-basse (10 centimètres) ; fleurs très-grandes en forme de clochettes ; bleues, solitaires. Exposition très-découverte ; terre franche un peu sableuse et fraîche. Multiplication d'éclats avant l'hiver. Bordures, rocailles, lieux accidentés et pierreux.

P. asclepiadea, G. à feuilles d'asclépiade, Alpes. Vivace, un peu plus élevée que la précédente ; fleurs bleues en longues clochettes, sessiles, en épis à feuilles. Bordures, rocailles. Exposition à mi-ombre. Terre de bruyère tourbeuse.

G. centaurium, Gentiane centaurée, petite Gentiane ; 30 centimètres ; indigène, annuelle ; de juin à août, fleurs roses ou blanches. C'est une fleur des bois.

MENYANTHES, *Ményanthe*

M. trifoliata, Trèfle d'eau. Herbe aquatique, indigène, vivace ; feuilles à 3 folioles ; fleurs en grappes en haut d'une hampe nue, couleur chair ou rosées. Toute terre fraîche. Étangs, bassins, pièces d'eau. Multiplication d'éclats.

FAMILLE DES BIGNONIACÉES

Arbres, arbrisseaux et herbes.

BIGNONIA, *Bignonia*

B. capreolata, Bignone à vrilles, B. grimpante, États-Unis du Sud. Arbrisseau à feuilles persistantes ; juin-juillet, fleurs rouges. Tout terrain ; chaude exposition. Multiplication de marcottes, de boutures et de drageons. Point d'humidité persistante au pied.

Nombreuses espèces de serre.

TECOMA, *Técoma*

T. radicans, T. grimpant, Amérique du Sud. Jasmin de Virginie; liane de 8 à 10 mètres; fleurs rouges en grappe, en août-septembre. Tout terrain un peu humide, le long d'un mur au midi; couverture du pied en hiver. Multiplication par éclats de la racine.

T. grandiflora, T. de la Chine; feuilles gauffrées; le reste comme le précédent.

Nombreuses espèces de serre.

CATALPA, *Catalpa*

Genre très-voisin des deux précédents. Le Catalpa est un bel arbre de 15 mètres; les rameaux partent presque du bas et forment une cyme touffue; fleurs blanches tachetées de jaune et de rouge, en juillet.

INCARVILLEA, *Incarvillée*

I. Sinensis, I. de Chine. Herbe bisannuelle, lisse, dressée, de 75 centimètres à 1 mètre; feuille deux fois pennée; juillet-août, longues fleurs roses. Tout terrain bien drainé. Semis en juin-juillet sur couches; faire hiverner sous chassis et mettre en place en avril.

FAMILLE DES SÉSAMÉES

Herbes à feuilles simples.

MARTYNIA, *Martynie*

Les espèces suivantes sont annuelles :

M. annua, Cornes du diable, Louisiane. Feuilles entières et en cœur avec pétiole ; plein été, fleurs blanc roux, pendantes. Corbeilles, plates-bandes.

M. fragrans, M. odorante, Mexique ; fleurs plus grandes, rouge violet.

M. lutea, M. jaune ; fleurs plus abondantes, mais moins grandes.

Les Martynies veulent une bonne exposition, un terrain frais et des arrosages fréquents avant la floraison. Multiplication comme l'Incarvillea ci-dessus.

FAMILLE DES HYDROPHYLLÉES

Herbes à feuilles alternes.

NEMOPHILA, *Némophile*

Les Némophiles, originaires en général de la Californie, sont de petites plantes de 20 centimètres, à tiges couchées et diffuses. Elles sont annuelles.

N. atomaria, N. ponctuée ; fleurs blanches, semées de petits points noirs.

N. insignis, N. remarquable ; fleurs d'un beau bleu en juillet.

N. maculata, N. maculée. Fleurs grandes, blanches, avec coin bleu sur chaque échancrure de la corolle ; le coin est violet ou rouge dans les variétés.

Némophile.

Gentilles herbes dont on fait des bordures ou des corbeilles. On les cultive aussi en pots. Exposition chaude ; terreau riche ; arrosages abondants, semis en avril.

COSMANTHUS, *Cosmanthe*

C. viscidus, C. visqueuse, Californie. Herbe de 50 centimètres à tige visqueuse ; feuilles dentées, en cœur ; plein été, fleurs bleues en grappes arquées ; semis en avril. Corbeilles, massifs.

PHACELIA, *Phacélie*

P. tanacetifolia, P. à feuilles de Tanaisie, Californie. Herbe annuelle, buissonnante, 75 centimètres ; feuilles découpées profondément ; de juillet à septembre, fleurs bleu clair. Plates-bandes. Terrain léger et chaud. Semis de printemps.

P. congesta, Amérique du Sud. Tige rameuse d'un bout à l'autre, 40 centimètres ; feuilles profondément découpées ; fleurs bleu foncé. Massifs, corbeilles.

———

FAMILLE DES POLÉMONIACÉES

Herbes ; rarement sous-arbrisseaux.

PHLOX, *Phlox*

Espèce annuelle :

P. Drummondii, P. de Drummond, Texas. Tige touffue de 50 à 60 centimètres ; fleurs roses en corymbe pendant presque toute l'année. Semer en avril, ou en septembre pour repiquer et abriter en hiver. Préférablement la terre de bruyère. Massifs. corbeilles, bordures, plates-bandes.

Espèce vivace :

P. paniculata, P. paniculé, Caroline. Tige dressée de 1 mètre ; feuilles lisses, lancéolées ; septembre-octobre, fleurs lilas, odorantes.

P. acuminata, P. acuminé, Amérique du Nord ; se distingue du précédent par ses feuilles pubescentes.

P. subulata, P. subulé ; 8 à 12 centimètres ; tiges grêles étalées. Mai-juin, fleurs roses, avec de très-longs pédoncules.

P. reptans, P. rampant ; 12 à 15 centimètres ; fleurs lilas.

Phlox de Drummond.

P. verna, P. de printemps ; 12 à 15 centimètres ; pubescent ; fleurs roses.

Ces Phlox vivaces se multiplient facilement de boutures et d'éclats. Ils sont très-rustiques et peuvent être déplantés jusqu'au moment de la floraison, ce qui permet d'en disposer à volonté pour en faire des massifs, des corbeilles, des pots, etc. ; c'est une jolie plante aujourd'hui très-répandue.

COLLOMIA, *Collomie*

C. coccinea, C. coccinée, Chili. Herbe annuelle de 25 à 30 centimètres ; très-dressée; feuilles lancéolées très-étroites ; fleurs petites, coccinées, en bouquets au bout des rameaux. Bordures, plates-bandes, potées pour ·fenêtres ou appartements. Semis sur place au printemps.

GILIA, *Gilie*

P. capitata, Gilie, Amérique septentrionale. Tige rameuse de 80 centimètres ; feuilles très-découpées; fleurs abondantes, en têtes rondes. Il existe une variété à fleurs blanches. Herbe annuelle.

Les espèces suivantes sont originaires de la Californie :

G. tricolor, G. tricolore. Herbes annuelles, de 40 centimètres; fleurs grandes, jaunes à la base, purpurines à la gorge et blanches au centre.

G. achilleæfolia, G. à feuilles de Millefeuille ; 50 à 60 millimètres, feuilles très-finement découpées; fleurs bleues.

G. densiflora, G. à fleurs serrées. Tiges diffuses; 30 centimètres ; fleurs serrées, d'un blanc éclatant, puis passant au rose et à la teinte gorge de pigeon.

IPOMOPSIS, *Ipomopside*

I. elegans, I. élégante, Amérique septentrionale.

Herbe bisannuelle ; tige dressée, 1 mètre ; feuilles linéaires ; de juillet à octobre, fleurs presque sans pédoncules, en grappes, coccinées. Semer à l'automne et hiverner à l'abri, puis mettre en place au printemps. Plates-bandes. Cette plante délicate demande une terre franche un peu forte.

POLEMONIUM, *Polémoine*

P. cœruleum, Europe ; 60 centimètres ; herbe vivace, tiges nombreuses ; feuilles composées ; fleurs bleues de mai à juillet. Terre ordinaire, mais fraîche. Multiplication par semis, ou par séparation des touffes ; variété à fleurs blanches.

P. reptans, P. rampante, Amérique septentrionale. Tiges rampantes ; feuilles composées ; avril-mai, fleurs bleues. Même culture. Jolies bordures à l'ombre.

COBŒA, *Cobéa*

C. scandens, C. grimpant, Mexique. Plante annuelle, ligneuse, grimpante, atteignant 7 à 8 mètres ; feuilles composées, pourvues de vrilles ; très-grandes fleurs solitaires à longs pédoncules, verdâtres, puis lie de vin. Variété à fleurs panachées. Murailles, treillages, berceaux. Demande beaucoup d'eau en été. Multiplication de semis.

FAMILLE DES CONVOLVULACÉES

Herbes et sous-arbrisseaux.

QUAMOCLIT, *Quamoclit*

Q. coccinea, Q. écarlate ; Jasmin rouge, Caroline. Tige volubile de 2 mètres ; feuilles en cœur ; petites fleurs écarlates de juillet à septembre. Berceaux, fenêtres, balcons, etc. Semis.

Q. vulgaris, Quamoclit commun, Quamoclit cardinal, Jasmin des Indes, Inde. Herbe volubile ; 2 à 3 mètres ; feuilles longues et étroites ; d'août en octobre, fleurs écarlates. Semis au printemps sous cloche et mise en place en mai. Même emploi.

IPOMÆA, *Volubilis*

Le Volubilis est un Quamoclit à espèces nombreuses. Notre Volubilis ordinaire est le :

PHARBITIS NIL, *Volubilis*

Herbe annuelle, de l'Amérique méridionale ; fleurs bleues.

P. hispida, Volubilis des jardiniers. Amérique méridionale. Herbes annuelles ; tiges volubiles de 3 à 4 mètres ; feuilles en cœur ; de juin aux gelées, grandes fleurs rouges à l'intérieur, blanc violacé à l'inté-

rieur. Variétés de toutes couleurs. Semis spontané.
Tout terrain. Fenêtres, berceaux, treillages, etc.

CONVOLVULUS, *Liseron*

C. tricolor, L. à trois couleurs, Belle-de-Jour,

Le Liseron.

Midi de la France. Herbe non volubile, annuelle,

velue, rameuse ; feuilles lancéolées ; fleurs à tube
jaune, à gorge blanche et à limbe bleu. Variétés de
diverses couleurs. Cette herbe, qui ne dépasse pas
40 centimètres, orne bien les plates-bandes, les massifs et les corbeilles. Semis de printemps.

C. althæoides, L. Guimauve, Midi de la France.
Herbe vivace, traçante, volubile, de 1 à 2 mètres;
feuilles en cœur ; fleurs rose vif, couverture l'hiver
Multiplication par division des racines ou semis au
printemps. Floraison de juillet à septembre.

CALYSTEGIA, *Calystégie*

C. sepium, C. des haies ; Liseron blanc, indigène.
Vivace, très-commun partout, bordant les haies et
les bois, envahissant les broussailles, etc., malgré
cela très-joli. Il en existe une variété à fleurs rosées.
On l'admet peu dans les jardins bien tenus, car il
y devient bientôt encombrant, et l'on ne s'en débarrasse que très-difficilement.

C. pubescens, C. pubescente, Chine. Vivace,
très-traçante, volubile, 2 mètres; de mai à septembre, grandes fleurs roses, pleines. Semis et
éclats.

FAMILLE DES BORRAGINÉES

Herbes et sous-arbrisseaux, généralement poilus.

TOURNEFORTIA, *Turnefortia*

T. heliotropoides, faux Héliotrope , Mexique ; 30 à 40 centimètres ; vivace, traçante ; tige sous-ligneuse ; feuilles ondulées ; de juillet à septembre, fleurs bleues, sessiles, en grappes ; couverture au pied en hiver. Tiges nouvelles à chaque saison. Semis au printemps et à l'automne. Les semis réussissent toujours, on peut cultiver cette plante comme annuelle. Plates-bandes, corbeilles.

HELIOTROPIUM, *Héliotrope*

H. Peruvianum, H. du Pérou. Cet arbrisseau atteint 1 mètre ; ordinairement 75 centimètres ; sous-ligneux en serre ; feuilles lancéolées, rugueuses ; fleurs très-odorantes, lilas clair. Avec ses feuilles persistantes et ses fleurs qui durent de juin à l'hiver, l'Héliotrope est une jolie plante d'appartement et de fenêtre.

Il en existe plus de dix variétés. L'Héliotrope du Pérou craint l'action du froid, etc.; comme son nom l'indique, il aime la lumière : on le rentrera donc en hiver. Semis en mars. Multiplication facile de boutures sous cloche.

H. grandiflorum, Héliotrope à grandes fleurs, Pérou. Moins odorant que le précédent, mais de dimension plus grande.

L'H. *Europæum*, notre Héliotrope commun, connu sous le nom vulgaire d'*Herbe aux verrues*; 30 centimètres; fleurs blanches; n'est pas cultivé dans les jardins.

La Consoude.

SYMPHYTUM, *Consoude*

S. officinale, grande Consoude, indigène. Vivace;

50 centimètres ; lieux frais ; feuilles ovales et longues ; mai-juin, fleurs blanches, roses ou rouges. Multiplication d'éclats en automne. Tout terrain riche en humus. Lieux humides, rocailles fraîches.

S. asperrimum, C. très-rude, Caucase. Vivace, rugueuse, 1 mètre à 1 m. 25 cent., feuilles grandes ; en juin, grandes fleurs lilas ou bleu clair. Même culture et même emploi.

ANCHUSA, *Buglosse*

A. Italica, B. d'Italie, indigène. Vivace ou bisannuelle, à poils rudes ; tige dressée de 1 mètre ; de mai à août, fleurs bleues. Multiplication de semis au printemps.

A. sempervirens, C. toujours verte ; indigène, vivace, rameuse, toujours verte, à fleurs bleues en mai-juillet. Même culture. Les Buglosses se mettent en plates-bandes et dans les lieux secs.

PULMONARIA, *Pulmonaire*

P. Virginica, P. de Virginie. Vivace, cotonneuse, basse ; 30 centimètres ; en avril-mai, fleurs en corymbes, à limbe bleu et à tube rouge. Plates-bandes et rocailles. Multiplication par la division des souches à l'automne.

Les *Pulmonaires* indigènes, à fleurs bleues ou à fleurs rouges, ne déparent pas le jardin le mieux tenu.

MYOSOTIS, *Myosotis*

M. palustris, M. des marais, Ne m'oubliez pas, Plus je te vois plus je t'aime. Herbe vivace, rampante, à feuilles aiguës, en mai-août, petites fleurs azurées portant des poils blancs à la base. On en possède une variété à fleurs blanches. Multiplication

Myosotis.

d'éclats. Bordures à l'ombre ; tout terrain riche, mais frais.

M. Alpestris, M. des Alpes, indigène. Bisannuel ou vivace ; plante des montagnes. Mêmes fleurs et même emploi.

M. nana, M. nain. 2 à 3 centimètres, touffes gazonnantes ; plante frileuse qu'on cultive en pôts, dans la terre de bruyère ; fleurs bleu foncé.

OMPHALODES, *Omphalode*

O. linifolia, O. à feuilles de lin. Herbe annuelle,
indigène, d'un vert blanchâtre; touffes de 25 à 30 centimètres; fleurs blanches en grappes; bordures pour
les sols légers ; floraison de plein été. Multiplication
de semis en mars.

FAMILLE DES HYDROLÉACÉES

Herbes et arbrisseaux à feuilles alternes.

WIGANDIA, *Wigandie*

W. macrophylla, W. à grandes feuilles, plante
de l'Amérique tropicale. A la mode et fort bien cultivée dans les serres de la ville de Paris pour l'ornement des jardins publics. Plante très-feuillue, à
grandes feuilles, tige de 2 mètres ; les feuilles sont
couvertes de poils raides dont la piqûre occasionne
une vive douleur ; fleurs sans pédoncule, en grappes,
sur deux rangs, limbe violet et gorge blanche. Mais
l'effet décoratif vient moins de la fleur que des feuilles,
dont les nervures offrent un réseau très-serré donnant au limbe une certaine ressemblance avec une
peau de chagrin.

Les Wigandies se cultivent comme le tabac. Ces arbrisseaux décorent admirablement les pelouses.

Wigandia.

FAMILLE DES SOLANÉES

Arbrisseaux et herbes alternes, non stipulées.

FABIANA, *Fabiane*

F. imbricata, F. imbriquée, Chili. Arbrisseau à rameaux dressés, 1 m. 50 à 2 mètres; plein été; fleurs petites, axillaires, d'un blanc pur. Les grandes gelées tuent la partie aérienne non garantie, mais la racine donne une nouvelle tige. Multiplication de boutures sous cloches.

NIEREMBERGIA, *Nierembergie*

N. gracilis, N. gracieuse, Amérique méridionale. Annuelle, en culture de plein air; tiges fournies, grêles; 40 à 50 centimètres; feuilles très-étroites sans pétiole; toute la saison, fleurs blanc violacé, gorge jaune. Multiplication de boutures sous verre ou de semis. Plates-bandes et bordures de massifs.

Les autres espèces, non moins jolies, se cultivent et se multiplient de la même façon.

PETUNIA, *Pétunia*

P. nyctaginiflora, P. blanc; P. à fleur de Belle-de-Nuit; P. odorant, Amérique du Sud. 70 centimètres; vivace, charnu, cotonneux; feuilles alternes, ovales; fleurs en entonnoir, axillaires ou terminales, longuement pédonculées, blanches et odorantes. Floraison de juin à octobre.

P. violacea, P. violet, Brésil. 70 centimètres;

fleurs violettes, moins grandes que dans le précé
dent ; odorante le soir. Vivace comme le blanc.

Ces deux espèces, vivaces en serre, sont générale
ment cultivées comme plantes annuelles. Semis en
terre de bruyère mêlée de sable fin, sur couche ou
en terrine. On met en place à la mi-mai. Aujour-

Pétunia rose.

d'hui que ces plantes sont devenues très-communes
et se sont répandues dans les jardins les plus modestes, on sait le parti décoratif qu'on en tire en les
disposant en massif, surtout si l'on a soin de mêler
les couleurs. Dans ce cas, on pince les sujets qui
veulent dominer les autres et l'on ne laisse que quatre

ou cinq branches à chaque pied. Au lieu du semis, nous conseillons le bouturage si l'on possède une serre froide, et l'on a des Pétunias vivaces. Les semis ont cet avantage particulier de donner des variétés nombreuses et inattendues. En pleine terre, pour les massifs, tous les terrains sont bons, mais on fera mieux d'ajouter au sol, s'il est possible, une certaine porportion de terre de bruyère vierge ou vieille.

NICOTIANA, *Tabac*

N. tabacum, Tabac de la Havane. Annuel, cotonneux, visqueux, 1 m. 50 cent. à 2 mètres; feuilles lancéolées, grandes; celles du haut très-étroites; fleurs roses de juillet à octobre. L'espèce à feuilles de Wigandie tient une belle place parmi les plantes à feuillage ornemental, et c'est à ce titre que nous le recommandons. Il se multiplie de bouture et demande la serre froide en hiver.

DATURA, *Datura*

Herbes à fleurs axillaires très-grandes.

D. fastuosa, D. fastueux, Inde. Pomme épineuse d'Égypte; annuel; tige de 1 mètre; feuilles ovales; juillet à octobre, fleurs très-odorantes, en entonnoir, blanc verdâtre au dehors, blanches à l'intérieur. Variétés doubles, violettes. Terre légère à bonne exposition. Semis en mars. Plates-bandes, corbeilles.

D. ceratocaula, D. cornu, Cuba. Annuel; 75 centimètres; feuilles lancéolées, découpées, velues en dessous; juillet-octobre, fleurs très-grandes, odorantes, blanches en dedans, lilas sur les côtes en dehors. Elles s'ouvrent vers la fin du jour et se ferment le matin. Même culture.

D. arborea, D. en arbre, Trompette du Jugement dernier, Pérou. Arbrisseau de 2 à 3 mètres, à grosse tige, à feuillage ornemental; fleurs blanches, d'au moins 30 centimètres de longueur, odorantes, en forme de trompe; floraison, comme dans les précédentes, de juillet à octobre. Plante d'appartement, de perron, de balcon. L'orangerie l'hiver. Multiplication par le bouturage sur couche chaude.

NICANDRA, *Nicandre*

M. physalides, faux Coqueret, Pérou. Plante annuelle, dressée, de 1 mètre; feuilles découpées; ovales, allongées; fleurs lilas, blanches à la gorge. Semis sur place au printemps. Plates-bandes.

SOLANUM, *Morelle*

Ce genre comprend des plantes herbacées de plein air, des espèces ligneuses également de plein air, et des espèces de serre, toutes à feuillage ornemental. Nous allons en donner les principales, car elles sont trop nombreuses pour que nous ne nous en tenions pas aux plus connues.

L'espèce qui suit est indigène.

S. dulcamara, Morelle douce-amère. Arbrisseau de 2 mètres ; à tige grimpante ; feuilles en cœur ; fleurs petites, violettes ou blanches, en grappes, de juin à septembre ; baies d'un beau rouge, assez semblables aux groseilles. Multiplication de boutures et d'éclats en avril, ou de semis à même époque. Cette plante grimpante garnit bien les berceaux, les murs, etc.

S. variegatum, M. à feuilles panachées. Variété de la précédente ; ornement des grottes, des rocailles, etc. C'est vraisemblablement la Morelle sauvage, à baies noires, qui empoisonne les champs et les jardins et que la culture a modifiée.

Espèces étrangères herbacées :

S. atropurpureum, M. noir pourpre, Brésil. Cultivée souvent comme plante annuelle, mais vivace et ligneuse en serre ; tige dressée, très-rameuse, couverte d'aiguillons inégaux rouges et durs ; de 1 m. 50 cent.; feuilles à nervures blanches ; fleurs jaunes, très-petites, et insignifiantes comme on le remarque dans un grand nombre de végétaux à feuillage ornemental. Semis dès février sur couche tiède, et mettre en place en mai avec la motte. Très-bel ornement des pelouses. Corbeilles.

S. laciniatum, M. laciniée, Australie. Annuelle, lisse; tige buisonnante de plus de 1 mètre ; feuilles à découpures étroites ; grandes fleurs penchées, en grappes, bleues et blanches à la gorge ; baies vert jaune. Même semis.

S. lycopersicum, M. à grappes, Tomate-groseille,

Amérique méridionale. Annuelle, haute de 80 centimètres ; ressemblant par ses feuilles à la tomate ;
fruits semblables à la groseille rouge.

S. citrollifolium, M. à feuilles de Pastèque, Texas.
Annuelle, fournie d'aiguillons, rameuse; fleurs insignifiantes, lilas rouge. Même culture.

S. robustum, M. robuste. Cultivée comme annuelle;
vivace, ligneuse en serre ; environ 1 mètre ; rameuse;
grandes feuilles ovales, découpées, cotonneuses,
vert gris en dessus, ferrugineuses en dessous ; fleurs
blanches. Culture du *S. laciniatum*. Cette espèce est
une des plus belles ; les feuilles atteignent une longueur de 75 centimètres, sur 30 centimètres de largeur.

Les espèces ligneuses de plein air sont la M. jasmin et la M. glauque, différant peu des espèces herbacées. Quant aux espèces de serre, très-nombreuses
et très-jolies, nous nous contenterons d'appeler sur
elles l'attention de l'amateur. En général, on peut
dire que les Morelles ne sont faites que pour les
grands jardins ou les grandes propriétés dont elles
sont l'ornement le plus curieux par leur feuillage,
conséquemment le plus durable. Les grandes pelouses
forment un fond sur lequel elles produisent tout leur
effet. Dans les jardins publics, elles tiennent aussi
très-bien leur place.

LYCIUM, *Lyciet*

Lycium Europæum, Lyciet d'Europe, France méridionale. Arbuste épineux, à tiges dressées ou dif-

fuses; feuilles lisses, lancéolées; fleurs violettes; fruits rouges plus décoratifs que la fleur. Multiplication de drageons et de boutures. Haies vives, talus, rochers. Terre sèche et chaude.

CESTRUM, *Cestreau*

Ces arbrisseaux sont jolis. Presque tous veulent la serre tempérée. Le seul qui brave bien les hivers sous le climat de Paris est le :

C. Parqui, C. Parqui, Chili; 1 m. 50 cent.; feuilles lancéolées, persistantes, donnant une odeur fétide au moindre froissement; en mars-avril, fleurs étoilées, jaunes, disposées en panicules terminales et répandant la nuit une suave odeur de Jasmin. Couverture du pied en hiver. Au reste, si les tiges périssent sous l'action du froid, la racine en émet d'autres qui fleurissent l'année même.

PHYSALIS, *Coqueret alkekenge*

Cette plante à racines vivaces et traçantes est indigène et on la trouve communément aux environs de Paris à l'état de nature sur les talus ombragés des vieux chemins creux; tige étalée, cotonneuse; feuilles irrégulières, ovales; en mai, fleurs jaune pâle, solitaires. A l'automne, le calice qui a survécu à la fleur, et qui est devenu, pour ainsi dire, une autre fleur d'un rouge intense, laisse voir en disparaissant à son tour une baie de la même couleur et aussi grosse qu'une cerise. La plante est alors plus jolie qu'au moment de la floraison. Tout terrain un peu sec. Multiplication de semis sur couche, ou par la division des racines. Rocailles, lieux pittoresques, talus, etc.

FAMILLE DES NOLANACÉES

Très-voisines des Solanées.

NOLANA, *Nolane*

Les Nolanes sont des plantes annuelles, originaires du Pérou et du Chili.

N. prostrata, N. couchée. Herbe rameuse à tiges diffuses; feuilles épaisses, ovales; en juillet-septembre, fleurs semblables à celles du petit liseron, bleu azur. Corbeilles. Semis en avril.

N. atriplicifolia, N. à feuilles d'Arroche. Feuilles entières; fleurs axillaires, bleues et jaunes. Même culture et même emploi.

N. paradoxa, N. paradoxale. Fleurs plus grandes; limbe lilas, gorge blanche. Culture et emploi des précédents.

N. lanceolata, N. lancéolée. Fleurs un peu moins grandes que dans *N. paradoxa*, bleu azur au limbe, jaunâtres à la gorge. Culture et emploi comme ci-dessus.

Beaucoup d'amateurs ont une grande estime pour ces petites herbes à fleurs gracieuses.

FAMILLE DES SCROPHULARINÉES

Herbes, arbrisseaux, quelquefois arbres.

SALPIGLOSSIS, *Salpiglosse*

S. sinuata, S. à feuilles sinuées ou découpées, Chili. Jolie plante annuelle de 75 centimètres, un peu visqueuse; feuilles inférieures oblongues, feuilles supérieures lancéolées; fleurs en entonnoir, délicatement striées de blanc, de pourpre, de violet et de jaune; la floraison se succède pendant trois mois, de juin à août. Semis au printemps en terre ordinaire. Plates-bandes et jolis massifs.

Il existe quelques belles variétés de diverses couleurs.

SCHIZANTHUS, *Schizante*

Plantes d'une élégance exquise qu'on répand à grand nombre dans les jardins bien tenus. Elles viennent du Chili comme les genres précédents; elles sont annuelles et se multiplient de semis à l'automne. En hiver on rentre les jeunes plants.

Les Schizantes ont de 50 à 60 centimètres de hau-

teur; les feuilles sont découpées, et les fleurs en panicules.

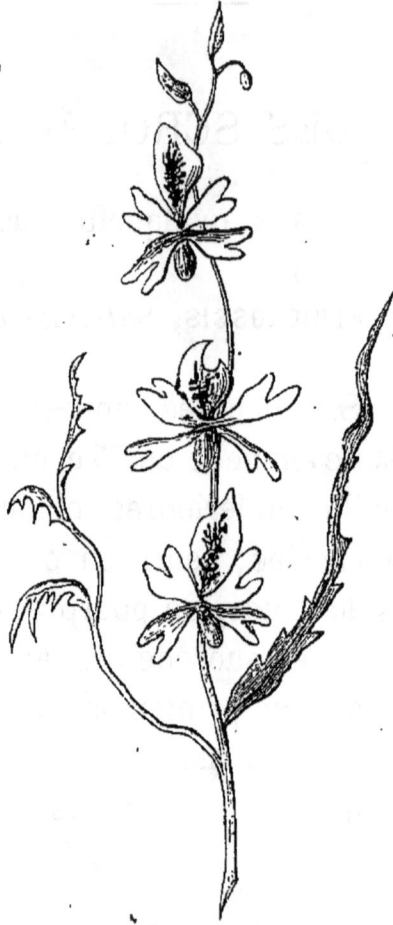

Schizante de Graham.

CALCEOLARIA, *Calcéolaire*

Plantes également originaires du Chili, bisannuelles ou vivaces, mais par cela même craignant
nos hivers; hauteur 60 à 75 centimètres; fleurs jaunes en mai-juin.

NEMESIA, *Némésie*

N. floribunda, N. floribonde, Cap. Herbe annuelle, 35 à 40 centimètres; feuilles très-étroites; en juillet-

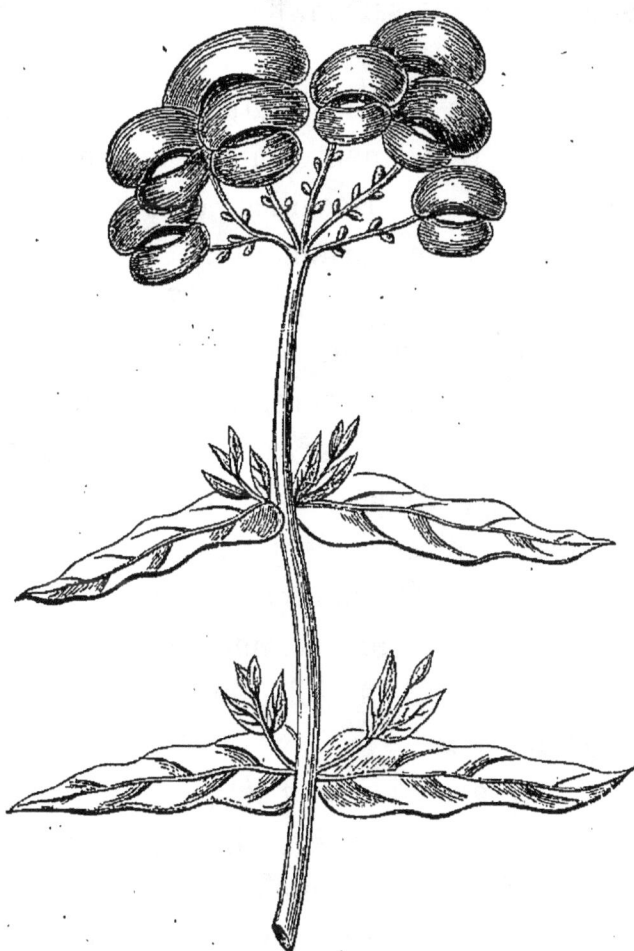

Calcéolaire à feuilles rugueuses.

août, petites fleurs très-nombreuses, blanches; terrain léger ou terre de bruyère, ou les deux mêlés. Semis de printemps. Bordures, rocailles.

LINARIA, *Linaire*

L. cymbalaria, L. cymbalaire. Herbe indigène, vivace, très-lisse; tige pendante; feuille à pétiole qui joue le rôle de vrille; feuilles ferrugineuses en dessous. Toute la saison, fleurs solitaires, axillaires, violet pâle.

Multiplication par le bouturage des tiges qu'on casse et qui reprennent facilement. Tout terrain léger et sablonneux. Rocailles, et même vases suspendus dans les appartements.

L. pilosa, L. velue, midi de l'Europe. Vivace, cotonneux; très-voisin du précédent.

L. bipartita, L. pourpre, Maroc. Linaire à fleurs d'orchis; 50 centimètres; feuilles très-étroites; fleurs bleu violacé, toute la saison. Tout terrain. Semis de printemps en place, soit pour avoir des touffes ou faire des bordures. Plante annuelle.

On peut citer encore comme annuelle :

L. triphylla, L. à trois feuilles; grandes fleurs blanc jaunâtre ;

La *L. triornithophora* est bisannuelle; hauteur 75 centimètres; fleurs grandes, violet gorge de pigeon avec stries purpurines.

Floraison de juin à septembre. Se multiplie d'elle-même par semis spontané. Hiverner les jeunes plants sous chassis.

ANTIRRHINUM, *Muflier*

A. majus, Muflier, Gueule de lion, Mufle de veau.

Plante bisannuelle, indigène, lisse, cassante, haute

Le Muflier.

de 40 à 50 centimètres; feuilles lancéolées; fleurs rouges ou roses, en grappes terminales.

Variétés diverses. Tout terrain. Cette plante très-rustique croît sur les murs et dans les ruines ou les décombres. Elle est en fleurs toute la saison. Plates-bandes, bordures, corbeilles, massifs, rocailles, lieux pittoresques. Multiplication de boutures et de semis. Ce dernier mode donne facilement de belles variétés.

MAURANDIA, *Maurandie*

Les Maurandies sont originaires du Mexique, vivaces dans leur patrie, mais cultivées comme annuelles en Europe, puisqu'elles demandent la serre en hiver. Ce sont des plantes grimpantes de 2 à 3 mètres qu'on palisse à des murs ou à des treillages. Dans ces conditions, elles ne seraient plus transportables du jardin à la serre, une fois leur développement acquis.

M. semperflorens, M. toujours fleurie ; floraison comme dans les autres espèces, de juin à octobre, mais plus abondante et plus fournie ; feuilles triangulaires ; fleurs solitaires, grandes, pourpres.

M. antirrhiniflora, M. à fleur de muflier ; feuilles longues ; fleurs lilas.

M. Barclayana, M. de Barclay ; grandes fleurs bleu violacé.

LOPHOSPERMUM, *Lophosperme*

L. scandens, L. grimpant, Mexique. Annuel chez nous, vivace dans sa patrie ; très-rameux, grimpant ; 2 à 3 mètres ; feuilles en cœur ; fleurs grandes, rose rouge, de juin à octobre. Semis à l'automne et mise en place au printemps. Employé comme les Maurandies.

PAULOWNIA, *Paulownia*

P. imperialis, P. impérial, Japon. Arbre de 8 à 10 mètres ; tronc nu et droit, cime large, rameaux jeunes dressés ; feuilles très-grandes, velues ou cotonneuses ; avant les feuilles, fleurs bleu lilas, en longues grappes terminales. Terrain sec et chaud. Demande à être abrité des grands vents, car le bois des branches est fragile. Les gelées tardives abattent souvent les premières pousses avec les boutons.

Comme l'arbre est généralement cultivé pour son feuillage ornemental, on peut rabattre tous les ans les branches jusqu'au tronc, afin d'avoir sur le bois nouveau des feuilles d'une grandeur extraordinaire. A défaut de cette taille annuelle, les feuilles semblent diminuer de surface à mesure que le bois vieillit. Il va sans dire que la taille générale empêche la floraison d'arriver.

COLLINSIA, *Collinsie*

C. bicolor, C. bicolore, Californie. Herbe annuelle, lisse, buissonnante ; 30 centimètres ; tiges rougeâtres, feuilles ovales, opposées ; fleurs abondantes à verticilles étagés ; corolle à deux lèvres : la supérieure blanche, l'inférieure rose violacé.

L'Amérique du Nord a fourni les deux espèces annuelles :

C. grandiflora, C. à grandes fleurs, fleurs bleu de ciel.

C. verna, C. printanière, fleurs blanches et bleues.

Semis d'automne pour les trois espèces qu'on fait hiverner sous châssis et qu'on met en place au printemps. Très-jolies bordures, corbeilles.

PENTSTEMON, *Pentstémon*

P. Jaffrayanus, P. de Jaffray; herbe sous-ligneuse, Californie; vivace, vert blanchâtre, buissonnant; 40 centimètres; feuilles lancéolées; fleurs bleu céleste en juin-août. Multiplication par boutures d'automne ; ou par semis de mai en terre de bruyère et en terrines. Tout terrain sablonneux et frais.

P. gentianoides, P. à fleurs de Gentiane. Mexique. Vivace, sous-ligneuse, buissonnant 60 centimètres; feuilles luisantes, lancéolées; fleurs penchées, d'un joli violet rouge, pointillées de blanc et de carmin à la gorge. Même culture et même floraison.

Ces deux espèces sous-ligneuses, très-jolies, font des corbeilles, des bordures et des massifs d'une grande élégance. Dans les grands jardins, on les dispose même en bordures.

Espèces herbacées vivaces :

P. digitalis, P. à fleurs de digitale, Louisiane ; 65 centimètres ; tiges lisses ; feuilles sessiles et lisses ; tout l'été, fleurs un peu penchées, blanches, en panicules.

Pentstemon.

P. pubescens, P. pubescent, Amérique septentrionale. Herbe en touffes épaisses, de 30 centimètres au plus ; feuilles cotonneuses ; en juillet, fleurs violettes, blanches ou roses, suivant les variétés. Tout terrain léger. Multiplication de semis à l'été, d'éclats et de boutures au printemps. Les jeunes plants doivent passer l'hiver sous châssis. Plates-bandes, corbeilles, massifs, petites pelouses.

MIMULUS, *Mimule*

M. **cardinalis**, M. écarlate, Californie. Herbe vivace, exhalant une senteur de musc; 70 à 90 centimètres; tige droite et poilue; feuilles amplexicaules; grandes fleurs écarlates. Terre ordinaire à laquelle on fera bien de mêler un peu de terre de bruyère. Semis d'avril ou de septembre; hiverner sous châssis; autrement, multiplication d'éclats ou de boutures. Plates-bandes, corbeilles.

M. **luteus**, M. jaune. Herbe vivace, Chili; 30 centimètres; feuilles ovales; fleurs grandes, jaunes, ponctuées de rouge vif. Floraison de juin à août. Même terre et même culture. Corbeilles, bordures; potées pour appartements.

M. **variegatus**, M. varié, Chili; 30 centimètres; feuilles un peu charnues; très-grandes fleurs jaunes, portant à chacune des cinq divisions de la corolle une tache de rouge vif. La corolle jaune est semée de points également rouges. Même culture et même emploi.

M. **moschatus**, M. musqué, Amérique boréale; très-bas (12 centimètres), vivace, rampant, exhalant une forte odeur de musc; toute la saison, petites et nombreuses fleurs jaunes. Terre de bruyère; exposition à mi-ombre. Semis d'automne pour hiverner les jeunes plants sous châssis. Massifs, bordures ; potées très-gracieuses pour appartements.

BUDDLEA, *Buddlée*

B. globosa, B. globuleuse Chili. Arbrisseau de 2 à 3 mètres ; à feuillage persistant; fleurs blanches à la face inférieure ; en juin, fleurs jaune d'or en petits capitules ronds.

B. Lindleyana, B. de Lindley, Chine. Arbuste

Buddleya de Lindley.

plus élevé que le précédent ; rameaux grêles, droits, puis courbés à l'extrémité ; feuilles ovales, aiguës ; toute la saison ; fleurs violettes en thyrses à l'extrémité des rameaux.

Les Buddlées sont frileuses. On les placera donc à bonne exposition ensoleillée, et par précaution on ne les taillera qu'après l'hiver. Terre de bruyère, ou terrain léger. Multiplication de boutures. Massifs abrités, ou côtières le long des murs au midi.

DIGITALIS, *Digitale*

D. purpurea, D. pourprée, Gant de Notre-Dame. Plante indigène, dans les bois, bisannuelle ou vivace, cotonneuse, blanchâtre ; feuilles radicales, en touffes, un peu charnues ; en juillet, épi de grandes fleurs roses ou blanches campaniformes, sur un seul côté de la tige et sur les deux tiers au moins de sa hauteur. Ces fleurs sont ponctuées en dedans de taches pourpre foncé. Terrains secs et pierreux. Se multiplie d'elle-même par graines. Elle se multiplie aussi par rejetons. Poison narcotique d'une grande énergie.

D. grandiflora, D. à grandes fleurs, indigène. Vivace ; 75 centimètres ; feuilles lisses ; fleurs en épi unilatéral, jaunâtres, avec le même pontillé de pourpre en dedans. Floraison à la même époque — juillet-septembre — pour toutes les espèces.

Les autres espèces : *lutea, ferruginea, lanata, aurea*, diffèrent peu de la *D. grandiflora* et se cultivent de la même façon.

Nous ne conseillons l'introduction de cette plante dangereuse dans les jardins qu'avec toutes les réserves possibles. Il faut la proscrire absolument du voisinage des maisons où il y a des enfants.

VERONICA, *Véronique*

Espèces indigènes :

V. prostrata, V. couchée. Herbe vivace, indigène, couchée, en touffe ronde ; feuilles étroites à marges roulées ; en mai-juin, fleurs roses ou blanches en petites grappes. Bordures, rocailles.

N. teucrium, V. Germandrée. Vivace ; 15 centimètres ; tiges étalées ; feuilles en cœur, ovales ; en mai-juillet, fleurs bleues, assez grandes, en épis.

Véronique remarquable.

Multiplication et culture de la précédente. Même emploi.

V. spicata, V. en épis. Vivace, 30 centimètres ; mêmes feuilles à peu près ; un mois plus tard, fleurs bleues, roses ou blanches, en épis. Culture, multiplication et emploi de la précédente.

V. paniculata, V. paniculée. Vivace, un peu plus haute que la précédente ; feuilles lancéolées, aiguës ; fleurs bleues, en épis paniculés.

Espèces étrangères :

V. Virginica, V. de Virginie. Vivace, dressée; 1 mètre; feuilles longues, en verticilles par 4 ou 6; de juillet à septembre, fleurs blanches, en longs épis. Emploi, culture et multiplication des précédentes.

V. gentianoides, V. à feuilles de Gentiane. Caucase; 65 à 70 centimètres; feuilles ovales, longues, en touffes; fleurs bleues, grandes, mai-juin.

Les espèces de Sibérie, vivaces, diffèrent peu des précédentes. Quant aux espèces de serre, presque toute de la Nouvelle-Zélande, elles sont de magnifiques arbrisseaux, à floraison splendide, frileux et demandant au moins la serre froide. Même culture.

FAMILLE DES ACANTHACÉES

Arbrisseaux et herbes.

THUNBERGIA, *Thunbergie*

T. alata, T. ailée, Bengale. Annuelle, vivace en serre; 1 m. 50 cent.; feuilles longues, en cœur, à pétiole ailé; tout l'été, fleurs jaunes, à gorge pourpre noir. Variétés nombreuses, à fleurs blanches, à fleurs jaune clair, à fleurs orangées, etc. Cette plante, qui veut la serre chaude en hiver, est cultivée comme annuelle. Se reproduit de semis au printemps; repi-

quage en mai avec la motte. Terre de jardin ordinaire. Fenêtres, balcons, treillages, etc.

ACANTHUS, *Acanthe*

Ce genre, dont les espèces sont originaires du
midi de l'Europe, comprend des plantes à feuilles
radicales découpées sur les bords et souvent terminées par une épine. L'acanthe est comptée parmi
les végétaux à feuillage ornemental.

A. mollis, A molle, Patte-d'Ours, Grande-Berce,
Branc-Ursine. Tige robuste de 80 centimètres à un
mètre ; feuilles en cœur, découpées en 5 lobes ; fleurs
abondantes en épis terminaux de 30 à 40 centimètres, lilas ou blancs. Juillet-août.

Toutes les espèces sont vivaces et gardent généralement leurs feuilles jusqu'en hiver. Plantes de
haut ornement, elles forment de magnifiques touffes
sur pelouses ou dans les lieux pittoresques. Terre
ordinaire, mais meuble et fraîche. Multiplication
d'éclats faits au printemps, par boutures ou de
semis. Assez frileux sous le climat de Paris ; couverture de feuilles pendant les gelées. On sait que
l'architecture a fait de ses feuilles le principal caractère du chapiteau corinthien.

FAMILLE DES VERBÉNACÉES

Arbrisseaux, sous-arbrisseaux et herbes à feuilles
verticillées ou simplement opposées.

VERBENA, *Verveine*

Les Verveines sont des herbes annuelles, originaires du Brésil ou des contrées voisines, qu'on
a dès longtemps hybridées. Il y a deux mille ans, les
poëtes les ont chantées, et de siècle en siècle elles
sont arrivées jusqu'à nous, cultivées à peu près dans
tous les jardins où il y avait des fleurs.

Verveine panachée.

V. Aubletia, V. de Miquelon, Caroline ; de 30 à
35 centimètres ; annuelle ; tiges couchées, feuilles
incisées ; fleurs de juin à octobre, rose-pourpre, en
épis allongés. Variété à fleurs lilas. Terre de jardin
ordinaire ; bonne exposition ; arrosages modérés. On

sème au printemps sur couche, ou mieux à l'automne
pour faire passer l'hiver aux jeunes plants sous
châssis. Pour avoir des touffes fournies et rondes, il
faut avoir soin de ne pas laisser monter la tige du milieu. On la rabat par le pinçage, ce qui donne aux rameaux opposés le temps de se développer. Si vous les
pincez à leur tour à deux ou trois nœuds, ils donneront, comme la première tige, des rameaux sur lesquels
vous pratiquerez encore le même pinçage. De cette
façon vous formerez de chaque pied de verveine une
belle touffe qui vous donnera de nombreuses fleurs
et un beau feuillage. Cette manière de conduire la
plante vous permettra de faire de jolies potées pour
le parterre, l'appartement, le balcon, etc.

Comme la *V. Aubletia*, les espèces du Brésil :
tenera, venosa, sont annuelles et très-jolies.

VITEX, *Gattilier*

V. agnus castus, Arbre au poivre, Gattilier commun, Midi. Arbrisseau aromatique de 3 à 4 mètres ;
buissonneux, velu ; feuilles divisées ; été et automne,
petites fleurs violettes en panicules. Son nom populaire lui vient de ses baies globuleuses, assez semblables à un grain de poivre, enveloppées dans les
calyces. Terrain sec et sableux ; exposition chaude ;
multiplication de semis et par marcottes. Sensible au
froid les premières années. La transplantation réussit
rarement.

FAMILLE DES SÉLAGINÉES

Herbes et arbrisseaux.

HEBENSTREITIA, *Hebenstréitie*

H. dentata, H. à feuilles dentées, Cap. Herbe annuelle, dressée, de 20 à 25 centimètres ; tige rameuse ; feuilles très-étroites, alternes ; juillet-septembre, petites fleurs blanches ; — plante curieuse par un caractère assez rare : les fleurs puent le jour et exhalent la nuit une odeur agréable. On en fait des corbeilles et des bordures. Semis en mars sur couche ; en place en mai. Tout terrain.

H. tenuifolia, à petites feuilles, Cap. Annuelle ; fleurs jaune pâle avec taches de pourpre. Le reste comme pour la précédente.

H. integrifolia, H. à feuilles entières, Cap ; fleurs blanc jaunâtre.

————

FAMILLE DES LABIÉES

Plantes généralement herbacées. Corolle tubuleuse à deux lèvres ; celle de dessus à deux divisions ; celle de dessous à trois.

OCIMUM, *Basilic*

O. basilicum, B. commun, Inde. Herbe aromatique,

annuelle; tige en buisson; de 25 à 30 centimètres; feuilles ovales d'un beau vert foncé; de juillet à sep‑ tembre, fleurs insignifiantes, petites, blanches ou teintées de rose, en grappes feuillées. Terre meuble et tenue fraîche par des arrosages fréquents. Semis de printemps; lever avec la motte pour la mise en place en mai. Bordures, potées d'appartements.

O. minimum, petit basilic, Ceylan. Annuel, dimi‑ nutif du précédent; feuilles vertes ou violacées; fleurs blanches toute la saison. Même culture et même emploi.

LAVANDULA, *Lavande*

L. vera, L. spica, L. spic, L. commune, Aspic. Plante vivace, indigène, touffue, de 70 centi‑ mètres; feuilles très-étroites; de juillet à septembre, fleurs bleu lilas. Tout terrain léger; exposition chaude. Multiplication par division des touffes. Bor‑ dures des grands carrés dans les potagers; renou‑ veler tous les 4 ou 5 ans. Plante aromatique d'un par‑ fum très-pénétrant.

POGOSTEMON, *Patchouli*

P. suave, Patchouli, Malacca. Sous-arbrisseau de 1 mètre; feuilles veloutées, à denture grossière, à odeur de musc bien connue. Fleurs de nulle valeur. Serre chaude. La mode a mis du Patchouli partout. On le cultive commercialement, rarement dans un but de curiosité.

PERILLA, *Perille*

P. Nankinensis, P. de Nankin. Plante à feuillage ornemental, annuelle, de 75 à 80 centimètres; feuilles rouge cerise foncé, luisantes; les petites fleurs rouges clair sont insignifiantes. Très-jolie plante dans les massifs. Tout terrain. Semis de printemps en pépinière.

MENTHA, *Menthe*

M. rotundifolia, M. à feuilles panachées. Herbe vivace, indigène, très-rameuse, très-touffue; 30 centimètres; feuilles sessiles, rudes au toucher; teintées de vert et de blanc. C'est le Baume sauvage cultivé. Rocailles, bordures, etc. Petite plante très-aromatique, ainsi que l'espèce suivante :

M. piperita, M. poivrée; un peu plus haute; petits épis de fleurs rougeâtres. L'huile essentielle qu'on en tire est d'une senteur extrêmement pénétrante, et sert à préparer les *pastilles de Menthe* du commerce. Même culture et même emploi.

ORIGANUM, *Marjolaine*

O. dictamnus, Dictame, île de Candie. Petit sous-arbrisseau, cotonneux et blanchâtre; feuilles épaisses; fleurs roses ou violacées une bonne partie de l'été. Plante aromatique très-vantée dans l'antiquité; gracieuse et voulant être abritée en hiver. Bordures, massifs, etc. Multiplication de boutures. Elle mérite d'être plus cultivée qu'elle ne l'est.

THYMUS, *Thym*

T. **vulgaris**, T. commun. Petit sous-arbrisseau indigène, vivace; 15 à 20 centimètres; feuilles très-étroites; petites fleurs blanches teintées de rose en capitules. Floraison de mai et août. Terre sèche; exposition ensoleillée. Multiplication d'éclats à l'automne ou au printemps. Le Thym est la bordure indispensable et classique dans les potagers.

CALAMINTHA, *Calaminte*, *Mélisse*

C. **Alpina** ou **grandiflora**, M. des Alpes. Herbe indigène, vivace, aromatique, étalée, de 12 à 15 centimètres; petites feuilles presque rondes ou ovales; fleurs rouges ou violacées, en grappes unilatérales; de juin à août. Multiplication de semis ou d'éclats. Si l'on sème à l'automne, on doit abriter les jeunes plants sous châssis. Tout terrain, préférablement sablonneux. C'est avec avec cette herbe qu'on fait la célèbre *eau de mélisse*.

HYSSOPUS, *Hysope*

H. officinalis, H. officinale. Plante indigène, vivace, aromatique, sous-ligneuse, buissonnante; 40 à

50 centimètres ; feuilles linéaires ; en juillet-août, fleurs blanches, bleues ou rosées, d'une odeur très-pénétrante. Terre sèche, un peu calcaire. Multiplication d'éclats. Bordures qu'on taille comme le buis et qu'on renouvelle aussi tous les trois ou quatre ans.

SALVIA, *Sauge*

S. officinalis, S. officinale. Plante indigène, sous-ligneuse, aromatique, buissonnante, de 40 à 50 centimètres ; longues feuilles rudes au toucher, couvertes de duvet et panachées de vert glauque, de blanc et de rosé ; feuilles florales ou bractées d'un bleu rouge, striées de veines de même nuance plus foncées ; fleurs insignifiantes de même couleur que les feuilles florales ; juin-juillet. Terre sèche et légère. Multiplication d'éclats ou de boutures. Bordures, rocailles sèches, lieux abruptes et pittoresques.

S. pratensis, S. des prés. Herbe indigène, vivace, dressée ; 50 centimètres ; mai à juillet, fleurs bleues, grandes. Corbeilles, plates-bandes. Multiplication de semis ou d'éclats. Variété à fleurs blanches.

S. bicolor, S. bicolore, Algérie; de 80 centimètres à 1 mètre ; grandes feuilles ovales ; fleurs penchées, d'un bleu intense. Perd ses tiges sous l'action du froid ; mais les racines, protégées par une bonne couverture, en émettent de nouvelles au printemps. Plates-bandes.

S. azurea, S. azurée; presque la même que la précédente, Amérique du Nord ; fleurs bleu céleste.

S. patens, S. étalée, S. à larges fleurs, Mexique. Plante splendide, vivace, dressée, atteignant 1 mètre; racines tubéreuses; feuilles crénelées, d'un joli vert

La Sauge des jardins.

veiné; très-grandes fleurs d'un bleu intense. Frileuse, demande de l'abri, un terrain chaud et riche, une bonne exposition.

23.

S. horminum, S. Hormin, Espagne. Annuelle;
60 centimètres ; comme dans les Sauges annuelles,
les fleurs sont insignifiantes. Le Mexique et le Brésil
nous ont donné des Sauges de serre d'une grande
valeur ornementale.

MONARDA, *Monarde*

M. didyma, M. didyme, thé d'Oswégo, Amérique
du Nord. Herbe vivace, traçante, dressée, buissonnante ; 75 à 80 centimètres ; feuilles ovales ; bractées
teintes ; juillet-août, fleurs rouge pâle ou blanches,
en panicules au bout des rameaux. Semis au printemps ou multiplication d'éclats. Frileuse ; couverture l'hiver ; terre légère et riche ; mi-ombre. Massifs et plates-bandes.

M. fistulosa, M. fistuleuse, même patrie. Vivace,
plus élevée que la précédente ; en juin-août ; fleurs
roses, ou rouges, ou lilas. Culture, multiplication et
emploi de la précédente.

ROSMARINUS, *Romarin*

R. ofûcinalis, R. officinal. Arbrisseau indigène de
la France méridionale ; 80 centimètres à 1 mètre ; feuilles
étroites, roulées sur les bords, persistantes, aromatiques ; janvier à mai, fleurs bleu pâle, ou blanches.
Terre chaude et légère ; bonne exposition. Multiplication de marcottes, de boutures et d'éclats. Massifs.

DRACOCEPHALUM, *Dracocéphale*

D. moldavica, D. de Moldavie, Sibérie. Herbe annuelle de 65 centimètres, vert gris, aromatique, touffue ; feuilles longues, incisées ; juillet-août, fleurs grandes, bleu azur, ou blanches ; terrain léger. Multiplication de semis au printemps. Corbeilles.

D. canescens, D. blanchâtre, Orient. Annuel, cotonneux, touffu ; 50 centimètres ; grandes fleurs bleu pâle. Floraison et le reste comme le précédent.

D. Austriacum, D. d'Autriche. Herbe indigène, de 25 à 30 centimètres ; vivace ; feuilles étroites ; juillet-août, grandes fleurs bleu violacé, en épis. Multiplication de drageons et d'éclats, ou de semis.

D. grandiflorum, D. à grandes fleurs, Sibérie. Herbe de 75 centimètres environ ; feuilles radicales à long pétiole ; très-grandes fleurs bleues même saison.

PHYSOSTEGIA, *Physostégie*

P. Virginiana, P. de Virginie, Amérique du Nord, Cataleptique. Genre très-voisin du précédent ; vivace ; 75 centimètres à 1 mètre ; grandes fleurs roses en épis. Son nom de *Cataleptique* lui vient de ce que les fleurs gardent pendant des heures la position quelconque, même gênée, qu'on leur donne. Terrain léger, sablonneux. Plante traçante qu'on multiplie par la division des touffes et qu'on est forcé de renouveler.

Les quelques autres espèces se cultivent de la

même façon. Ornement des massifs et des plates-bandes.

BRUNELLA, *Brunelle*

B. grandiflora, B. à grandes fleurs. Herbe vivace, indigène; 20 centimètres ; tige dressée ; feuilles ova-

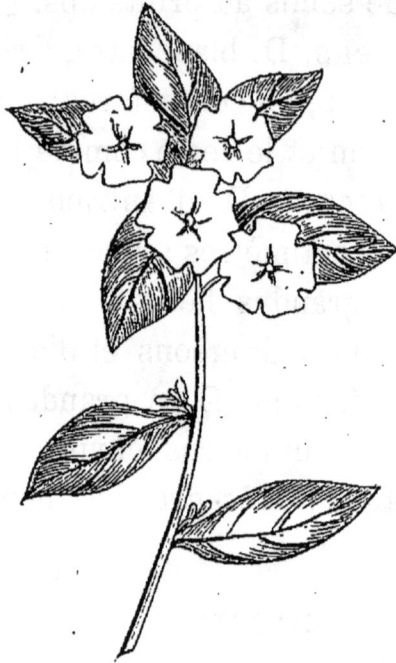

Brunelles à grandes fleurs.

les ; juin-août, grandes fleurs violet rouge. Multiplication d'éclats ; bordures, corbeilles, etc.

SCUTELLARIA, *Scutellaire, Toquette*

S. macrantha, S. à grandes fleurs, Sibérie ; 20 à 25 centimètres ; feuilles ovales ; juin-août, grandes fleurs bleu vif. Terre légère, sablonneuse, meuble et sèche. Multiplication d'éclats ; plates-bandes, rocailles.

S. Alpina, S. des Alpes ; vivace ; fleurs jaune orangé.

S. Orientalis, S. d'Orient ; vivace ; fleurs jaune plus vif.

Lamier.

Les espèces de serre sont :

S. coccinea, Mexique ; fleurs rouge vif ;

S. Japonica, S. du Japon ; fleurs bleues ;

S. incarnata, Nouvelle-Grenade ; fleurs rose vif.

LAMIUM, *Lamier*

L. orvala, L. Orvale, Italie. Herbe vivace, velue,

de 50 centimètres ; tige carrée ; grandes feuilles ovales, rougeâtres ; mai-juillet, fleurs en verticilles, rose pâle ou panachées de blanc et de rouge. Multiplication d'éclats. Tout terrain un peu frais. Exposition mi-ombre. Rocailles.

L. maculatum, L. maculé. Herbe vivace, indigène ; lisse ou velue ; 30 centimètres ; feuilles ovales, dentées, tachées de blanc ; fleur rose pourpre. Même culture. Bordures durables et très-distinguées à cause de la beauté des feuilles de la plante.

PHLOMIS, *Phlomide*

P. herba venti, P. herbe du vent. Herbe indigène, vivace ; tige rigide, buissonnante, de 50 centimètres ; feuilles blanchâtres ; juin-juillet, grandes fleurs rose clair. Multiplication d'éclats. Tout terrain un peu sec. Rocailles, plates-bandes.

P. tuberosa ; P. tubéreuse, Sibérie. Herbe vivace, à racine tubéreuse ; tige de plus de 1 mètre ; feuilles en cœur à long pétiole juillet-août, fleurs violet pourpre. Culture, multiplication et emploi de la précédente.

P. Italica, P. d'Italie. Arbrisseau de moins de 1 mètre ; cotonneux, blanchâtre ; feuilles allongées, rugueuses ; en juillet, fleurs rouges.

P. fruticosa, P. frutescente, Levant. Arbuste de moins de 1 mètre ordinairement, couvert d'un coton blanchâtre comme l'*Italica ;* feuilles persistantes, cotonneuses en dessous ; toute la saison, fleurs jaune vif. Multiplication de semis et de boutures. Tout sol ; en côtière le long d'un mur au midi. Couverture l'hiver.

Nous avons omis un certain nombre d'autres variétés qui ont aussi leur mérite.

AJUGA, *Bugle*

A. pyramidalis, B. pyramidale. Herbe indigène, vivace ; feuilles en rosettes ; fleurs bleu clair. Multiplication par division des touffes. Rocailles, bordures ; Hauteur de l'herbe, 15 centimètres.

A. Genevensis, B. de Genève.

A. reptans, B. rampante ; deux espèces très-voisines ; de 15 centimètres toutes les deux ; fleurs bleues toute la saison. Même culture, multiplication et emploi de l'*A. pyramidalis*.

FAMILLE DES PLOMBAGINÉES

Herbes et arbrisseaux à feuilles en rosettes.

STATICE, *Statice*

S. limonium, S. limonium. Herbe indigène, vivace ; feuilles radicales larges ; tiges rigides de 50 centimètres, à tête rameuse, à rameaux grêles ; d'août à octobre, petites fleurs bleues. Multiplication de semis au printemps. Tout terrain meuble et léger, un peu sec. Plates-bandes, rocailles.

S. armeria, S. arméria, Armeria vulgaris, Gazon d'Olympe. Herbe gazonnante ; feuilles linéaires; fleurs rouge lilas en jolies touffes. Multiplication d'éclats ou de semis. Terre ordinaire un peu fraîche. Plante très-propre à faire des bordures.

S. plantaginea, S. à feuilles de plantain. Herbe des terrains pierreux et sablonneux, indigène ; de mai à juillet, fleurs roses. Culture, multiplication et emploi de la S. limonium.

S. latifolia, S. à larges feuilles, Tauride. Larges feuilles à long pétiolé; hampe rameuse surmontée, en juillet-septembre, de bractées blanches, teintées de bleu, et de fleurs roses en panicules.

S. Sinensis, S. de Chine ; fleurs d'un jaune de bouton d'or. Floraison de juillet à octobre. Terrain léger. L'hiver, simple protection d'un châssis.

PLUMBAGO, *Dentelaire*

P. Larpentæ, D. de lady Larpent, Chine. Herbe vivace, touffue, de 30 centimètres ; feuilles ciliées; en automne, fleurs bleu vif, axillaires, en bouquets à l'extrémité de rameaux grêles. Multiplication facile d'éclats. Terre légère et chaude ; bonne exposition. Bordures, plates-bandes, rocailles.

Il existe quelques belles espèces de serre tempérée.

P. capensis, à fleurs bleu éteint ;

P. rosea, à fleurs rouge vif.

APÉTALES

Les plantes apétales sont celles qui n'ont ni calice, ni corolle ; ces deux organes sont remplacés par un seul verticille appelé *périanthe* (enveloppe de la fleur), coloré comme la corolle, et dans certains genres, réduit à quelques squammes ou écailles. Quelques botanistes prétendent que ce verticille protecteur des organes reproducteurs est un calice ; d'autres veulent que ce soit une corolle. Pour trancher la question, l'on est convenu de l'appeler périanthe.

FAMILLE DES PHYTOLACCACÉES

Herbes et sous-arbrisseaux à fruits charnus.

PHYTOLACCA, *Phytolaque*

P. decandra, P. commune, Raisin d'Amérique, Virginie. Arbuste à racines très-grosses ; tige fournie de 2 mètres ; grandes feuilles lancéolées ; de juin à septembre, petites fleurs blanches ou rosées en longues grappes ; baies noirâtres, pleines d'un jus· ou suc rouge. Multiplication de semis ou par séparation des racines. Terre ordinaire, mais profonde à cause

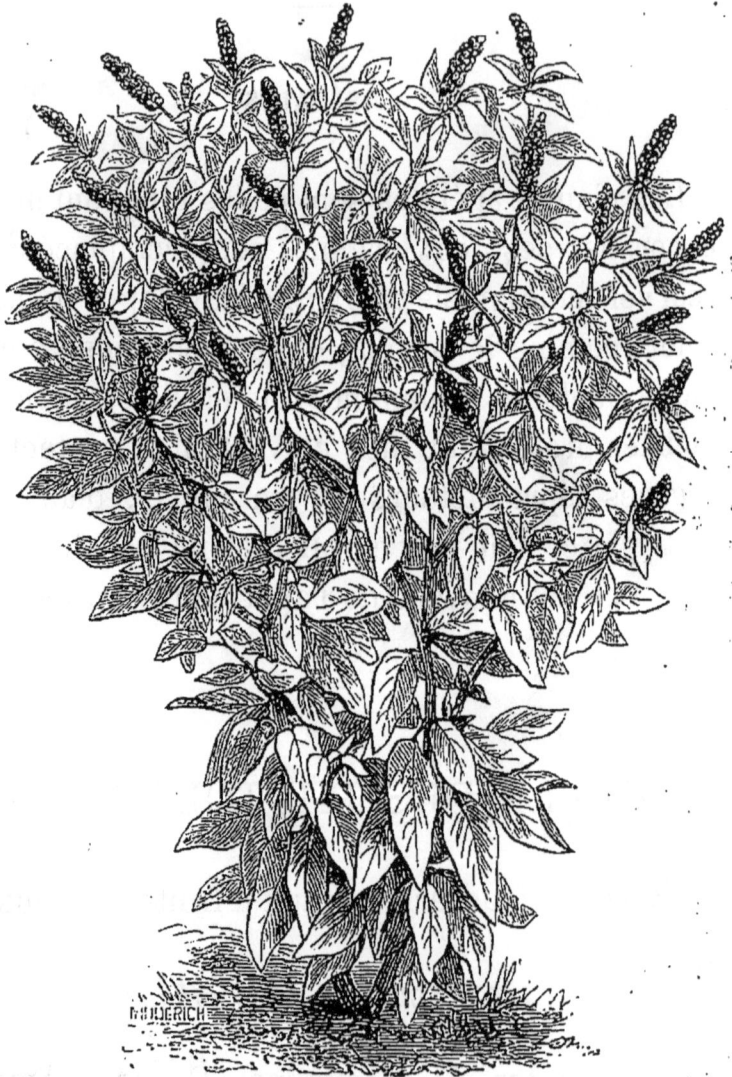

Phytolaque.

du volume de la racine. Plante rangée avec raison parmi les végétaux à feuillage ornemental.

ATRIPLEX, *Arroche*

A. hortensis, A. commune, Tartarie. Herbe annuelle, rougeâtre, rameuse, d'environ 2 mètres;
feuilles en cœur, rouge de pourpre; de juin à fin
août, fleurs sans valeur aucune. Semis de printemps
sur place. Tout terrain de jardin. Belle plante d'ornement.

FAMILLE DES AMARANTACÉES

Herbes à fruits qui s'ouvrent transversalement.

CELOSIA, *Célosie*

C. cristata, Crête de coq, Amarante, Passe-
velours, Indes. Tige de 50 à 60 centimètres;
herbe peu rameuse, annuelle, à feuilles sans pétiole;
petites fleurs très-abondantes, semblables à des crêtes
découpées dans du velours amarante. Floraison de
plein été. Multiplication de semis sur couche et lever
avec la motte. On obtient souvent des variétés roses,
jaunes, etc. Très-bon effet dans les plates-bandes.
Terrain riche et frais.

C. argentea, C. argentée, Indes. Herbe annuelle
de la hauteur et du port de la précédente; feuilles
étroites; fleurs en longs épis blanc satin ou rose
tendre. Multiplication, culture, sol et emploi de la précédente.

Ces deux espèces sont plus spécialement l'*Amarante* proprement dite. La plupart des botanistes

Amarante.

confondent ensuite des plantes très-voisines sous le nom d'*Amarantoïdes* et d'*Amarantines*.

Gomphrena globosa, Amararante violette, Indes-Orientales. Immortelle violette ; Amarantine.

Amarantus coccineus, Amarantoïde, Mexique ; enveloppe florale rouge. Toutes ces espèces, dont on a fait des genres séparés, ont a peu près la même hauteur et ont le même emploi comme la même culture. On en a obtenu des variétés de couleurs variées.

FAMILLE DES NYCTAGINÉES

Herbe à tiges rameuses et arbrisseaux, dont le nom vient de ce que les fleurs, fermées le jour, ne s'ouvrent que le soir et pendant la nuit.

MIRABILIS, *Belle-de-Nuit*

M. Jalapa, Belle-de-Nuit commune. Pérou. Plante annuelle ou vivace de 80 centimètres ; racine tubéreuse et noire ; feuilles lisses, en cœur ; fleurs rouges ne s'ouvrant que le soir, campanulées, terminales. Variétés blanches, rouges, jaunes, ou panachées.

M. longiflora, B.-de-Nuit à longues fleurs, Mexique ; 1 mètre ; annuelle et vivace, visqueuse ; tiges cassantes, diffuses ; fleurs odorantes, blanches, longues de 12 centimètres, ne s'ouvrant aussi que le soir. Floraison de juin à octobre. Tout terrain. On la cultive chez nous comme plante annuelle. Semis de printemps. Ces plantes touffues, à fleurs brillantes, ornent bien les plates-bandes, les corbeilles et les massifs. Elles demandent beaucoup d'eau en été. Les belles variétés se conservent par les tubercules qu'on place sous châssis en hiver.

FAMILLE DES POLYGONÉES

Herbes et arbrisseaux.

RHEUM, *Rhubarbe*

R. palmatum, R. palmée, Tartarie. Plante vivace, très-décorative par ses feuilles radicales d'une ampleur considérable; hampes de 2 mètres à 2 m. 50 cent.

R. undulatum, R. ondulée; même patrie; vivace aussi. Feuilles très-amples et ondulées.

La Rhubarbe, autrefois très-employée en médecine, a pris en Angleterre, une grande place dans l'alimentation. Les côtes des feuilles remplacent les fruits dans la pâtisserie commune.

FAMILLE DES NYSSACÉES

Très-voisine des polygonées.

ATRAPHAXIS, *Atraphaxide*

A. spinosa, A. épineuse, Orient. Petit arbuste épineux de 70 à 80 centimètres; touffu, à écorce blanche, à feuilles persistantes ; à petites fleurs blanches en août. Terre de jardin; bonne exposition; abri en hiver. Multiplication de rejets ou de semis en terre de bruyère.

FAMILLE DES LAURINÉES

Arbres et arbrisseaux à feuilles coriaces.

LAURUS, *Laurier*

L. nobilis, L. d'Apollon, Laurier-sauce, Arbre du midi; 6 à 8 mètres ; feuilles persistantes, lisses, coriaces, vert foncé ; en mai, fleurs à peine apparentes, verdâtres. Baies brun noir. Exposition abritée plutôt que chaude ; terrain sec et pierreux. Multiplication de marcottes, de boutures et de rejetons. Ce dernier moyen réussit toujours. Les anciens le regardaient comme le symbole de la gloire ; il a gardé cette signification dans nos langues modernes, style poétique et soutenu ; mais la science culinaire en a fait un condiment pour ses ragoûts. Beaucoup de grandes réputations finissent plus mal.

Dans sa jeunesse, il est prudent de couvrir le plant en hiver sous le climat de Paris.

L. sassafras, L. sassafras, Amérique du Nord; un peu plus haut que le *Laurier d'Apollon;* feuilles caduques, soit entières, soit bi ou trilobées. En mai, fleurs jaunes, en petites grappes terminales. Baies bleues. La plante a une odeur de camphre assez prononcée. Multiplication de rejets. Demande la terre de bruyère et une bonne exposition.

L. benzoin, *Benzoin odoriferum*, L. benjoin, patrie du *Sassafras*. Arbrisseau de 2 à 3 mètres, à feuilles caduques; en mai fleurs jaunâtres, baies rouges; plante également aromatique.

L. camphora, L. camphre, Japon. C'est de cette espèce qu'on obtient le camphre en faisant bouillir le bois débité en petits morceaux.

FAMILLE DES DAPHNÉACÉES

Arbrisseau très-voisin des *laurinées*, puisque les anciens appelaient indistinctement le Laurier, *laurus* ou *daphné*.

DAPHNÉ, *Daphné*

D. mezereum, D. mézéréon, Bois gentil. Arbuste indigène, de 1 mètre; à feuilles allongées, non persistantes; avant la venue des feuilles, fleurs violettes odorantes.

Diverses variétés.

D. Cneorum, Thymélée des Alpes. Vivace, 30 centimètres; rampant; feuilles très-étroites, persistantes; petites fleurs abondantes, rouges de toutes nuances, très-odorantes, en bouquet à l'extrémité des rameaux. Double floraison de printemps et d'automne. Multiplication de semis, de marcottes et de greffe. Sol frais et riche; préférablement la terre de bruyère. Exposition à mi-ombre.

FAMILLE DES ARISTOLOCHIÉES

En général, plantes grimpantes.

ARISTOLOCHIA, *Aristoloche*

A. sipho, A. siphon. Pipe de tabac, Amérique du Nord. Plante vivace, grimpante, atteignant 8 à 10 mètres; à grandes feuilles en cœur, très-amples; en été, fleurs jaune noir en forme de pipe. Comme tous les grimpants auxquels on la mêle souvent, à tort selon nous, l'Aristoloche couvre bien les tonnelles, les berceaux, encadre les fenêtres et garnit les murs. Son bois possède une senteur agréable. Multiplication de semis ou de marcottes. Exposition mi-ombragée. Terrain frais.

A. clematis, A. clématite; 75 centimètres; tiges minces, fleurs en panicules d'un jaune verdâtre, en mai-juillet, donnant des fruits presque de la même nuance et gros comme des noix. C'est un arbuste aromatique.

Il existe un grand nombre d'espèces de serre chaude qu'on rencontre dans les grandes cultures florales seulement, et encore chez les amateurs; car chez les jardiniers marchands, ces lianes ne payent pas la place qu'elles occupent; ce qui ne les empêche pas d'être jolies.

FAMILLE DES EUPHORBIACÉES

Arbres, arbustes et herbes dont le suc est toujours plus ou moins dangereux.

EUPHORBIA, *Euphorbe*

E. marginata, E. panachée, Louisiane. Plante annuelle; tige blanchâtre, de 50 à 60 centimètres ; les feuilles d'en haut sont bordées de blanc; fleurs verdâtres. Semis de printemps. Terre légère, fraîche et en bonne exposition.

E. helioscopia, Réveille-matin. Herbe très-commune dans les champs et dans les jardins, surtout dans les parties fraîches et ombragées.

RICINUS, *Ricin*

Plante à feuilles ornementales, alternes, palmées, à très-long pétiole. Fleurs unisexuées ; les mâles ou

chatons à la base, et les femelles au sommet. On cultive les Ricins comme plantes annuelles.

Euphorbe exotique.

R. communis, Palma-Christi. C'est l'espèce que
nous cultivons le plus. On sème en terrines sur
couche chaude au printemps. Terre meuble et riche.
Le Ricin veut être copieusement arrosé. A cette
condition, il atteint 3 mètres. Généralement il orne
les pelouses.

CROTON, *Croton*

Plantes ornementales comme le ricin, mais exi-
geant la serre chaude. Toutes les espèces viennent de

l'extrême Orient. Les grandes serres des amateurs en contiennent toujours quelques exemplaires.

BUXUS, *Buis*

B. sempervivens, B. commun. Vivace, à feuilles persistantes, indigène ; c'est l'arbuste classique de la bordure dans tous les jardins. La variété *arborescens*, Buis en arbre, atteint une certaine hauteur et fournit les rameaux de Pâques fleuries. Nous n'avons à nous occuper que de la variété *suffruticosa*, Buis à bordures, que tout le monde doit savoir planter. Soit avant, soit après l'hiver, on fait à la bêche une petite tranchée dans laquelle on étend les touffes divisées, sans le moindre intervalle. On enterre la bande de buis presque jusqu'au sommet et l'on foule légèrement du pied le sol de chaque côté. La reprise est facile et à peu près certaine. La replantation doit se faire tous les cinq ou six ans ; mais la bordure bien entretenue, taillée bas et régulièrement à la cisaille, tous les ans à l'hiver, peut durer davantage.

B. balearica, B. de Mahon ; est un grand arbrisseau de 4 à 5 mètres à feuilles plus grandes. Variété à feuilles bordées de blanc. Le Buis de Mahon fleurit en mai et donne alors une odeur assez agréable. Multiplication de boutures sur couche chaude, et sous châssis.

FAMILLE DES SAURURÉES

Herbes des marécages de l'Amérique du Nord.

SAURURUS, *Saurure*

S. cernuus. S, penchée, Virginie. Compte parmi les plantes aquatiques ; herbe vivace ; racine ranpante ; tige de 40 centimètres ; feuilles en cœur allongé ; feuillage diffus, mêlé, échevelé ; fleurs blanches en grappes terminales un peu penchées, d'où vient le nom de la plante. Multiplication par division des racines. Bords des eaux, même dans l'eau et sous l'eau.

FAMILLE DES URTICÉES

Plantes à fleurs insignifiantes; mais à feuillage ornemental.

URTICA, *Ortie*

U. nivea, O. blanche, Chine. Plante vivace d'un mètre, touffue, à grande feuilles non piquantes, vertes en dessus, d'un beau blanc pur en dessous. Terre ordinaire. Multiplication par division du pied

en mars-avril, ou de bouture pendant l'été. Demande
à être abondamment arrosée.

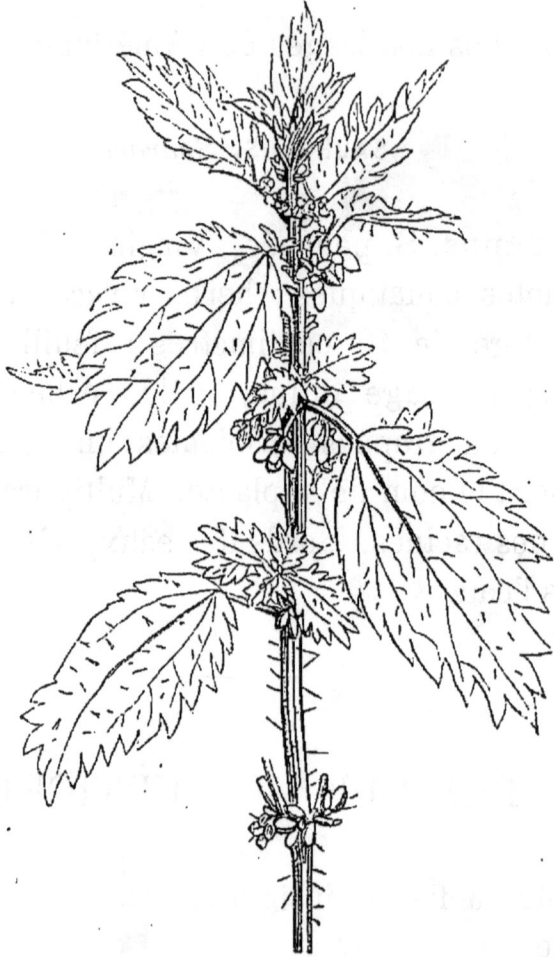

L'Ortie.

FAMILLE DES MORÉES

Les mûriers sont des arbres de deuxième ou troisième grandeur. Ils ne dépassent guère 10 mètres.
Ils viennent de l'Orient, mais ils se sont bien accli-

matés dans le midi de la France ; nous avons même vu dans le Loiret une route de 15 à 18 kilomètres plantée de mûriers blancs qui se comportaient bien. Ces arbres ont une grande élégance, un feuillage d'une légèreté qui plaît à la vue. Aussi les admet-on dans les jardins paysagers. Ils viennent partout facilement, excepté dans les terrains argileux et froids.

M. alba, M. blanc ; Chine ; fruits d'un blanc jaunâtre. C'est l'espèce qu'on cultive pour l'élevage des vers à soie.

M. nigra, Mûrier noir, Japon. Fruits noir violacé, plus agréable au goût que les mûres blanches un peu fades. On le greffe sur le mûrier blanc. On le multiplie encore de marcottes, de boutures ou de semis. Mais ce dernier moyen est rarement employé, car le mûrier noir a une croissance très-lente. Plein vent ou espalier.

BROUSSONETIA, *Broussonetia*

B. papyrifera, B. à papier, Chine. Arbre de 12 mètres, à cime arrondie, à tige tortueuse, à feuilles en cœur, ou à denture irrégulière ; fleurs unisexuées, c'est-à-dire les unes mâles, les autres femelles. Les chatons donnent des fleurs comestibles. C'est l'écorce de cet arbre qui sert à faire le *papier de Chine*, si précieux et si renommé en Europe. Multiplication de marcottes et de boutures.

MACLURA, *Maclure.*

M. aurantiaca, M. épineuse ; Amérique septentrionale, Oranger des Osages; Bois d'arc ; arbre
de 10 à 12 mètres, dont le bois flexible, d'un beau
jaune, est employé dans le pays à la confection des
arcs. Rameaux étalés formant une cime ronde ; épineux. Fleurs en chaton, verdâtres; fruits jaunes et
gros comme une orange, comestibles. Il est assez
rustique pour qu'on en puisse faire de bonnes clôtures infranchissables. Multiplication de boutures.
Tout terrain.

FICUS, *Figuier*

Ficus elastica, F. élastique, Caoutchouc, Indes.
Grand arbre dans sa patrie ; ordinairement arbuste
chez nous. Plante d'appartement fort à la mode
aujourd'hui ; feuilles larges, oblongues, pointues,
charnues, luisantes, d'un vert glauque en dessus ; le dessous est lavé de carmin, surtout la nervure médiane. Ces feuilles retombantes, dont les
bords sont transparents, sont très-décoratives. Elles
sont enveloppées d'une gaîne ou stipule rose avant
leur développement. Terre franche légère. Multiplication de boutures ; mais il faut laisser sécher la
coupe avant de mettre la bouture dans un pot sur
couche chaude et sous verre. Le Caoutchouc veut
être arrosé modérément. Les caoutchoucs du commerce viennent du suc laiteux de cette plante.

Garantir cette plante du froid et de temps en temps en essuyer les feuilles avec un linge doux et humide pour enlever la poussière.

FAMILLE DES GARRYACÉES

Arbrisseaux à feuilles persistantes et à fleurs unisexuées.

GARRYA, *Garrya*

G. elliptica, G. elliptique, Californie. Arbrisseau de 2 à 3 mètres ; à feuilles elliptiques, persistantes ; vertes en dessus, blanches en dessous. Mars-avril, nombreux chatons tombant de l'extrémité des rameaux. Tout terrain, au nord. Multiplication de marcottes et de boutures herbacées.

FAMILLE DES CONIFÈRES

Arbres et arbrisseaux à feuilles écailleuses ou en aiguilles.

JUNIPERUS, *Genévrier*

J. communis, G. commun ; arbrisseau indigène, vivace, toujours vert, à odeur aromatique. Il reste bas et buissonnant dans les terrains pierreux et calcaires, maigres et sablonneux; mais il devient arbre en bonne culture et atteint parfois 10 mètres de hauteur. Sa variété *pyramidale* est seule admise dans les jardins paysagers. Les baies de genièvre, encore plus aromatiques que les autres parties de l'arbre, servent à faire une liqueur tonique appelée *genièvre*, du nom de la plante elle-même. Nous avons visité en Hollande la petite ville de Schiedam, où l'on compte huit cents fabriques de cette liqueur, et qui en exporte des quantités considérables dans des cruchons de grès bien connus dans toute l'Europe.

La plupart des espèces d'origine étrangère ont presque toutes la forme pyramidale.

Les genévriers se multiplient généralement de graine.

THUIA, *Thuya*

Arbrisseaux dans le Canada et arbres dans la Californie, tous à forme pyramidale. Fournit un bois précieux pour l'ébénisterie de luxe.

CUPRESSUS, *Cyprès*

L'Asie et l'Amérique nous ont fourni un grand nombre d'espèces autrefois inconnues. Arbres à rameaux quadrangulaires, à feuilles écailleuses et imbriquées.

Les deux espèces, depuis longtemps connues en Europe, sont :

C. fastigiata, Cyprès pyramidal, espèce rustique ; arbre des cimetières, très-droit et à branches dressées.

C. horizontalis, C. horizontal ; moins espèce particulière que variété du pyramidal. Devenu arbre, il étale sa cime davantage et incline ses rameaux dans un sens horizontal, ou du moins très-oblique. Ces deux espèces sont très-rustiques et on les multiplie par greffe ou de semis. Le même mode de multiplication est usité pour les espèces suivantes qu'on greffe sur le *C. fastigiata.*

Citons à titre de renseignement les quelques belles espèces d'importation relativement récente :

C. torulosa. C. rugueux, Russie centrale ; 15 à 20 mètres.

C. glauca, C. du Portugal, Chine ; 12 à 15 mètres.

C. Mac-Nabiana, C. de Mac-Nab, Californie.

CHAMŒCYPARIS, *Chamæcyparis*

Ces arbres de grande ornementation sont très-hauts, très-rustiques et font un effet superbe dans les fonds de paysage. Ils font ressortir sur leur verdure persistante et sombre les plantes florales des premiers plans. Les plus hauts viennent de la Californie et atteignent 30 mètres ; les autres, du Japon, sont moins hauts. Les uns et les autres se reproduisent de graine et leur rusticité dispense de leur donner de grands soins.

TAXODIUM, *Taxodie*

Genre très-voisin des Ifs.

T. distichum, T. distique, Cyprès chauve; originaire des prairies marécageuses des États-Unis, haut de 30 mètres.

TAXUS, *If*

L'If n'a pas de patrie; il appartient à toutes les parties du globe. Il vit indéfiniment et prend toutes les formes qu'on peut lui donner par la taille. Sous le nom d'*If commun*, TAXUS BACCATA, il est la seule espèce de son genre. La légende, qui pourrait bien être de l'histoire, prétend que certains de ces arbres ont vécu des milliers d'années. L'If est un arbrisseau qui, dans certaines conditions de terrain et de situation, acquiert les proportions d'un grand arbre. Son bois est dur et peut recevoir un beau poli. Les feuilles, coriaces et linéaires, sont alternes et disposées sur deux rangées parallèles. Les fruits rouges sont sucrés et mangeables. Mais il faut se défier des feuilles et des jeunes bourgeons, qui renferment un suc vénéneux d'une extrême violence. Une simple pincée suffit, à causer de graves accidents chez les ruminants domestiques. On a des exemples d'empoisonnement chez des enfants qui avaient imprudemment mâché ces feuilles.

On multiplie les Ifs par semis, mais les graines ne

lèvent pas la première année. Les variétés peuvent se greffer sur le *Taxus baccata*.

CRYPTOMERIA, *Cryptomère*

C. Japonica, C. du Japon. Arbre de 25 à 30 mètres, d'une suprême élégance, à rameaux retombants et très-fournis de feuilles. Ce feuillage touffu, d'un vert gai dans les mois de la végétation, prend dans l'hiver une teinte rouge de feuille morte qui revient au vert clair à la séve suivante. On plante ces arbres dans les grandes pelouses. Mais ils aiment mieux le sol frais et une exposition à mi-ombre. Multiplication de boutures.

C. elegans, C. élégante, Japon. Très-bel arbre; feuilles plus longues et plus espacées que dans le précédent.

ABIES, *Sapin*

Les Abies ou Sapins forment un genre contenant de très-nombreuses espèces. Les botanistes ne sont pas d'accord sur la manière de les classer, et voici quelques-unes des divisions adoptées par eux.

Premier classement :

1° Les Sapins à cônes dressés,

2° Les Sapins à cônes pendants et à feuilles éparses,

3° Les Sapins à cônes pendants et à feuilles distiques ou disposés en barbes de plume.

Deuxième classement :

1º Sapins à bractées saillantes,

2º Sapins à bractées incluses.

Les Épicéas ou Picéas qui forment le nº 2 du classement précédent, sont exclus de ce deuxième classement et forment un genre à part.

Troisième classement :

1º Les Sapins Tsuga,

2º Les Abies proprement dits,

3º Les Épicéas ou Picéas.

Disons avant tout que les Abies et les Épicéas ont des caractères différents bien tranchés. L'Abies a les cônes dressés et les écailles caduques, tandis que l'Épicéa porte ses cônes pendants et a des écailles persistantes. Écailles et bractées sont synonymes.

L'Épicéa, de plus, a les feuilles éparses et sans ordre sur ses rameaux.

Sans prendre parti pour aucune de ces divisions, nous adopterons la première pour donner brièvement la nomenclature des Sapins, dont on fait de magnifiques arrière-plans dans les grands paysages.

1º *Abies à cônes dressés.*

A. pectinata, S. commun, S. de Normandie, S. des Vosges, S. argenté, indigène ; haut de 30 mètres, mais d'un petit contour.

A. bracteata, S. à bractées, Californie ; 40 mètres ; très-rustique.

A. nobilis, S. noble ; même patrie ; 50 mètres ; rustique.

A. **Fraseri**; S. de Fraser, Amérique du Nord ; 10 mètres.

A. **Nordmanniana**, S. de Nordmann, Caucase ; 30 mètres.

A. **Cephalonica**, S. de Céphalonie, Grèce ; hauteur moyenne.

2° *Abies à cônes pendants et à feuilles éparses.*

A. **excelsa**, Épicéa commun. Nous avons vu ci-dessus qu'on dit indistinctement *Epicéa* ou *Picéa*. Sapin rouge, Pesse ; indigène. Dans le nord de l'Europe, il atteint 40 mètres. Ce bel arbre pyramidal donne le bois très-estimé qu'on appelle dans l'industrie *Sapin du Nord*, et fournit la résine qu'on emploie en médecine sous le nom de *Poix de Bourgogne*.

A. **rubra**, Sapinette rouge, Amérique du Nord ; 15 mètres.

A. **alba**, Sapinette blanche ; même patrie ; même hauteur.

A. **nigra**, Sapinette noire ; même patrie ; 10 à 12 mètres.

A. **Orientalis**; Sapin de la mer Noire ; 20 à 25 mètres.

A. **Morinda**, Épicéa Morinda, Himalaya ; grand et bel arbre.

3° *Abies à cônes pendants et à feuilles distiques.*

A. **Canadensis**, Sapinette du Canada ; 25 mètres.

A. Tsuga, Sapin Tsuga ; Japon ; voisin du précédent.

LARIX, *Mélèze*

Arbres à feuilles caduques ; écailles persistantes.
L. Europæa, M. d'Europe, Alpes ; 20 à 30 mètres.
L. Americana, M. d'Amérique ; même hauteur.
L. Griffithiana, M. de Griffith ; 6 à 10 mètres ; buissonnant.

Les Mélèzes ne viennent bien que dans les sols humides et dans une exposition bien découverte.

CEDRUS, *Cèdre*

Les Cèdres ont, comme les Mélèzes, les feuilles en faisceaux au bout de petits bourgeons et éparses sur les rameaux, mais ils s'en distinguent par la persistance des feuilles. Ils restent toujours verts.

C. Libani, C. du Liban, Syrie. Arbre majestueux de 30 mètres ; en pyramide très-large à la base, et a la pointe inclinée. On a remarqué qu'il est conformé pour résister aux grands vents des montagnes ; ses branches étagées forment une série de nappes plates entre lesquelles passe le souffle des vents violents sur les hauteurs. Le Cèdre apporté d'Angleterre par Bernard de Jussieu au Jardin des Plantes y a été planté au pied du labyrinthe en 1735 et y restera probablement bien des siècles encore. Le bois du cèdre a de la ressemblance avec celui du sapin.

C. Atlantica, C. de l'Atlas, C. argenté. Grand arbre des montagnes de l'Algérie ; assez semblable au précédent, dont il se distingue néanmoins par ses branches dressées et plus courtes.

C. Deodora, C. Déodora, Népaul. C'est le Cèdre pleureur, plus haut que les précédents de 10 mètres ; à branches étalées et pendantes.

Ces trois espèces sont également rustiques et n'ont qu'un inconvénient commun, c'est que, dans la vieillesse, la flèche se couronne, c'est-à-dire s'atrophie. A peu près tout terrain. Multiplication de semis et de greffe.

PINUS, *Pin*

Donnons tout de suite le moyen de distinguer le Pin des Sapins avec lesquels on pourrait les confondre. De tous les genres voisins, le Pin est le seul qui porte deux, trois, quatre ou cinq feuilles réunies dans une mêmes gaîne. Ce caractère lui est absolument particulier et permet de le reconnaître à première inspection.

Les Pins fournissent les plus hauts et les plus solides mâts de navires, du bois pour les constructions navales, et la résine en quantités considérables.

Il existe un nombre très-grand d'espèces de Pins, et l'on peut dire qu'aucun genre dans les Conifères n'est aussi riche sous ce rapport. Hôtes de toutes les parties du monde, utilisés de toutes les façons suivant le besoin des lieux où ils se trouvent, les Pins ne disparaissent guère que dans les régions équatoriales, et encore on le rencontre sur les hautes montagnes des latitudes torrides.

On a écrit des traités spéciaux sur ces arbres utiles et d'ornementation ; mais nous croyons qu'on ne les a point encore classés rigoureusement d'après une méthode naturelle, c'est-à-dire en rapprochant les espèces qui ont des caractères communs. Les botanistes, qui ont fait une si grande place aux Pins parmi les Conifères, ont fait cette classification d'une façon tout artificielle, en se basant sur le nombre de feuilles contenues dans la gaîne. Nous indiquerons les espèces les plus communes de chacune des catégories.

1° *Pins à 2 feuilles dans une gaîne.*

P. sylvestris, P. sylvestre, P. d'Écosse, P. sauvage ; 20 à 40 mètres ; répandu dans tout l'ancien continent.

P. maritimus, P. maritime, P. de Bordeaux ; 15 à 25 mètres.

P. Laricio, P. de Corse, P. Laricio ; 30 mètres.

2° *Pins à 2 ou 3 feuilles dans la gaîne.*

P. Alepensis, P. d'Alep, P. de Jérusalem ; 12 à 20 mètres.

P. brutia, P. des Abruzzes ; peu élevé.

P. pinea, P. franc, P. cultivé, P. d'Italie ; 10 à 20 mètres.

P. Cretica, P. pignon de Crète ; 10 à 20 mètres.

3° *Pins à 3 feuilles dans la gaîne.*

P. rigida, P. à la poix ; peu élevé.

P. teocote, P. à chandelles ; 30 mètres.

P. patula, P. étalé ; 12 à 20 mètres.

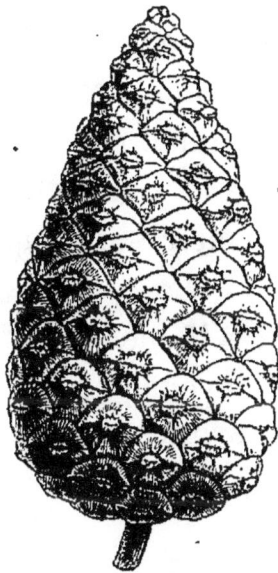

Pin maritime.

Pins à 5 feuilles dans la gaîne.

P. Cembro, P. Cembro ; haute taille.

P. excelsa, P. pleureur ; très-haut.

P. monticola, P. des montagnes ; hauteur moyenne.

ARAUCARIA, *Araucaria*

Les Araucaria, malgré leur hauteur, sont des arbres de serre qu'on ne cultive que pour leur aspect singulier. On ne cultive guère à l'air libre que le

A. umbricata, A. du Chili ; 50 mètres.

Nous pourrions peut-être nous en tenir à ces quelques citations en ce qui concerne les Conifères, puisque les amateurs seront, dans tous les cas, obligés de recourir aux traités spéciaux s'ils veulent cultiver ces arbres en grand ; mais il nous semble utile d'indiquer encore quelques espèces.

Dammara ; 20 à 25 mètres ; serre tempérée.

Cunninghammia ; 12 à 15 mètres ; serre froide.

Sequoia ; 25 à 30 mètres ; ne supporte pas le climat de Paris.

Podocarpus ; 12 à 15 mètres ; même note.

Phyllocladus ; moyenne hauteur ; peu ornemental.

Cephalotasées ; arbrisseaux assez semblables à l'If.

MONOCOTYLÉDONES

Les Monocotylédones, ou Monocotylédonés, forment la deuxième classe des végétaux. Le nom de cette classe indique suffisamment que l'embryon des individus qu'elle comprend germé avec un seul cotylédon ou feuille primordiale. Dans les végétaux de

la classe précédente, nous avons vu des tiges formées
de couches concentriques bien distinctes, des tiges
coniques, c'est-à-dire allant toujours diminuant de diamètre de bas en haut. Ici rien de semblable. La tige
est cylindrique et faite de faisceaux fibreux-vasculaires
dispersés sans ordre géométrique et comme noyés
dans la masse médullaire. Le contour est plus dense
et plus solide que l'intérieur. La tige est simple dans
presque tous les cas, et ne devient rameuse qu'à la
tête. Nous avons dit que le nombre trois est caractéristique dans les Monocotylédones. Il se trouve dans
la fleur, dans les étamines, dans les loges de l'ovaire.
Si ce n'est le nombre *trois*, c'est un de ses multiples :
6, 9, 12, etc. On peut noter que les végétaux monocotylédones sont spécialement les hôtes des latitudes
équatoriales, avec cette réserve pourtant que nos
céréales, plantes des pays tempérés, appartiennent
à cette classe.

FAMILLE DES ORCHIDÉES

C'est une famille de végétaux splendides, s'éloi-
gnant des formes ordinaires, vivant soit directement
plantés dans le sol, soit sur les ramures des arbres
aux dépens desquels ils ne vivent pas. Ils ne con-
somment que l'humus accumulé sur les branches et
apporté depuis longtemps par le vent. Alors ils sont
terrestres dans le premier cas, et *épiphytes* dans le
second, mais jamais *parasites*.

Dans les espèces terrestres, les racines sont fibreuses, tubéreuses ou tuberculeuses. Les épi-

L'Orchis.

phytes ontles racines longues, traînantes et suspendues dans l'air ou retenues dans les fentes des vieilles écorces.

Les Orchidées sont en général des plantes de grand luxe demandant la plupart une serre chaude spéciale et voulant être entourées de soins intelligents et coutinus. Il est donc facile de comprendre que nous ne donnions pas plus longuement l'hospitalité de ce livre de culture florale courante à des végétaux que peuvent se donner seulement quelques privilégiés. Nous n'avons pas voulu, néanmoins, omettre ici le nom de cette grande famille de fleurs. Mais nous renverrons aux traités spéciaux ceux de nos lecteurs qui voudraient avoir et cultiver les Orchidées dans leur serre.

FAMILLES DES IRIDÉES.

Herbes à racine bulbeuse ou à rhizome.

TIGRIDA, *Trigridie*

T. pavonia, T. Œil de paon, Mexique. Feuilles aiguës; hampe de 55 centimètres; en plein été, quelques fleurs à la tige, s'ouvrant l'une après l'autre de huit jours en huit jours, et ne durant que du matin au soir. Ces fleurs sont violettes et écarlates, avec une zone jaune, et ont une largeur d'au moins 15 centimètres.

On retire les oignons de terre en octobre pour les replanter en avril, après avoir divisé les caïeux.

IRIS, *Iris*

On compte aujourd'hui près de cent espèces d'Iris, et la plupart ont été très-variées par les semis. Plantes herbacées à bulbe vivace ou à rhizome souterrain. Les feuilles sont longues, en forme d'épée, engaînantes. Les fleurs, généralement grandes, à trois divisions étalées, affectent les couleurs les plus variées et les plus brillantes.

Le plus grand nombre des Iris supportent bien nos hivers. On les place à mi-ombre, dans une terre forte et fraîche. On les multiplie facilement : les espèces tubéreuses, par la division des racines ; les espèces bulbeuses, par la séparation des caïeux. La replantation a lieu avant l'hiver.

Les Iris se distribuent ordinairement en deux sections :

Iris imberbes,
Iris barbues.

Ire SECTION. — *Les imberbes.*

I. xiphium I. xiphion, I. d'Espagne, midi de l'Europe ; 50 à 60 centimètres ; en mai-juin, fleurs à la hampe, au nombre de deux, grandes, de couleur différente ; ordinairement violettes.

I. xiphioides, I. d'Angleterre, Lis de Portugal,

Pyrénées; en juin-juillet, fleurs d'un joli bleu clair.

I. fœtidissima, I. fétide, I. Gigot, indigène; tige simple de 50 centimètres; en mai-juin, fleurs insignifiantes, violet lie de vin. Cet Iris est celui de nos bois humides et sombres.

I. Siberica, I. de Sibérie; fleurs odorantes, blanches ou bleues, avec stries ou zone de diverses nuances.

I. pseudocarus, Flambe d'eau, Glaïeul jaune, indigène; fleurs jaunes avec veines pourpres. Bords des étangs, pièces d'eau, lieux très-frais et très-humides.

IIᵉ SECTION. — *Les barbues.*

I. Germanica, I. d'Allemagne, grande Flambe ou Flamme, Glaïeul bleu, midi de l'Europe; en mai-juin, fleurs violettes et odorantes; hauteur 75 centimètres.

I. Florentina, I. de Florence, même patrie; fleurs blanches; du reste, très-voisine de la variété précédente.

I. pumila, petite Flambe ou Flamme; 12 à 15 centimètres; en avril et mai, fleurs violet très-intense.

I. Susiana, I. de Suse, I. deuil, I. tigré, Orient; hauteur 30 centimètres; fleurs brun foncé réticulé de pourpre, mars-avril. Abri en hiver.

Telles sont, entre près d'une centaine, les variétés les plus recommandables.

GLADIOLUS, *Glaïeul*

Plante ainsi nommée parce que ses feuilles ressemblent à une épée courte et trapue (*gladius*).

Glaïeul.

G. communis, G. commun, indigène ; se trouve
dans les moissons ; hauteur 50 centimètres ; mai-

juin, fleurs en grappes, roses, pourpres ou blanches. Multiplication par la division des caïeux qu'on replante à l'automne.

G. **Byzantinus**, G. de Constantinople ou d'Orient; fleurs nombreuses, roses, avec veines blanches à la base. Même multiplication et même époque de replantation que le précédent.

G. **cardinalis**, G. cardinal, Cap; 70 centimètres; en juin–juillet, fleurs en un épi unilatéral, très-long, marquées d'une tache blanche au milieu.

G. **ramosus**, G. rameux, Cap; hauteur 75 centimètres; de mai à juillet, grandes fleurs roses mouchetées de rose et de carmin, en épis. Ne se replante qu'au printemps.

G. **psittacinus**, G. perroquet, Cap; hauteur de plus d'un mètre; épis floraux très-longs, ayant à peu près les nuances du plumage d'un perroquet, comme l'indique son nom.

G. **Gandavensis**, G. de Gand; hybride obtenu du croisement du *G. cardinalis* et du *G. psittacinus*. Il atteint presque 2 mètres; épis floraux d'un mètre fleurs rouge vermillon mélangé de jaune, de vert et d'amarante. C'est le plus beau de tous les glaïeuls.

En tout, les glaïeuls comptent une quarantaine d'espèces; mais la culture les a variées à l'infini.

Ornement des plates-bandes.

Les glaïeuls sont des plantes très-rustiques auxquelles conviennent à peu près tous les terrains, pourvu que la fumure ne manque pas et que les arrosages assez fréquents y entretiennent un peu de fraîcheur.

Ceux qui veulent semer pour obtenir des variétés nouvelles devront enlever les capsules avant l'entière maturité des graines. Le semis se fait en mars sous châssis en bon terreau léger qu'on arrose une bonne fois, puis on attend que le plant lève sous son abri de verre.

CROCUS, *Safran*

Il existe un certain nombre d'espèces de Crocus; mais les deux principales sont les deux suivantes :

Safran.

Crocus vernus, S. de printemps, S. des fleuristes, Alpes. Fleurettes d'un coloris éclatant : pourpres, lilas, blanches, violettes, jaunes ou panachées. On sème pour avoir des variétés; les jeunes plants ou les caïeux sont mis dans de petits pots qu'on enterre en février dans les parterres, dans des corbeilles, etc.

Nous avons vu, chez un de nos amis, des cercles concentriques de Crocus autour de quelques Yuccas sur une pelouse, et formant, en février, un délicieux tableau. En cette saison, des fleurs aussi vives, aussi variées de coloris sont une vraie fête pour les yeux.

Crocus antumnalis, — C. officinalis, — C. sativus, S. officinal, S. d'automne, S. cultivé, Orient. 30 centimètres; un peu plus haut que l'autre; feuillaison et floraison en octobre et novembre; fleurs violet pourpre, à stigmates rouge orangé qui forment seuls ce qu'on appelle le safran du commerce. La partie du Gâtinais qui se trouve comprise entre Pithiviers, Givraine et la forêt d'Orléans cultive en grand le Safran, et nous avons toujours aimé à traverser ces cultures fleuries alternant avec les vignes aux feuilles jaunies. L'air y est embaumé des senteurs du pressoir et du parfum des Crocus.

FAMILLE DES AMARYLLIDÉES

Plantes bulbeuses.

GALANTHUS, *Galanthine*

G. nivalis, Perce-neige, indigène. Oignon ovoïde;

feuilles linéaires ; hampe de 12 à 15 centimètres, portant une ou deux fleurs blanches et penchées, en février et mars. Multiplication par division des caïeux qu'on ne relève que tous les deux ou trois ans. Bordures, touffes, corbeilles, dessins, etc.

AMARYLLIS, *Amaryllis*

Amaryllis.

Plantes bulbeuses, vivaces, devenues classiques. A. atamasco, A. de Virginie, Amérique septentrionale. Oignon ovoïde brun ; hampe de 20 à 25 centimètres ; en juillet, une fleur en entonnoir, blanche en dedans, rosée en dehors.

A. lutea, A. jaune, Midi de la France, où elle est appelée Narcisse d'automne. Oignon un peu allongé ; hampe de 15 centimètres ; fleur d'un beau jaune clair, en automne. On relève les bulbes tous les quatre ou cinq ans seulement.

A. belladona, A. Belladone, Cap. Oignon assez gros et ovoïde ; hampe de 60 centimètres ; une dizaine de fleurs clochettes odorantes, en automne. Les oignons se plantent à 20 centimètres en terre et l'hiver on les couvre.

A. longiflora, A. longiflore, Pérou. Oignon très-allongé ; longues feuilles de plus de 60 centimètres ; hampe d'égale hauteur ; nombreuses fleurs en ombelle, avec bande transversale rouge sur les pétales.

A. vittata, A. à rubans, Belladone d'été, Amérique septentrionale. Hampe de 60 centimètres ; feuilles teintées de rouge ; quelques grandes fleurs blanches avec traverse de rouge ; juin-juillet.

Les Amaryllis sont de jolies plantes qu'il est facile de cultiver, puisque les bulbes peuvent rester enfouies dans le sol. La grande affaire est de savoir leur ménager une place pour l'automne et d'en retirer tout l'effet décoratif.

Nous ne dirons rien des espèces qu'on ne peut cultiver en pleine terre, car elles sont extrêmement délicates, et la plupart exigent la serre chaude.

NARCISSUS, *Narcisse*

N. pseudo-Narcissus, faux Narcisse. Plante bulbeuse, vivace, indigène; en mars-avril, fleur jaune vif, en entonnoir, en haut d'une hampe de 25 centimètres.

N. poeticus, N. des Poëtes, Jeannette, indigène. Feuilles étroites; hampe de 30 à 35 centimètres, portant ordinairement une seule fleur blanche, odorante, avec une couronne jaune bordée de rouge, en mai.

N. major, grand Narcisse, indigène comme le faux Narcisse et lui ressemblant, mais un peu plus haut.

N. minor, petit Narcisse, indigène; voisin du précédent, mais plus petit; mars-avril, comme le grand.

N. incomparabilis, N. incomparable, indigène, midi de la France. Très-voisin du faux Narcisse. Demande une couverture en hiver.

N. jonquilla, N. jonquille. Indigène; hampe de 35 centimètres surmontée, en avril, de 3 à 5 fleurs d'un parfum délicieux, d'un jaune clair, en forme de coupe évasée.

N. Tazetta, N. à bouquets. Indigène; hampe de 40 centimètres, portant de 4 à 8 fleurs blanches très-odorantes, avec couronne jaune.

N. aureus, N. doré, Soleil d'or. Indigène; hampe de 40 à 50 centimètres, surmontée de 8 à 10 fleurs jaune pâle avec couronne jaune d'or plus vif. Ne sup-

porte bien l'hiver que dans nos régions méditerra-
néennes. Couverture l'hiver.

Les Narcisses viennent dans tout terrain. La même
culture convient à toutes les variétés. Ils demandent

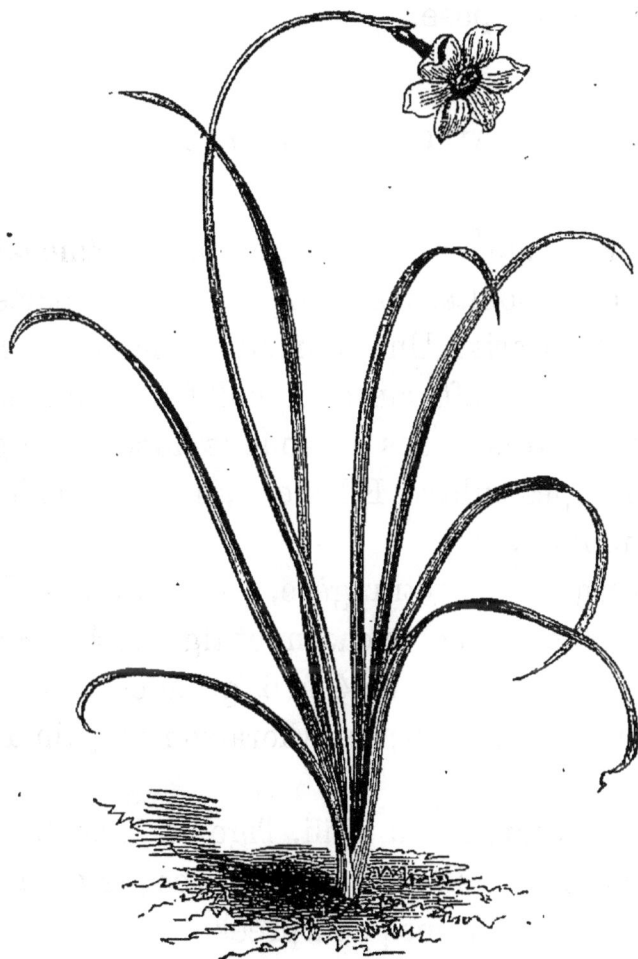

.Narcisse.

beaucoup d'eau dans leur saison. Généralement on
les laisse en place quatre ou cinq ans. On les relève,
on divise les caïeux qu'on remet en terre aussitôt;
mais les variétés doubles veulent être renouvelées

plus souvent, tous les ans, si l'on veut les garder dans toute leur beauté. Les espèces que nous avons citées plus haut sont regardées comme les plus recommandables parmi les cinquante à peu près dont le genre se compose.

ALSTRŒMERIA, *Alstrœmère*

Quoique originaires de l'Amérique méridionale, les Alstrœmères sont assez rustiques pour supporter nos hivers de Paris. Un éminent floriculteur belge, M. Van Houtte, affirme qu'il suffit de bien drainer avec des platras et des tessons le fond de la pleine terre où on les cultive. Elles craignent moins le froid que l'humidité.

A. peregrina, A. étrangère, Lis des Incas, Pérou. Plantes vivaces à racine charnue ; tige de 40 à 45 centimètres, surmontée de 4 à 6 grandes fleurs blanches veinées de pourpre. Floraison de juin à septembre.

A. versicolor, A. du Chili. Tige de 75 centimètres, portant des fleurs nombreuses et presque en clochettes, jaunes avec veines pourprées.

A. densiflora, A. à fleurs serrées, Pérou. Jolie plante volubile, atteignant de 2 à 3 mètres ; fleurs rouge orangé très-brillantes en ombelles terminales. Plus frileuse que les précédentes.

On relève les racines tous les trois ans ; mais il faut beaucoup de soin dans cette opération, car ces racines, assez semblables aux rhizomes d'asperges, sont très-cassantes. On replante en pots pour hiverner les replantations. Autrement on peut replanter en bonne exposition, en enfonçant profondément les racines et en couvrant le sol d'une épaisse couche de feuilles ou de terreau. Le sol doit être drainé, comme nous l'avons dit, et la terre mêlée d'un peu de terre de bruyère.

FAMILLE DES LILIACÉES

Plantes herbacées, bulbeuses ou à racines fibreuses.

YUCCA, *Yucca*

La culture des Yuccas a pris une extension considérable. A part leur axe floral magnifique, ces plantes ont de plus un feuillage très-ornemental. Les moindres jardinets n'ont pas une corbeille de gazon, large d'une enjambée, sans avoir aujourd'hui une Yucca quelconque au centre. Quelques amateurs d'un grand goût aiment à piqueter les grandes pelouses de ces plantes qui forment de petits buissons toujours verts. Supposez qu'on entoure ces plantes en bordure sur les pelouses, ou de Perce-Neige ou de Crocus disposés en cercles concentriques; on produira, dès février, des effets décoratifs d'autant plus charmants

qu'ils font contraste avec la nature encore endormie
qui les entoure.

Les Yuccas viennent dans le sol premier venu,

Yucca.

préférant néanmoins le sable au terrain calcaire. Elles
viennent toutes de l'Amérique du Nord et sont par

conséquent assez rustiques pour supporter nos hivers. Les plus ornementales sont la *Y. gloriosa*, la *Y. flexilis*, la *Y. pendula* et la *Y. treculeana*. On multiplie toutes les espèces par les turions ou rejetons détachés de la souche, qu'on place sur couche et sous châssis ou sous cloche pendant au moins une année, dans des pots que les racines ont eu le temps de remplir. La deuxième année seulement on met les jeunes pieds en place pour les laisser végéter presque sans le mondre soin.

Y. gloriosa, Y. glorieuse. Tige de près d'un mètre ; feuilles lancéolées ; de juillet à septembre, axe floral portant deux cents grandes fleurs blanches.

Y. flexilis, Y. flexible. Tige courte ; longues et larges feuilles veinées dans le sens de leur longueur, d'un vert clair et gai ; en automne, fleurs blanches sur un axe floral de plus d'un mètre.

Y. pendula, Y. à feuilles retombantes ; tige d'un mètre ; feuilles d'un vert foncé, retombantes ; tout l'été et l'automne axe floral d'un mètre ; fleurs blanches.

Y. Treculeana, Y. de Trécul. Tige d'un mètre ; grandes feuilles rigides, piquantes et ombrées de rouge ; axe floral de 75 centimètres ; fleurs d'un blanc jaunâtre.

Y. aloifolia, Y. à feuilles d'aloès. Grande tige de 3 à 4 mètres ; feuilles piquantes et rigides ; axe floral de 70 centimètres ; en juillet-août, fleurs blanches.

Y. flaccida, Y. à feuilles molles. Tige d'environ

un mètre; feuilles pendantes ; en été, fleurs blanc verdâtre sur un axe d'un mètre.

LILIUM, *Lis*

Pour nous reconnaître dans les nombreuses espèces de lis, nous ne pouvons mieux faire que de les placer ici dans l'ordre de leur provenance.

Nous commencerons par les indigènes :

L. bulbiferum, L. bulbifère, indigène. Tige de 75 centimètres ; feuilles ovales, allongées, produisant des bulbiles à l'aisselle des feuilles ; en mai-juin, grandes fleurs dressées rouge orangé, avec une large tache plus pâle, et des mouchetures brunes.

L. croceum, L. safrané, indigène; d'un mètre environ ; feuilles étroites et longues ; en juin, grandes fleurs rouge safran, pointillées de noir en dedans.

L. Martagon, L. Martagon. Tige de 75 centimètres à 1 mètre ; feuilles en verticilles, pétiolées ; en juillet-août, fleurs rouge pourpre, pointillées de noir. Les sépales sont réfléchis ou retombants.

L. pomponium, L. pomponne, indigène. L. turban ; feuilles longues, étroites, verticillées ; en juillet, fleurs écarlates, penchées, à bords enroulés.

L. Pyrænaïcum, L. des Pyrénées, Gouan, indigène ; feuilles linéaires avec liséré blanc; fleurs jaune clair, avec semis de points noirs à l'intérieur.

La culture des Lis indigènes est extrêmement facile. Tout sol leur convient ; mais de préférence un

sol léger, profond et frais sans être humide. On lève
les oignons tous les trois ans pour replanter soit tout

Le Lis blanc.

de suite à l'automne, soit au printemps. On replante

à 15 centimètres de profondeur, et si l'on opère à
l'automne, on donne une couverture de feuilles aux
jeunes oignons ainsi enterrés. Les Lis préfèrent en
général une exposition à mi-ombre, où leurs grandes

Lis superbe.

fleurs ressortent bien sur les fonds verts des massifs.

Espèces étrangères:

L. candidum, L. blanc, L. commun, Orient.

C'est le Lis de tous les jardins, la fleur chantée par les poëtes de tous les âges, le symbole de la pureté. Oignon à écailles ; tige d'un mètre environ ; feuilles épaisses sans ordre ; grandes fleurs en clochettes, odorantes, d'un beau blanc de satin. Floraison en juillet. Il y a des variétés doubles de différentes couleurs.

Le lis blanc n'est pas le père du genre *Lilium*, mais il en est certainement l'espèce la plus classique et la plus répandue.

L. auratum, L. à bandes dorées, Japon. Tige ne dépassant pas 60 centimètres; feuilles ovales, allongées; quatre ou cinq fleurs au sommet, en larges cloches, d'un diamètre de 20 à 25 centimètres, d'un beau blanc mat de satin, avec une bande longitudinale jaune d'or sur chaque division, et semis de pourpre à l'intérieur. Odeur exquise. Ce Lis est très-voisin du :

L. spaciosum, L. superbe, L. à feuilles lancéolées, Japon.

Le public, même celui qui ne cultive les fleurs que dans le jardinet ou dans la mansarde, a laissé son nom latin de *Lilium* à cette espèce remarquable par la magnificence de ses fleurs. On cultive généralement ce *Lilium* en pots, afin de l'avoir plus près de soi, soit sur un balcon, soit à la fenêtre ou à l'entrée des appartements. La tige va de 75 centimètres à 1 mètre ; les feuilles, comme l'indique le nom botanique, ont la forme d'une lance ; les fleurs odorantes, en juillet, sont longues, réfléchies, roses, mouchetées de pourpre, suivant la variété.

L. tigrinum, L. tigré, Japon. Hauteur, 1 mètre et plus ; tige violette ; feuilles lanciformes, portant des bulbilles aux aisselles ; fleurs, au nombre de 25 à 30 en moyenne, en thyrse, écarlates, pointillées de noir en dessus et de jaune dans le fond. Floraison en juillet.

L. Brownei, L. de Brown, Japon. Haut de 50 centimètres seulement ; en juin, fleurs blanches, teintées de pourpre ; très-rustique.

L. Carolinianum, L. de Caroline, Amérique du Nord. Tige grêle de 75 centimètres ; feuilles verticillées ; fleurs jaune orangé, pointillées de pourpre au fond ; juillet-août.

L. Chalcedonicum. L. de Chalcédoine, Martagon écarlate, Orient. Tige cotonneuse de 50 centimètres ; feuilles étroites et longues, fleurs retombantes, réfléchies, écarlates et pointillées de noir. Floraison en juillet.

L. giganteum, L. gigantesque, Népaul. Tige ayant en diamètre 12 centimètres, et en hauteur 3 à 4 mètres ; grandes feuilles en cœur ; floraison plus tardive, août-septembre, 25 fleurs en moyenne, très-longues, blanches, odorantes, teintées de pourpre en dedans.

L. monadelphum, L. monadelphe, Caucase. Feuilles velues, longues, en verticilles. En juin, fleurs jaune clair, piquetées de rouge.

Nous nous bornerons à ces espèces d'origine étrangère. La plupart sont rustiques. Sauf le Lis de la Caroline, qui exige la terre de bruyère, elles se contentent d'un sol ordinaire, léger, sablonneux, un peu frais. Il est prudent de couvrir les oignons l'hiver dans le sol où ils restent, surtout la première année de plantation.

Ajoutons qu'on peut avoir chez soi des Lis en fleurs si l'on veut depuis juin jusqu'à septembre, c'est-à-dire pendant quatre mois, avec trois ou quatre espèces seulement. On commence par le Lis de Brown ou le Lis monadelphe, pour finir la saison avec le Lis gigantesque.

FRITILLARIA, *Fritillaire*

F. imperialis, F. impériale Couronne impériale. Herbe aux sonnettes, Orient. Hauteur 80 centimètres ; grosse bulbe charnue, blanchâtre, d'une odeur nauséabonde. La tige est nue sur son tiers par en haut. Les fleurs renversées ressemblent à celles de la tulipe, et sont en verticille en haut de la hampe, sous un faisceau de feuilles.

Elles sont rouge safran, orangées ou jaunes, suivant la variété qui les donne.

F. Meleagris, F. Damier, Méléagre, indigène ; même port de la fleur. Tige de 25 centimètres ; fleurs en sonnettes, verticillées, portant des carreaux blancs, rouges ou jaunes. On l'appelle encore communément *Fritillaire pintade*, à cause de la ressemblance des teintes de la fleur avec le plumage de cet oiseau.

F. Persica, F. de Perse. Hauteur de la précédente ; sur la hampe, en avril mai, en grappe pyramidale, fleurs nombreuses, en clochettes, bleu déteint, penchées.

Plus frileuse que les précédentes. Les amateurs

Fritillaire (Couronne impériale).

soigneux, qui veulent conserver cette espèce, en conservent toujours quelques bulbes en pots ou dans la serre, ou dans un lieu que n'atteignent pas les gelées.

A cela près, les trois variétés ci-dessus se cultivent de la même façon. Terrain léger et frais, mais ne conservant pas l'eau. Lorsqu'après la floraison la tige cède au moindre effort, on lève les oignons, on sépare les caïeux les uns des autres et on les replante à l'automne, septembre ou octobre, à la profondeur des Lis (25 centimètres). Ce relevage des oignons ne peut se faire qu'une fois tous les quatre ou cinq ans. Nous conseillons peu les semis qui demandent 15 ans pour donner des fleurs. C'est l'affaire des patients et des fanatiques de nouveautés.

TULIPA, *Tulipe*

Herbe bulbeuse, à tige droite, partant du milieu de 3 ou 4 feuilles basses, en faisceaux, et s'élevant de 30 à 40 centimètres ; en haut de cette tige se dresse une fleur unique, en cloche, dans la dernière quinzaine d'avril.

Pour que la fleur ait quelque mérite aux yeux des amateurs, il faut qu'elle soit multicolore et porte des couleurs bien accentuées. Les demi-tons sont mal venus. Les Tulipes plus recherchées sont à fond blanc et c'est seulement avec les panachures variées à l'infini qu'on crée les innombrables variétés qui encombrent les catalogues.

On ne saurait parler des Tulipes sans se rappeler avec quelle intelligente passion les Hollandais cultivent cette fleur printanière. En parcourant les diverses localités qui se trouvent à droite et à gauche

de la voie ferrée qui conduit de Rotterdam à La Háye,
et de cette dernière ville à Haarlem, nous avons pu,
du 25 avril au 15 mai, jouir du spectacle enchanteur
qu'offrent des plantations de Tulipes autour des
églises, devant les maisons, le long des mille canaux

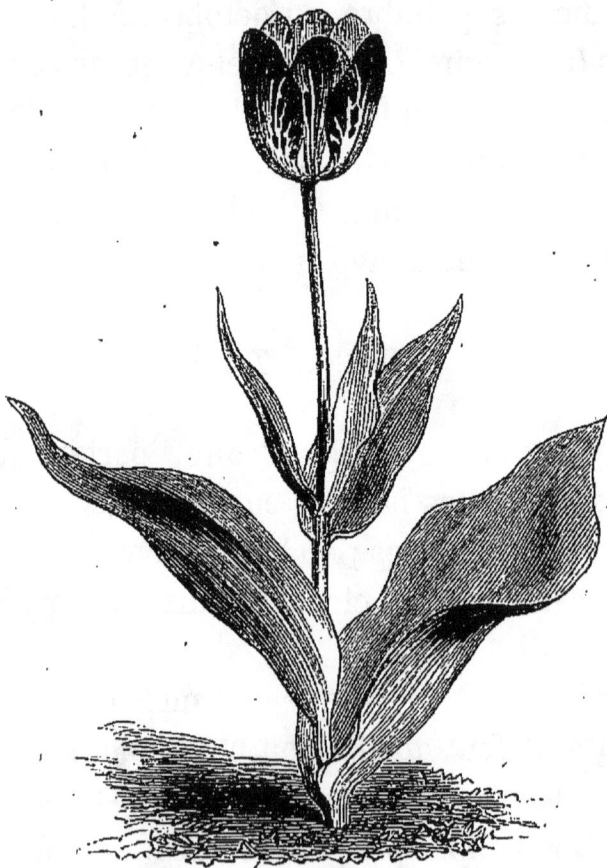

Tulipe.

qui sont les routes du pays. Devant ces tapisseries
végétales d'un éclat incomparable, on s'explique qu'un
vrai Hollandais, au dire d'un proverbe sans doute
exagéré, échangerait sa femme contre l'oignon d'une
Tulipe qui manque à sa collection.

Une plantation de Tulipes demande un sol bien
défoncé, bien meuble, bien uni au rateau. Les deux ou
trois labours se font à courts intervalle, en septembre-
octobre. Au dernier, on mêle à la terre de la cendre
?e bois ou de houille bien tamisée avec du terreau
consommé ou de la terre de bruyère. Puis, à la fin
d'octobre, on dépose les précieux oignons dans des
sillons de 12 centimètres de profondeur, en quin-
conce, à 25 centimètres, ou un peu plus, les uns
des autres en tous sens.

Toute la culture subséquente consiste à maintenir
le sol de la plantation net de toute herbe parasite.
Néanmoins, quand la plante est levée, en mars, s'il
arrive des giboulées, couvrez d'une toile ou de toute
autre manière pour empêcher le grésil de blesser les
jeunes pousses. Même abri contre les ardeurs du
soleil en pleine floraison.

Quand les fleurs sont passées, on les coupe ; puis,
lorsque les feuilles se dessèchent, on lève les oignons,
qu'on débarrasse de leurs caïeux. Le relevage de ces
bulbes doit avoir lieu tous les ans, sous peine de voir
dégénérer les espèces. En même temps on renouvelle
le sol.

Voilà ce qu'il y a de plus important à dire de la
Tulipe ; les semis, qui donnent des variétés nouvelles,
bien plus encore que s'il s'agissait des Fritilliaires
sont ici l'œuvre exclusive des patients, et nous n'en
parlerons pas.

Quant aux innombrables variétés, on ne saurait les
énumérer ici. Qu'il nous suffise d'ajouter que la

Tulipe des jardiniers est la *Tulipe de Gesner*, qu'elle vient d'Orient, qu'elle est la mère des variétés sans nombre et qu'il ne manque à sa valeur florale que du parfum. Elle est absolument inodore.

Est-il nécessaire de mentionner, pour finir, quatre ou cinq espèces indigènes dont l'une est la *Tulipe silvestre*, cette gentille clochette jaune clair dont les senteurs embaument les clairières et les allées de nos bois ? La culture, en s'emparant de cette Tulipe, en a obtenu quelques variétés doubles, rustiques et peu regardantes sur la nature du sol, comme le type silvestre.

ERYTHRONIUM, *Dent de chien*

Plante indigène dont les bulbes produisent quelques bulbilles ayant une vague ressemblance avec les dents du chien ; feuilles radicales, étalées, tachetées de pourpre ; au printemps, fleurs penchées, solitaires, ou rouges ou blanches. Sol léger, terre de bruyère de préférence ; exposition demi-ombragée. Multiplication de caïeux à l'automne. On relève les bulbes tous les trois ou quatre ans.

HEMEROCALLIS, *Hémérocalle*

H. **flava**, H. jaune, Lis jaune, Lis asphodèle, Piémont ou France du midi. Feuilles linéaires, en touffe, très-longues ; hampe de 80 centimètres à 1 mètre, portant en juin des fleurs odorantes, jaunes et semblables, quant à la forme, à celles du Lis blanc. De là son nom vulgaire. Multiplication par division des racines qu'on lève tous les trois ou quatre ans.

Agapanthe.

Les autres espèces, originaires de la Chine et du Japon, ont créé un genre à part sous le nom de *Funkia*; mais, avec la plupart des botanistes, nous les retenons dans le genre *Hemerocallis*, et nous en mentionnons ci-après les principales :

H. cœrulea, H. bleue, Chine. Feuilles radicales ; tige de 25 centimètres, portant une grappe de fleurs nombreuses, bleues, odorantes, en juillet-août.

H. Japonica, H. du Japon ; un peu plus grande que la précédente, fleurs blanches en août.

Ces deux espèces, un peu délicates, se mettent dans les plates-bandes, au bord des massifs verts, et se multiplient d'éclats au printemps ou à l'automne.

AGAPANTHUS, *Agapanthe*

A. umbellatus, A. en ombelles, Cap. Tubéreuse bleue, feuilles linéaires, retombantes, du milieu desquelles part une tige grêle de 1 mètre, portant une ombelle de fleurs bleues, sans aucune odeur. Terre de bruyère, culture en pots qu'on enterre en été dans les plates-bandes. On en fait en outre des massifs ou bien on dispose les pots sur les pelouses. Multiplication par séparation des racines au printemps. Variétés : *blanche, naine bleue* et *rubanée bleue*, feuilles rayées sur leur longueur de vert et de blanc.

POLYANTHES, *Tubéreuse*

P. tuberosa, Tubéreuse des jardins, Mexique. Feuilles linéaires ; tige de 1 mètre, portant en juin-septembre un épi de fleurs doubles ou pleines très-

suaves. On plante en mars les caïeux dans un pot
que l'on met sous châssis, car la plante est délicate
et ne supporte ni nos hivers, ni les giboulées de

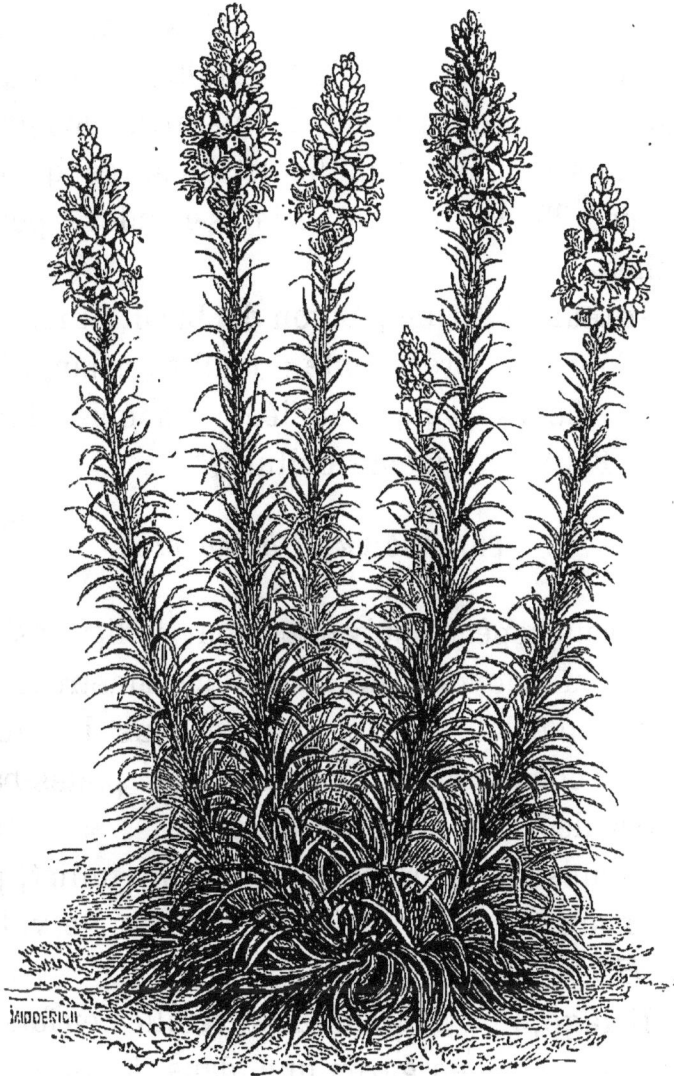

Asphodèle.

printemps. On ne découvre la jeune pousse qu'à
l'époque où le beau temps est bien assuré.

ASPHODELUS, *Asphodèle*

A. ramosus, A. rameuse, Bâton blanc, Bâton royal, indigène. Tige rameuse, quelquefois simple ; en mai-juin, fleurs blanches en épis. Multiplication d'éclats à l'automne ou de semis à la maturité des graines ; mais alors la plante ne fleurit qu'après quatre ou cinq ans. Terre franche. Plates-bandes, pelouses, rocailles.

A. luteus, A. jaune, Bâton de Jacob ; moins belle espèce que la précédente ; feuilles triangulaires ; grandes fleurs jaunes étoilées, en épis. Indigène comme l'autre, et même culture.

PHALANGIUM, *Phalangère*

Les trois espèces suivantes sont indigènes et ont une hauteur moyenne de 40 à 60 centimètres. On les multiplie d'éclats à l'automne, et tous les terrains secs leur conviennent. Ornement des plates-bandes, des rocailles, des lieux accidentés.

P. ramosum, P. rameuse ; en juin-juillet, petites fleurs blanches et solitaires. On l'appelle vulgairement *Herbe à l'araignée.*

P. liliago, P. à fleurs de Lis ; feuilles en faisceaux, moins disposées en gazon que dans la précédente ; en mai-juin, fleurs blanches, étalées, au nombre de 12 ou 15 sur la hampe et grandes de 3 à 4 centimètres.

A. liliastrum, faux Lis, Lis de saint Bruno ; feuilles

longues et étroites ; en juin, fleurs blanches en épis, plus larges encore que celles du *liliago*.

ALLIUM, *Ail*

A. Moly, Ail Moly ou Ail doré ; haut de 25 à 30 centimètres, indigène ; en juin, fleurs jaune d'or en étoile et en bouquet au haut d'une tige grêle. C'est une plante avec laquelle on fait de jolies bordures. Multiplication de caïeux qu'on lève tous les trois ans seulement. Tout sol un peu sec et léger.

A. roseum, A. rose, indigène. Se cultive en pots afin qu'on puisse les rentrer en hiver. Belles fleurs roses.

A. azureum, Ail bleu, Sibérie. Hampe de 60 centimètres ; fleurs bleues en juin-juillet. Même sol et même culture.

A. Neapolitanum, Ail de Naples, midi de la France. Blanc.

ORNITHOGALUM, *Ornithogale*

O. umbellatum, O. en ombelles, Dame d'onze heures, indigène. Petite plante très-commune, haute de 20 centimètres ; feuilles étroites portant sur leur longueur une bande blanche; en mai-juin, ombelles de fleurettes blanches qui ne sont ouvertes chaque jour que de 11 heures à 4 heures. Sol ordinaire, plutôt sec que frais. Multiplication par les caïeux qu'on lève tous les quatre à cinq ans.

O. pyramidale, O. pyramidal, Épi de la Vierge, Épi de lait, indigène. Hampe de 55 centimètres en moyenne ; feuilles linéaires qui disparaissent en juin ou juillet, dès que se montrent les fleurs ; épi de fleurs blanches étoilées. Même sol et même culture.

Les espèces du Cap, au nombre d'une dizaine, sont des plantes de serre.

SCILLA, *Scille*

S. Italica, S. d'Italie, Lis-Jacinthe des jardiniers. Très-longues feuilles linéaires ; hampe de 25 à 30 centimètres; en avril-mai, fleurs bleues, odorantes, en grappes serrées. Comme pour les derniers genres ci-dessus, il faut un terrain sec et sablonneux, et la multiplication se fait par les caïeux qu'on lève aussi tous les trois ans. Jolies bordures à fleurs hâtives.

S. amænus, S. agréable, Jacinthe de mai, Jacinthe étoilée, midi de la France. Même hauteur de la hampe; en avril-mai, fleurs plus rares, pédonculées, d'un beau bleu. Emploi et culture de la précédente.

S. Peruviana, S. du Pérou, Jacinthe du Pérou. Feuilles plus larges; hampe de même hauteur que ci-dessus ; en mai, grappes de fleurs d'un bleu vif. Multiplication de semis. Cultiver en pots afin de rentrer les oignons à l'hiver.

HYACINTHUS, *Jacinthe*

H. amethystinus, Jacinthe améthyste, indigène.

Petite hampe de 20 centimètres, portant en mai-juin
une dizaine de fleurettes bleu azur, à long pédicelle,
conséquemment penchées, en grappe. Terre légère et
chaude, belle exposition; relevage des caïeux tous les
quatre ou cinq ans. Multiplication, par ces caïeux, en
août et septembre. Bordures, rocailles, corbeilles.

Jacinthe.

Mais la Jacinthe des belles cultures est :

H. Orientalis, J. d'Orient. Hampe rigide de 25 à
30 centimètres, portant des fleurs suaves, simples,
doubles ou pleines, bleues de toutes les nuances,
blanches, roses, rouges, jaune vif. On en compte
plus de 2,000 variétés, dont un grand nombre, il est

vrai, n'ont que des différences insensibles. Une belle Jacinthe doit avoir les feuilles assez écartées du sommet de la hampe pour que la fleur pyramidale soit bien isolée et bien en vue.

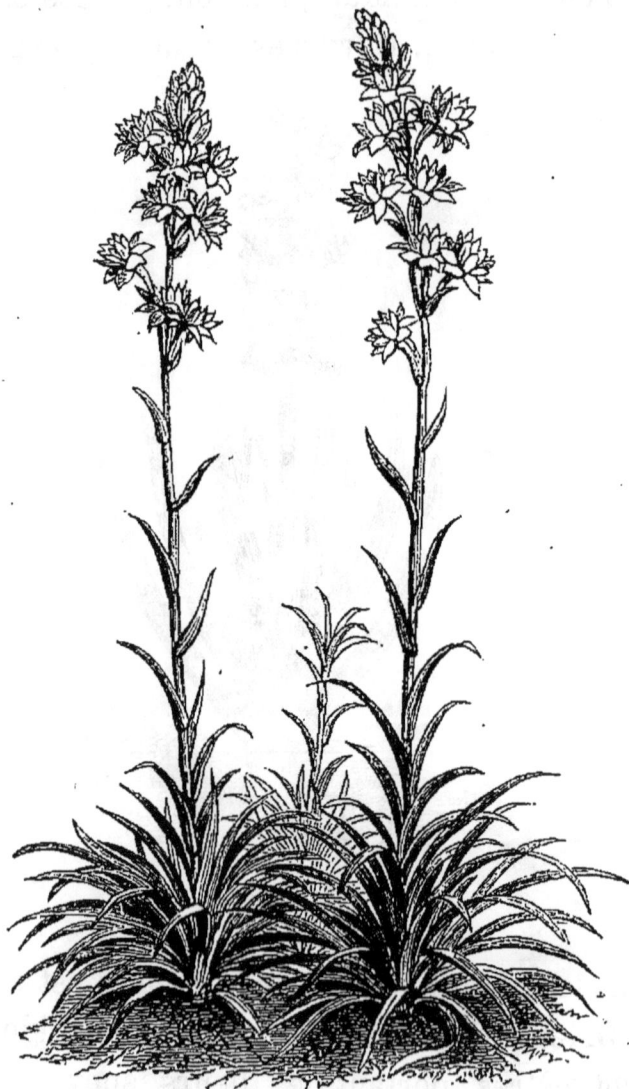

Tubéreuse.

La Jacinthe, originaire d'Orient, à ce que l'on croit, est cultivée en Europe depuis quatre siècles, et la beauté de son inflorescence, comme la suavité de son parfum, comme aussi la précocité de sa floraison, lui a fait prendre une des premières places dans la culture florale. C'est par excellence la fleur de la Belgique et de la Hollande, de ce dernier pays surtout, dont le sol convient parfaitement aux Jacinthes. Les terrains conquis sur la mer offrent un mélange de sable, de terreau de gazon, d'autres principes encore, qu'on ne trouve pas facilement ailleurs et dans d'aussi heureuses proportions. Les polders de Haarlem et d'Amsterdam sont l'Éden de cette plante qui s'étiole vite chez nous, ou du moins qui n'y garde pas ses qualités natives.

Nous lui donnons en France un terrain léger, trèsporeux, friable, aucunement fumé. Quelques amateurs ajoutent avec raison une petite partie de terre de bruyère et de terreau consommé.

La plantation des Jacinthes se fait à l'automne et il est toujours prudent de recouvrir la plantation d'une bonne couche de feuilles sèches pour annuler les effets de la gelée. L'époque de la floraison est le mois d'avril. Dès que les fleurs sont fanées, on coupe les hampes au ras de terre, ce qui fait grossir les bulbes, puisqu'elles profitent du reste de séve jusqu'en juillet, époque ou d'habitude on les extrait du sol. Ces oignons, formés de couches concentriques et superposées, doivent rester quelques heures au grand air, mais non au soleil, afin de perdre l'humidité que l'enveloppe a prise dans le sol; puis on les rentre et on les place sur des tablettes, en un lieu bien sain. Ces dépôts, pour les oignons à fleurs, les Hollandais les entretiennent avec les soins intelligents qu'on donne ailleurs aux fruitiers les mieux tenus.

La Jacinthe est également une plante de carafe et de pot, c'est-à-dire une fleur de fenêtre et d'appartement. A cet effet, on a soin que la couronne de l'oignon touche à l'eau de la carafe. Toutes les semaines, on change l'eau qui doit être à la température de la chambre et dans laquelle on peut jeter une pincée de gros sel pour en empêcher l'altération.

S'il s'agit de la culture en pots, rien non plus n'est moins difficultueux. On choisit pour emplir les pots une terre très-meuble et très-légère, on y plante en novembre les oignons à fleur de terre, et s'il fait encore beau temps, on laisse les pots enterrés à belle exposition. Autrement on les rentre.

Nous n'en dirons pas davantage sur la culture de cette jolie plante qui fait la richesse de la Hollande et que nous sommes obligés d'aller renouveler dans ce pays. A cet inconvénient près, c'est une fleur que les jardins bien tenus regardent comme un luxe dont ils ne sauraient se passer.

MUSCARI, *Muscari*

M. odorant, J. Muscari. Plante indigène, à feuilles très-longues, diffuses, étalées ; fleurs en grappes, odorantes, jaune violacé ; floraison en avril-mai.

Même sol que pour la Jacinthe. Relever les oignons tous les trois ou quatre ans et refaire la terre.

M. monstruosum, M. monstrueux, Jacinthe chevelue, Lilas de terre, Jacinthe de Sienne. Feuilles étalées avec reflets rouges ; hampe de 25 à 30 centimètres ; en mai-juin, fleurs stériles, n'ayant plus aucun organe déterminé. Ce sont des filaments grêles, tordus, frisés en haut de la hampe, et y formant une houppe allongée violet lilas d'un effet assez gracieux.

M. racemosum, M. des vignes, Ail des chiens, indigène. Petite plante à fleur d'un bleu vif qu'on rencontre souvent et particulièrement dans les vignes, d'où elle tire son nom.

CONVALLARIA, *Muguet*

C. maialis, M. de mai, Lis des vallées, indigène, vivace. Tiges feuillées ; fleurs terminales en grappe, penchées, ayant la forme de grelots et très-odorantes. Multiplication d'éclats. Terre fraîche ; exposition ombragée.

C. polygonatum, Sceau de Salomon, indigène. Tige anguleuse de 35 centimètres ; mai-juin, fleurs blanches, pendantes, solitaires ou deux par deux. Multiplication d'éclats ; même culture.

RUSCUS, *Fragon*

Arbustes indigènes du midi de la France, ayant

des rameaux aplatis ou plutôt ovalés. On les appelle Petits-Houx, Houx-Frelon. Ce dernier nom leur vient de leurs rameaux piquants, toujours verts, ayant l'aspect de feuilles ; hauteur 75 centimètres ; fleurs solitaires, blanches, soit axillaires, soit implantées sur l'arête supérieure des rameaux. Les feuilles, dont les rameaux semblent avoir usurpé la forme, n'ont

Muguet.

plus l'air que de membranes parcheminées. Les jeunes tiges sortant du sol sont comestibles, et quelques personnes brûlent la graine du Fragon pour remplacer le café dont elle rappelle de loin le goût. Terre du Muguet, et son exposition ombragée. On fait avec cet arbuste des massifs assez jolis.

C'est la seule espèce rustique. Les autres, origi- naires d'Italie, veulent être rentrées en hiver.

FAMILLE DES COLCHICACÉES·

Herbes bulbeuses ou fibreuses.

COLCHICUM, *Colchique*

C. autumnale, C. d'automne, Safran bâtard, Tue-
chien, Safran des prés, indigène. Feuilles naissant
au printemps en même temps que le fruit ; les bulbes

Colchique.

donnent à l'automne une dizaine de fleurs semblables
à celles du safran, mais un peu plus grandes ; le fruit
se développe souterrainement pendant l'hiver pour
ne se montrer qu'avec les feuilles.

Depuis un certain nombre d'années, le Colchique,
connu déjà en médecine, a fourni à quelques spécia-

liste un remède qu'on dit souverain dans les affections goutteuses.

C. variegatum, C. varié, Grèce. Fleurs rose tendre, ponctuées de pourpre.

Les deux variétés demandent une simple terre franche, mais légère et quelque peu fraîche. Multiplication par les caïeux qu'on extrait dès que les feuilles se dessèchent et qu'on remet en terre dans le mois de juillet. Nous avons vu des pelouses ombragées où l'on avait planté des oignons de Colchique, qui produisaient à la floraison d'automne un très-bel effet.

Il ne faut pas songer au Colchique pour les lieux secs et découverts.

BULBOCODIUM, *Bulbocode*

B. vernum, B. de printemps, midi de la France. Racines fibreuses ; feuilles linéaires, ne paraissant qu'après la floraison ; en mars, fleurs blanches, passant au rouge pourpre. Multiplication de caïeux à l'automne. Terrain meuble et frais. On relève les oignons tous les trois ou quatre ans.

B. autumnale, B. d'automne. Fleurs violet rouge. Même sol et même culture.

VERATRUM, *Vérâtre ou Varaire*

V. album, V. blanc, Hellébore blanc, indigène. Grandes feuilles sessiles, plissées ; de juin à août, petites fleurs en grappes blanc jaunâtre, en haut d'une hampe de 1 m. 30 cent. Même sol que pour le Bulbocode. Multiplication par œilletons, qu'on sépare tous les deux ans. La racine de cette plante nous arrive en poudre de la Suisse et est employée comme vomitif. A haute dose elle occasionne des accidents graves.

V. nigrum, V. noir, indigène ; même hauteur ; feuilles également plissées ; en juillet-août, fleurs pourpre foncé. Même sol et même culture. Vénéneux comme le *V. blanc*. Néanmoins on les dispose en plates-bandes, et c'est s'exposer à des risques.

———

FAMILLE DES PONTÉDÉRIACÉES

Herbes vivaces aquatiques.

PONTEDERIA, *Pontédérie*

P. cordata, P. à feuilles en cœur, Amérique du Nord. Vivace ; feuilles un peu charnues, en cœur, attachées par un pétiole de 80 centimètres ; de mai à août, épis de fleurs bleues. Multiplication par division du rhizome à l'automne ou au printemps. Cette espèce ne craint pas le climat de Paris, mais il faut que la souche soit assez profondément submergée pour que la glace de la surface ne l'atteigne pas. Au cas où l'eau ne serait pas assez profonde pour offrir à cette souche une retraite contre la gelée, dans les petits bassins plats, par exemple, une bonne couche de feuilles par bottes lui suffirait. Plante des bassins et des pièces d'eau. L'espèce *crassipes*, à pétioles gras et renflés, est une plante de serre chaude et ne peut être submergée que dans un aquarium.

FAMILLE DES COMMÉLINÉES.

Herbes à tiges noueuses.

COMMELINA, *Comméline*

C. tuberosa, C. tubéreuse, Mexique. Vivace; racines en fascicule; tige dressée de 30 à 40 centimètres; de juin à septembre, fleurs d'un beau bleu d'azur durant à peine quelques heures. Plante assez délicate pour obliger à lever à l'automne les tubercules qu'on doit mettre à l'abri des gelées dans du sable bien sec et qu'on ne replante qu'en avril. Les autres espèces, bleues aussi, de la même origine, demandent toutes une épaisse couverture en hiver.

TRADESCANTIA, *Éphémère*

T. Virginica, E. de Virginie. Vivace; tige de 75 centimètres; de mai à juillet, ombelle de fleurs d'un bleu très-joli. Multiplication d'éclats. Plusieurs variétés doubles, rouges, violettes, etc.

FAMILLE DES ALISMACÉES.

Herbes aquatiques.

ALISMA, *Fluteau*

A. plantago, Plantain d'eau, Pain de crapaud. Plante indigène, vivace, aquatique ; feuilles radicales à long pétiole ; tige de 60 à 75 centimètres ; de juin à septembre, fleurs blanches ou rosées, toutes petites, mais très-nombreuses. Multiplication d'éclats. Reproduction par le semis spontané. Réservoirs, pièces d'eau, bassins .

SAGITTARIA, *Sagittaire*

S. sagittifolia, Fléchière. Plante indigène vivace, aquatique; feuilles linéaires très-longues, ou nageantes et larges, ou encore en flèche au bout d'un long pétiole ; en juin-juillet, grappes de fleurs terminales, blanches, ponctuées de rouge à l'insertion des pétales. Même emploi que ci-dessus et même multiplication.

S. Sinensis, S. de Chine. La même que la précédente, mais plus grande ; très-rustique aussi ; fleurs entièrement blanches. Par précaution, on enfonce la racine dans l'eau profonde.

BUTOMUS, *Butome*

B. umbellatus, Jonc fleuri. Plante indigène, vi-

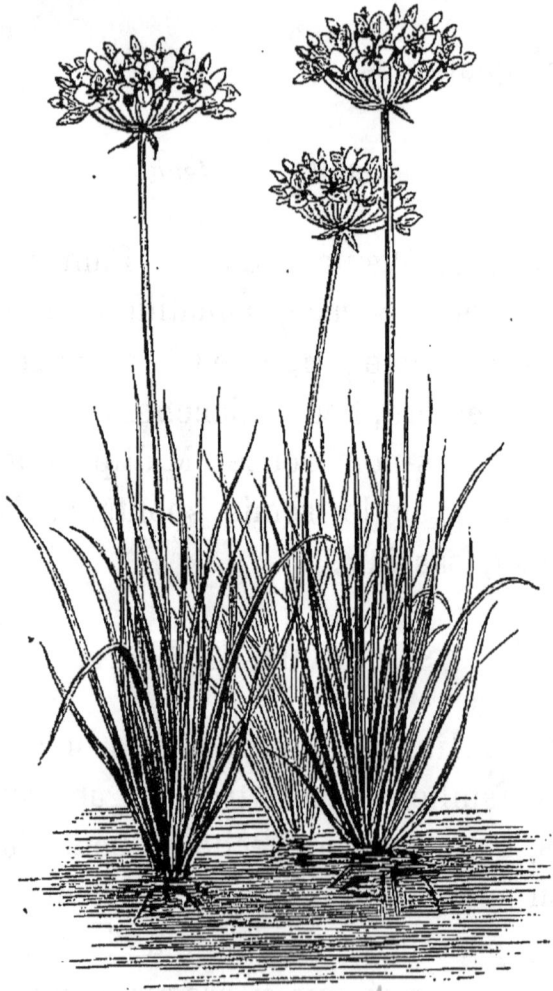

Butome.

vace, aquatique; feuilles longues, triangulaires; juillet-août, fleurs rosées, en ombelles. Multiplication d'éclats. Bords des pièces d'eau, réservoirs, aquariums.

FAMILLE DES AROÏDÉES.

Plantes herbacées à feuillage ornemental.

ARUM, *Gouet*, *Pied-de-Veau*

A. draconculus, A. serpentaire. Plante indigène, vivace, d'un mètre de haut ; tiges et pétioles marbrées de rouge brun ; feuilles assez grandes ; spathe ou bractée engaînante d'un violet livide, en mai–juin. Cette spathe exhale une odeur fétide. Quoique cette plante soit rustique, il faut en enterrer la souche au moins à 30 centimètres ; ornement des pelouses et lieux pittoresques. Hauteur de la plante 1 mètre.

A. muscivorum, A. attrape-mouches, Genêt chevelu. Indigène, vivace ; fleurs lie de vin. La spathe est garnie en dedans de soies raides et violacées à travers lesquelles se glissent les mouches attirées par l'odeur de chair corrompue qui s'exhale de l'intérieur de la fleur ; mais les pointes de ces soies les empêchent de sortir. Hauteur de la plante 50 centimètres ; demande la plaine terre pour fleurir. Sol un peu frais et à demi-ombre. Couverture en hiver. Multiplication d'éclats.

Cultiver de même l'*A. Italicum* et l'*A. pictum*, tous les deux indigènes aussi.

Le Pied-de-Veau (Arum-Gouet).

CALLA, *Calla*

C. palustris, C. des marais. Indigène, vivace;

feuilles radicales, en cœur ; spathes planes, verdâtres
à l'intérieur, blanches en dedans. Multiplication par
division des rhizomes. Bassins, étangs, pièces d'eau,
réservoirs.

FAMILLE DES GRAMINÉES.

Herbes à tiges rondes, noueuses, et à feuilles engaînantes.

HORDEUM JUBATUM, *Orge à crinière*

Plante de l'Amérique septentrionale ; annuelle,
touffue, de 40 centimètres ; épis garnis de longues
arêtes vertes et roses. Terrain ordinaire, meuble et
léger. Semis de printemps. Rocailles en plein soleil ;
lieux pittoresques et bien découverts.

PHALARIS ARUNDINACEA, *Roseau panaché*

Ruban d'eau, Rubanier, Ruban de bergère. Graminée indigène, vivace, d'un mètre de haut ; feuilles
striées de blanc jaunâtre ou de rose. Grandes bordures de pelouses et de massifs; entourage de rochers
et de pièces d'eau. Multiplication, en tout temps à
peu près, par éclats de ses racines traçantes.

STIPA PENNATA, *Stipe plumeuse*

Graminée indigène, vivace, de 50 centimètres; gazonnante ; feuilles de jonc; en mai-juin, aigrette à plumes blanches qui a beaucoup de grâce.

Multiplication d'éclats au printemps, ou de semis à la maturité des graines ; mais il faut semer en terrines qu'on rentre pendant l'hiver. Repiquage en place en avril.

GYNERIUM ARGENTEUM, *Gynérium argenté*

Herbes des Pampas, au Paraguay. Graminée vivace, en touffes de 1 m. 50 cent. et plus ; feuilles rudes, dressées, piquantes, linéaires, du milieu desquelles partent des hampes nues de près de 3 mètres et terminées par un long panicule de fleurs soyeuses unisexuées. Les panicules mâles ont moins d'ampleur et durent peu; les femelles sont généralement d'un blanc d'argent très-doux ; septembre-octobre. Les hampes coupées alors gardent leurs panicules tout l'hiver et décorent les appartements, après avoir orné les pelouses et les lieux les plus en vue des jardins paysagers. Supporte nos hivers, mais à la condition d'être recouvert d'un épais manteau de paille. Les vieilles touffes sont moins résistantes. On ne rase généralement cette graminée au pied qu'en mars, après les froids. Terre meuble, profonde, un peu fraîche et riche. Multiplication en automne par des éclats qu'on emporte et qu'on met sous châssis. Le jeune plant est mis en pleine terre après les gelées et les giboulées. Les semis, qui réussissent très-bien en terre de bruyère,

Gynerium argenteum.

dès que les graines sont mûres, et qu'on fait dans des terrines, sous châssis, ont donné des variétés assez remarquables, quant à la hauteur des tiges et au coloris des panaches.

BAMBUSA, *Bambou*

B. nigra, B. noir, Chine. Tiges à nœuds de 2 mètres, noires, luisantes ; feuilles étroites et longues, d'un vert gai. Végète sans fleurir, en touffes épaisses. Terre fraîche, profonde et faite surtout d'humus végétal ou terreau de feuilles. Multiplication par division des touffes ou par les rejets souterrains. On connaît l'emploi du bambou dans les petites industries. Mêmes précautions en hiver pour cette plante que pour le Gynérium. Ornement de haut goût pour les grandes pelouses.

Même culture pour le Bambou *métake* (Japon) et pour le Bambou *vert glaucescent*, dont le Jardin des Plantes de Paris possède depuis 1846 un magnifique exemplaire.

ARUNDO, *Arunde*

A. donax, A. à quenouilles, Canne de Provence. Graminée de 3 à 5 mètres, ne fleurissant pas sous le climat de Paris, quoiqu'elle soit seulement du midi de la France. Vivace ; immense touffe de feuilles glauques, en rubans, retombantes. Sol, emploi et multiplication du bambou.

ACOTYLÉDONES OU CRYPTOGAMES

Cette troisième classe ou embranchement comprend des végétaux dépourvus de fleurs, et n'ayant aucun des organes floraux des plantes que nous venons de passer en revue dans les deux classes précédentes. Ils se reproduisent par des organes qui leur sont particuliers et qui consistent en des granules microscopiques appelés *spores*. Les spores sont contenues dans des espèces de capsules dites *sporanges* ou *conceptacles,* placées à l'épiderme de la plante et quelquefois dans ses tissus.

Cette classe des plantes acotylédonées se divise en deux groupes : 1º celles dont toutes les parties n'ont que des cellules ; 2º celles qui, plus grandement organisées, moins primaires, ont des cellules et des vaisseaux.

Nous ne dirons rien du premier groupe, qui est celui des champignons, si ce n'est que ce sont pour la plupart des cryptogames vénéneux, et que les plus experts peuvent s'y faire prendre. Un fantaisiste, grand mangeur de champignons, auquel on demandait un jour les caractères certains de l'innocuité de certaines espèces, répondit : « J'en mangerai jusqu'à la mort, c'est mon affaire ; mais en ce qui concerne les autres, je ne me lasserai pas de répéter que les meilleurs champignons dont on puisse faire usage, sont ceux des porte-manteaux. »

Sous une forme quelque peu paradoxale, c'est un conseil d'homme prudent et compétent surtout.

Il nous reste donc les Cryptogames d'un degré moins rudimentaire et se rapprochant davantage par leur forme et par leur tenue des autres végétaux. On leur a donné le nom de *vasculaires*.

Les acotylédones vasculaires, au point de vue de la culture horticole, ne comprennent que deux familles :

Les Fougères,

Et les Lycopodiacées.

FAMILLE DES FOUGÈRES

Plantes généralement vivaces, à tiges herbacées ou ligneuses, ordinairement terrestres, quelquefois épiphytes à la façon de certaines Orchidées (voir cette famille), rampantes ou projetant des rameaux dans l'air, comme des stipes de palmiers; et ces rameaux, qu'on prendrait pour des feuilles, portent à la face inférieure les sporanges dont nous avons parlé ci-dessus.

Sous les latitudes équatoriales, entre les tropiques, certaines Fougères atteignent une hauteur de 20 mètres. En France elles sont plus humbles et diminuent de hauteur et de quantité à mesure qu'on s'avance vers les pôles. Nous possédons une quarantaine d'es-

pèces indigènes que les Anglais, grands amateurs
des belles verdures, cultivent avec plus de passion
que nous.

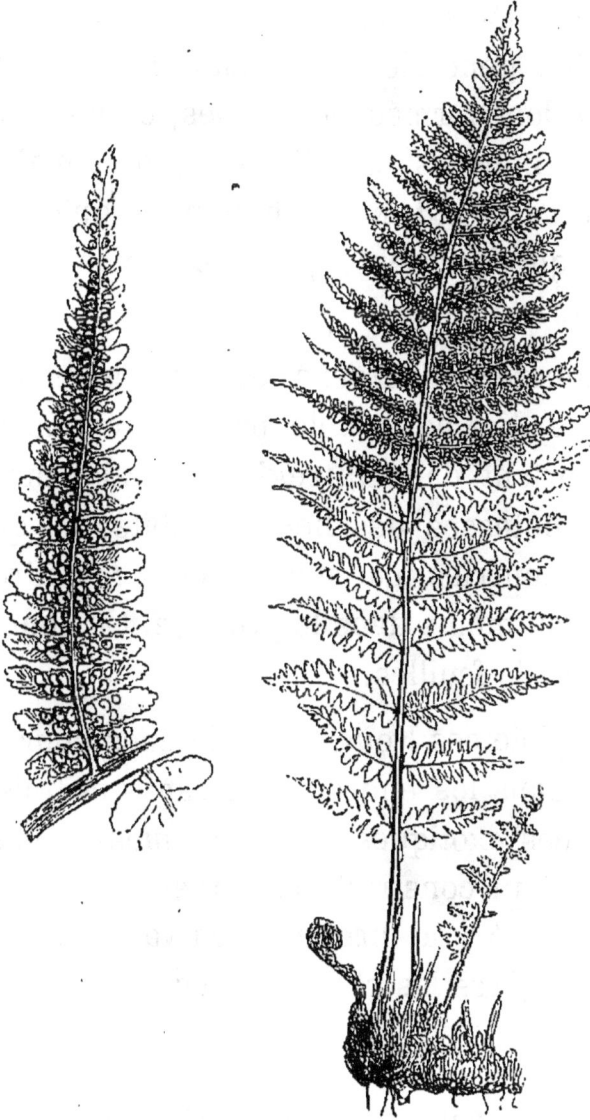

La Fougère mâle.

Une remarque importante que nous consignons
ici, comme un fait botanique de haute importance,

et que nous ne nous souvenons pas d'avoir rencontrée dans les livres spéciaux, c'est que les plantes exotiques, empruntées à des habitats où elles viennent spontanément, croissent dans un sol où l'humus animal fait généralement défaut. Leur terre maternelle est donc formée de tourbes, de matières végétales décomposées, et voilà pourquoi la majeure partie ne réussissent bien chez nous qu'en terre de bruyère qui représente plus ou moins le sol de la mère-patrie.

Les Fougères indigènes auxquelles ce que nous venons de dire ne semble pas être applicable, rentrent pourtant dans la règle générale, puisqu'elles sont les hôtesses des lieux inhabités et que le sol qui les a nourries n'a jamais reçu la moindre fumure animale, au moins dans le principe. Ce sont les filles du terreau de feuilles.

On emploie ces Fougères indigènes pour orner les rocailles dans les endroits ombragés et frais. Quant aux espèces exotiques, dont quelques-unes sont fort jolies, on leur construit des serres qu'on appelle des Fougeraies. A vrai dire, elles en valent la peine.

Les Fougères les plus connues sont :

SCOLOPENDRIUM, *Scolopendre*

La Scolopendre est indigène; 30 à 45 centimètres de hauteur. Rustique.

ASPLENIUM FILIX-FEMINA, *Doradille*

Indigène. Fougère femelle ; 80 centimètres à 1 mètre. Rustique.

CYSTOPTERIS, *Cystoptéride*

La *Cystoptéride fragile* est indigène aussi ; 20 à 30 centimètres. Rustique.

POLYPODIUM VULGARE, *Polypode vulgaire*

Indigène, persistante ; 10 à 20 centimètres. Très-rustique. Sur les murs à l'ombre et sur les troncs d'arbres.

Disons tout de suite que les Fougères se multiplient d'elles-mêmes avec profusion au moyen des spores qu'elles laissent tomber des sporanges. On peut aussi les multiplier par la division de leurs rhizomes.

Les espèces de serre sont : *Polypodium, Ptéris. Blechnum; Asplenium; Marattia.*

FAMILLE DES LYCOPODIACÉES

Ce que nous avons dit de l'habitat, du terrain, de la culture des Fougères est applicable aux plantes de cette famille. Elles diffèrent des Fougères par l'emplacement des sporanges qui se trouvent à l'aisselle des feuilles ou bractées. Elles se groupent ainsi dans les angles en forme de petits épis.

SELAGINELLA, *Sélaginelle*

Les Sélaginelles, qu'on appelle plus communément *Lycopodes*, sont de charmantes plantes dont on cultive les plus remarquables espèces dans les serres marchandes des environs de Paris, pour l'approvisionnement des marchés. Ce sont, en général, des buissons du plus beau vert qui ornent bien les appartements. Il existe, du reste, un grand nombre de Sélaginelles dont une dizaine sont indigènes.

LES SERRES

Nous terminerons cet ouvrage en donnant, sur les différentes serres en usage aujourd'hui dans le jardinage, des notions pratiques empruntées au nouveau *Traité du jardinage* de M. Ysabeau, également publié par la maison Garnier frères.

I

ORANGERIE ET SERRE FROIDE

Après les deux grandes découvertes géographiques de la fin du xive siècle, celle du passage aux Indes par le cap de Bonne-Espérance et celle du nouveau continent, les jardins consacrés en Europe à l'étude de la botanique reçurent de l'Asie méridionale et de l'Amérique du Sud un si grand nombre de plantes nouvelles incapables d'hiverner à l'air libre sous le climat européen, que l'horticulture dut se préoccuper des moyens de loger convenablement toutes ces belles étrangères. Les premières serres, à cet effet, furent, dit-on, construites dans le jardin botanique de l'université de Padoue.

Les longues guerres des Français en Italie, au commencement du xvie siècle, avaient mis à la mode en France l'Oranger, pour lequel les rois et les princes élevèrent de somptueuses demeures sous le nom d'*orangeries*. Les magnifiques orangers qui ornent encore de nos jours les promenades publiques de Paris remontent en partie à cette époque ; les serres proprement dites ne sont devenues communes en France que beaucoup plus tard. Aujourd'hui, l'on entretient avec soin les orangeries bâties pendant les deux derniers siècles, mais on n'en construit pas de nouvelles. La *serre froide* (*conservatory* des horticulteurs anglais), s'est substituée partout à l'orangerie, par la raison péremptoire qu'à dépense égale, la serre froide peut abriter un bien plus grand nombre de plantes d'ornement que l'orangerie.

Le point capital pour le gouvernement d'une orangerie, c'est d'y maintenir une température aussi égale que possible, en partant de ce principe qu'il y fait toujours assez chaud pourvu qu'il n'y gèle pas. En fait, il n'y a de véritables plantes d'orangerie que celles qui, même sous le climat méridional, entrent en hiver dans la période naturelle du sommeil de leur végétation. Tel est en particulier le *grenadier*, dont les feuilles tombent à la fin de l'automne, sous le climat de Nice comme sous le climat de Paris.

II

Serre froide. — La serre froide, dans l'horticulture européenne, tend à se substituer défini-
tivement à l'orangerie; elle en diffère essentiel-
lement en un point capital : elle reçoit la lumière
dans toutes les directions; elle est vitrée sur toutes
ses surfaces ; il n'entre dans sa construction que du
fer et du verre. Il en résulte une nécessité qui n'existe
pas quant au gouvernement de l'orangerie, mais de
laquelle dépend entièrement le succès de la culture
des plantes de serre froide, la nécessité d'ombrager
ou, comme disent les jardiniers, d'*ombrer* la serre
froide, pour préserver les plantes qu'elle abrite du
contact direct des rayons solaires, en mars et avril.
Plusieurs procédés sont employés à cet effet ; l'un
des plus usités, qui n'est cependant pas le meilleur,
consiste à rendre les vitrages opaques en étendant
un lait de chaux sur leur surface intérieure. On se
sert aussi pour couvrir le toit vitré de la serre froide,
de claies composées de tringles légères de bois blanc
peintes en vert, reliées entre elles par des attaches
en fil de fer. On préserve également les plantes de
serre froide contre les coups de soleil en couvrant
le toit de toiles ou de paillassons. Lorsqu'on a besoin d'une très-grande longueur de paillassons pour
ombrer une serre de grandes dimensions, on peut
les fabriquer avec rapidité et économie en se servant

du métier à paillassons récemment inventé par
M. Genty, de Meaux (Seine-et-Marne). Selon la méthode ordinaire il faut, pour faire des paillassons,
travailler à genoux ou bien assis à terre dans une
position gênante qu'on ne peut garder longtemps sans
excès de fatigue. Avec le métier Genty, appareil
simple et facile à manœuvrer, on travaille debout, en
s'inclinant légèrement, sans aucune dépense de
forces. Les toiles, moins usitées que les paillassons
parce qu'elles coûtent un peu plus cher, sont cependant plus propres, plus durables et d'un meilleur
usage. Les claies de bois blanc sont préférables à
tous les autres moyens d'ombrer la serre froide; elles
sont peu employées à cause de leur prix élevé; surtout quand il s'agit d'ombrer des serres de grandes
dimensions; leur supériorité tient à ce qu'elles laissent tamiser un peu de lumière par les intervalles
des tringles qui ne sont pas exactement en contact
les unes avec les autres.

III

SERRE TEMPÉRÉE ET SERRE CHAUDE

Serre tempérée. — La serre tempérée est la serre
par excellence; c'est celle qui admet le plus grand
nombre de végétaux d'ornement des régions intertropicales.

Le thermomètre, à l'intérieur de la serre tempérée, ne doit jamais descendre au-dessous de 12 degrés

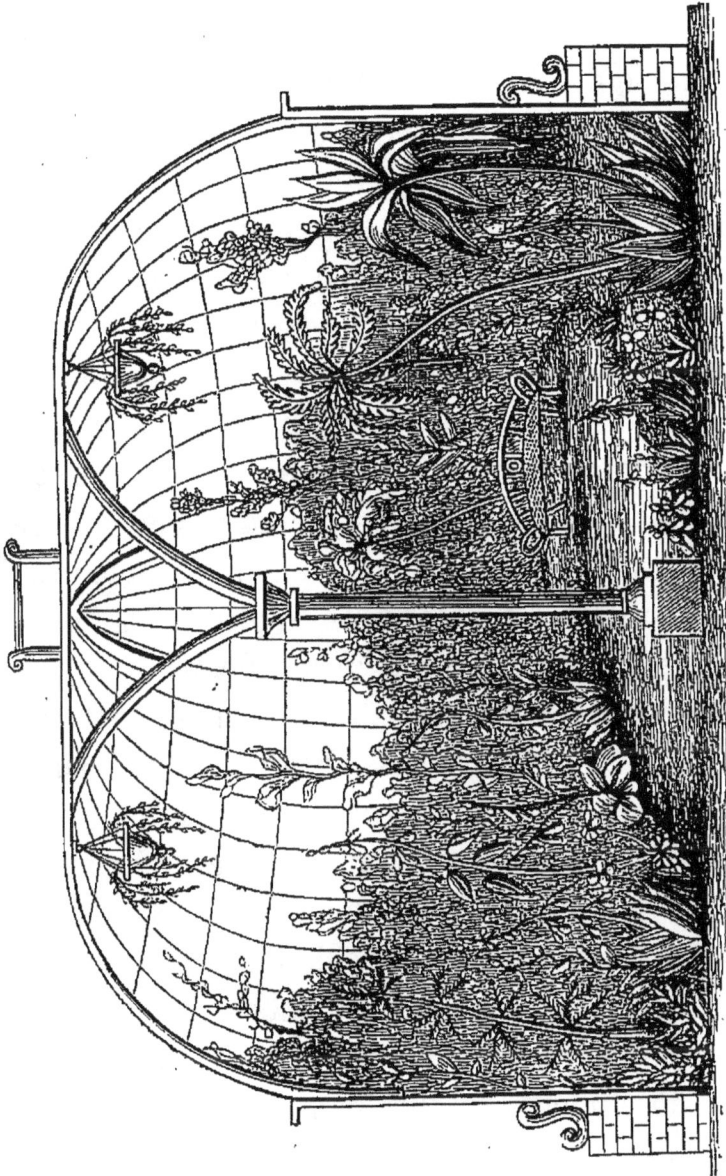

centigrades, ni s'élever au-dessus de 20 degrés ; l'égalité de température est la condition la plus essentielle de la bonne végétation des plantes des contrées intertropicales. C'est ce qui les rapproche le plus de leur climat natal où l'hiver et le sommeil hivernal de la végétation sont également inconnus, et où les arbres ne se montrent jamais dépouillés de leur feuillage. Le procédé le plus avantageux pour le chauffage des serres est l'emploi du thermosiphon, dont la supériorité sur tous les autres appareils de chauffage n'a plus besoin d'être démontrée. Le simple poêle antique, avec ses tuyaux de tôle, procure instantanément, il est vrai, une chaleur au degré voulu; mais la moindre négligence apportée dans l'alimentation du foyer donne lieu, soit à des refroidissements subits, soit à des *coups de feu* très-préjudiciables à la végétation des plantes de serre tempérée. En outre les mille parcelles atomistiques d'origine animale ou végétale qui flottent sous forme de poussière dans l'atmosphère de la serre la mieux tenue, se trouvant en contact avec le fer presque rouge des tuyaux, s'y calcinent en dégageant des gaz de nature à vicier l'atmosphère intérieure de la serre, au détriment de la santé des végétaux. Le chauffage avec un système de tuyaux dans lesquels circule de la vapeur d'eau à l'état libre, évite les inconvénients de cette calcination désignée par les jardiniers sous le nom de *chaleur sèche*; mais il n'offre pas contre les refroidissements subits plus de garantie que n'en offrent les poêles d'appartement. Si, pendant les grands froids, le jardinier s'endort et laisse s'éteindre le foyer de son appareil à vapeur, il peut se réveiller ruiné, et trouver toutes ses plantes de serre tempérée gelées sans remède. Avec le thermosiphon, ni l'un ni l'autre des deux inconvénients signalés ci-dessus n'est à redouter.

Pour bien comprendre les avantages que présente, quant au chauffage des serres, l'emploi du thermosiphon, il faut se le représenter plein d'eau froide, ainsi que ses deux tuyaux dont l'un a la chaudière pour point de départ, et dont l'autre y fait retour. Le feu étant allumé sous la chaudière, l'eau chaude monte dans le tuyau inférieur, dont elle échauffe le contenu de proche en proche toute; l'eau contenue dans l'appareil, quel que soit le développement des tuyaux, finit par s'échauffer au degré de l'ébullition, degré qu'elle ne peut dépasser. On conçoit qu'une fois amené à cette température, l'appareil, quand même son foyer viendrait à s'éteindre, se refroidit très-lentement et conserve mieux que tout autre une bonne température à l'intérieur de la serre.

Après la bonne direction imprimée au chauffage de la serre tempérée, le soin le plus nécessaire pour assurer la bonne végétation des plantes que cette serre abrite, c'est celui de ne les arroser qu'avec de l'eau amenée d'avance à la même température que l'atmosphère intérieure de la serre; un réservoir tenu constamment rempli d'eau pour cette destination, fait partie obligée du mobilier de la serre tempérée.

IV

Jardin d'hiver. — L'amateur d'horticulture assez favorisé de la fortune pour pouvoir disposer d'une serre tempérée, de dimensions suffisantes, ne saura se donner un luxe de meilleur goût qu'en transformant sa serre en jardin d'hiver. Il suffit, à cet effet, d'établir au dehors l'appareil de chauffage de la serre, de faire courir tout autour à l'intérieur les tuyaux de chaleur, et d'y tracer une ou plusieurs allées, avec bancs rustiques de distance en distance. Des massifs de plantes exotiques croissant en pleine terre, masquent les tuyaux du thermosiphon. La serre tempérée ainsi disposée devient un lieu de promenade; de conversation et de repos des plus agréables en toute saison, mais surtout en hiver.

V

Serre chaude. — Les plantes de serre chaude sont pour la plupart remarquables pour la beauté ou l'étrangeté de leur floraison; mais leur culture n'est accessible qu'à un nombre limité de riches amateurs. D'une part, leur prix est toujours fort élevé, de l'autre, la température de la serre chaude ne pouvant pas descendre au-dessous de 20 à 25 degrés, un séjour prolongé dans cette serre altère profondément la santé des horticulteurs, même de ceux qui sont le mieux habitués à supporter la chaleur humide. L'entrée de la serre chaude doit toujours être précédée d'un vestibule où le jardinier accroche des vêtements chauds qu'il a soin de reprendre, même en été, avant de sortir.

TROISIÈME PARTIE

LES RÉPERTOIRES

Ce livre, destiné à tous ceux qui cultivent les fleurs en petit ou en grand, serait incomplet s'il ne donnait, en des tables spéciales, des indications assez détaillées pour que l'on pût trouver immédiatement, dans les monographies précédentes, les renseignements que l'on désire avoir.

Les tables suivantes ont été dressées dans ce but, avec le plus grand soin, et en assez gros caractères pour épargner toute fatigue au lecteur.

FAMILLES FLORALES

CITÉES DANS CE MANUEL

AVEC UN OU PLUSIEURS GENRES

DE CHAQUE FAMILLE

DANS LEUR ORDRE BOTANIQUE

———

NOMS LATINS DES PLANTES CITÉES DANS CE LIVRE

C

NOMS FRANÇAIS ET DÉNOMINATIONS VULGAIRES DES PLANTES CITÉES DANS CE LIVRE

PLANTES LES PLUS RECHERCHÉES POUR LES BORDURES

On peut dire qu'en général toutes les plantes
basses peuvent être employées en bordure; nous ne
donnerons que les principales, en prévenant l'amateur qu'il doit, avant de fixer son choix, consulter la
monographie du végétal pour s'assurer qu'il ne demande pas des conditions de sol et d'exposition que
ne peut lui fournir le terrain qu'on lui destine.

Parmi les plantes annuelles, citons :

Les plantes vivaces offrent au choix :

Parmi les plantes bulbeuses, on peut choisir entre :

Si l'on avait à établir de grandes bordures, on pourrait alors choisir dans les plantes de plate-bande celles qui encombreraient les petites bordures et que nous n'avons point citées ci-dessus.

PRINCIPALES PLANTES D'EAU

PLANTES D'APPARTEMENT ET DE FENÊTRE

Les plantes qui demandent la serre en hiver peuvent toutes orner nos appartements ou garnir nos fenêtres. Le choix qu'on en peut faire dépend de la place dont on peut disposer en leur faveur. De la fleur la plus humble jusqu'à la plus encombrante, il faudrait donc tout citer ici. Nous croyons plus convenable de renvoyer au livre que d'établir une nouvelle liste, qui ferait pour ainsi dire double emploi.

TABLE GÉNÉRALE
DES MATIÈRES

CLICHY. — Imprimerie PAUL DUPONT, rue du Bac-d'Asnières, 12 (204,5-7).

www.ingramcontent.com/pod-product-compliance
Lightning Source LLC
Chambersburg PA
CBHW061954220326
41599CB00019BA/2757